高职高专“十二五”规划教材

高职高专机电类专业基础课规划教材

液压与气压传动

徐念玲　朱红娟　主编

電子工業出版社

Publishing House of Electronics Industry

北京·BEIJING

内 容 简 介

本书是高职高专院校机电类专业的技术基础课，是根据高等职业技术人才培养目标的要求而编写的，通过对内容的组织和精选，做到简化理论，突出重点，着眼于能力的培养，重视工程方法的应用。本书采用模块化结构，共分液压传动技术认知、注塑机的压力控制、起重机的方向控制、动力滑台的速度控制、典型液压系统、气动元件的识别和应用、气动回路的设计与搭接7个模块。本书内容适度好学易懂，并注重实用性。

本书可作为高职高专机电类专业学生的专业教程。

图书在版编目（CIP）数据

液压与气压传动 / 徐念玲，朱红娟主编. —北京：电子工业出版社，2015.6

ISBN 978-7-121-26414-6

Ⅰ. ①液… Ⅱ. ①徐… ②朱… Ⅲ. ①液压传动—高等学校—教材 ②气压传动—高等学校—教材 Ⅳ. ①TH137 ②TH138

中国版本图书馆 CIP 数据核字（2015）第 138307 号

责任编辑：贺志洪

特约编辑：张晓雪　薛　阳

印　　刷：北京七彩京通数码快印有限公司

装　　订：北京七彩京通数码快印有限公司

出版发行：电子工业出版社

北京市海淀区万寿路 173 信箱　邮编 100036

开　　本：787×1 092　1/16　印张：18.25　字数：467.2 千字

版　　次：2015 年 6月第 1 版

印　　次：2023 年 7月第 10 次印刷

定　　价：39.00 元

凡所购买电子工业出版社图书有缺损问题，请向购买书店调换。若书店售缺，请与本社发行部联系，联系及邮购电话：（010）88254888。

质量投诉请发邮件至 zlts@phei.com.cn，盗版侵权举报请发邮件至 dbqq@phei.com.cn。

服务热线：（010）88258888。

前　言

本教材涵盖液压（气压）元件和液压（气压）基本回路的完整而简明的基本知识。重点强调液压（气压）元件和液压（气压）基本回路的原理与应用。本教材和其他教材相比具有以下特点。

1. 教材采用模块化结构

教材采用以工程实际为载体的模块化结构，而非传统学科式教材的章节结构。全书共七个模块：液压传动技术认知；注塑机的压力控制回路；起重机的方向控制回路；动力滑台的速度控制回路；典型液压系统；气动元件的识别与选用，气动回路的搭建与搭接。七个模块巧妙而系统的串起学科式教材的全部内容，如下表所示。

模块名称	对应知识点	学科式教材知识点
液压传动技术认知	液压传动工作原理、流量和压力的概念	液压传动工作原理、流量和压力的概念、齿轮泵、叶片泵、柱塞泵、液压缸、液压马达、溢流阀、减压阀、顺序阀、压力继电器、单向阀、换向阀、流量阀、新型阀、方向控制基本回路、压力控制基本回路、速度控制基本回路、注塑机工作原理、起重机工作原理、动力滑台工作原理数控设备工作原理、气动元件与气动回路
注塑机的压力控制回路	齿轮泵、溢流阀、减压阀、顺序阀、液压缸、压力控制基本回路	
起重机的方向控制回路	单向阀、换向阀、液压马达、液压辅助元件、方向控制回路	
动力滑台的速度控制回路	叶片泵、柱塞泵、流量阀、新型阀、速度控制回路	
典型液压系统	注塑机工作原理、起重机工作原理、动力滑台工作原理、数控设备工作原理	
气动元件的识别与选用	气动元件气动回路	
气动回路的搭建与搭接	气动回路的设计与调试	

2. 结构新颖独特

一般的液压传动教材的结构都是这样的：先描述孤零零的液压元件，比如孤零零的泵，孤零零的阀，孤零零的液压缸（泵缸阀之间没有什么固有联系）；然后描述液压基本回路。最后介绍典型液压系统。基本回路是由相当量的液压元件组成的。几个基本回路组成具有适当功能的典型应用系统。例如，液压元件相当于几个点，基本回路相当于几条线，典型液压系统就是由几条线组成的网络。这种形式的教材，知识结构明确，按照点线网的形式组织教材和教学，符合由简单到复杂的认知规律，教学进程由简单的元件过渡到基本回路，最后到复杂的典型系统，给人的感觉是水到渠成自然而然的。但是在这种形式的教材结构中，存在以下问题：讲授完液压元件内容需要大半个学期的时间，由于各元件之间没有固有的联系，很多学生总会忘了前面的学着后面的，存在着“课程讲完基本忘光”的情况，这个也一直困扰着液压传动的教学。在学习过程中，学生学习的积极性逐渐降低，学到最后荡然无存。特别是对于高职高专学生来说，单纯的元件和回路的原理和应用的授课形式，执行起来难免枯躁乏味，学生的学习主动性难以调动，学习效果差强人意。为了充分调动学生的学习积极性，教学编写者在充分了解液压传动教材结构的基础上，对原来固有的教材结构进行了梳理和整合，提出了以基本回路为线，拆线为点讲解液压元件，几条线组网，讲解液压典型系统的思路。打破了原来学科式教材的固有结构组成新的知识结构。教材以三条线为中心，三条线如下所示。

第一条线：压力控制基本回路，即注塑机的压力控制，涵盖齿轮泵液压缸和压力阀。

第二条线：方向控制基本回路，即起重机的方向控制，涵盖方向阀液压马达和辅助元件。

第三条线：速度控制基本回路，即动力滑台的速度控制，涵盖流量阀新型阀和叶片泵柱塞泵。

此三种线囊括了所有的液压元件。三种线三三两两组合就可以组成典型的液压系统，如动力滑台液压系统、注塑机液压系统、数控设备液压系统、起重机液压系统。

3. 动手实验贯穿教材主要内容

液压传动是一门实践性很强的技术。验证试验是教学必不可少的内容，教材设计过程中，验证试验几乎贯穿每个模块。每个模块的结束均是以实验的形式验证所学内容，给学生的学习有一个融会贯通的实践机会。通过自己动手实验使学生的理性知识和感性知识能够融和到一起，提升学生的职业能力。

4. 教材结构既便于教师教学又便于学生自学

教材的每个模块均按以下结构编写。

模块 x

模块目标
模块点睛
任务一
知识链接
知识点一
知识点二
任务实施
思考与练习
任务二
知识链接
知识点一
知识点二
知识点三
任务实施
思考与练习
任务三
⋮
技术实践
模块小结
主要术语
元件符号
综合应用

任务大多按照 2 课时为一个教学单位来设计，便于师生教和学，模块目标告诉大家本模块学习的深度和广度，模块点睛是编者向大家推荐的学习方法。任务实施是针对每一个具体的任务在工程实践中的具体应用和获得感性知识的途径。思考与练习是学习过程中检验所学知识的一个有效途径。在书的最后附有思考与练习的答案，便于学习者检验自己的认知程度。模块小结部分是对一个模块的概括性的总结，包括主要术语元件符合和综合应用三部分内容。主要术语是本模块用到的液压的专业术语的解释；元件符号是本模块涉及的液压元件的图形符号，综合应用是一道能把本模块所有知识点串起来的综合题，以检测学生对本模块知识的灵活应用程度，并附有答案。技术实践部分是为了提供通过软件仿真让学习者得到感性认识的渠道，其对学习者提供一定的帮助。

教学建议

液压油和辅助元件部分的内容，教师可以根据具体情况作为选讲内容，但对辅助元件的图形符号建议老师要多多提起，模块后的实验老师可以依据本校实验条件有所变动。

学习建议

精通一门技术必须付出相当的辛苦，液压传动也不例外，学习新技术最好的方法是阅读、思考和操作。阅读过程中针对每一个具体的任务要弄清楚每一个知识点，在此基础上了解一些任务实施，接触一些工程实际，明确每一个元件，每一个回路的具体应用场合。阅读是一个必须循环往复的过程，一两次的阅读有时不可能使你对一个知识点了解得那么透彻，这时需要你冷静地思考。反复地阅读和思考是学习者的常态。在针对每一个任务的各个知识点弄清楚的情况下，可以尝试着做思考与练习，以检验学习的程度。针对一个模块的所有任务完成之后，学习者可以尝试动手操作，在试验台上设计和组装一些回路以验证元件和回路的功能。

本教材模块一、六、七由朱红娟老师编写，模块二、三、四、五由徐念玲老师编写，编写过程中得到南京机电职业技术学院院长陈赵和自动化系主任潘理平主任的大力支持，在此致以真诚的感谢。

人非圣贤孰能无过，编写过程中难免存在一些错误，发现错误请发邮箱849480892@qq.com。

编　者
2015年5月

目　录

模块一　液压传动技术认知 .... - 1 -

任务一：认识液压传动系统 .... - 2 -

知识点一：液压传动的工作原理 .... - 2 -

知识点二：液压传动系统的组成 .... - 3 -

知识点三：液压系统的图形符号 .... - 4 -

知识点四：液压传动系统的特点 .... - 5 -

知识点五：液压传动发展史 .... - 6 -

思考与练习 .... - 7 -

任务二：液压油的性质与选择 .... - 8 -

知识点一：液压油的性质 .... - 8 -

知识点二：液压油的种类和选用 .... - 12 -

思考与练习 .... - 16 -

任务三: 液压系统的流量和压力 .... - 17 -

知识点一: 液体的压力 .... - 17 -

知识点二: 液压系统的流量 .... - 19 -

思考与练习 .... - 23 -

模块小结 .... - 24 -

综合应用 .... - 26 -

模块二　注塑机的压力控制回路 .... - 27 -

任务一：齿轮泵认知 .... - 28 -

知识点一：容积泵 .... - 28 -

知识点二：容积泵性能参数 .... - 29 -

知识点三：齿轮泵认知 - 31 -
思考与练习 - 36 -
任务二：溢流阀认知 - 38 -
知识点一：控制阀概述 - 38 -
知识点二：溢流阀认知 - 40 -
思考与练习 - 43 -
任务三：夹紧缸的压力控制及下行缸的平衡控制 - 45 -
知识点一：减压阀 - 45 -
知识点二：顺序阀 - 47 -
知识点三：压力继电器 - 49 -
思考与练习 - 51 -
任务四：液压缸认知 - 54 -
知识点一：液压缸的类型 - 54 -
知识点二：液压缸的结构 - 60 -
知识点三：液压缸的设计计算 - 64 -
思考与练习 - 69 -
任务五：压力控制基本回路 - 71 -
知识点一：调压回路 - 72 -
知识点二：减压回路 - 73 -
知识点三：卸荷回路 - 74 -
知识点四：增压回路与平衡回路 - 75 -
思考与练习 - 76 -
任务六：压力控制基本回路调试与注塑机的压力控制回路分析 - 77 -
实验一：压力阀拆装 - 78 -
实验二：单级调压回路 - 78 -
实验三：二级调压回路 - 79 -
实验四：注塑机的压力控制回路分析 - 81 -
思考与练习 - 82 -
模块小结 - 83 -
模块三　起重机的方向控制回路 - 85 -
任务一：单向阀和辅助元件认知 - 86 -
知识点一：单向阀认知 - 86 -
知识点二：辅助元件认知 - 89 -
思考与练习 - 101 -
任务二：换向阀认知 - 102 -

知识点一：换向阀工作原理 - 103 -
知识点二：换向阀图形符号的画法 - 103 -
知识点三：换向阀的中位机能 - 106 -
知识点四：换向阀的结构 - 110 -
思考与练习 - 114 -
任务三：液压马达 - 116 -
知识点一：齿轮液压马达 - 117 -
知识点二：叶片液压马达 - 118 -
知识点三：柱塞液压马达 - 118 -
知识点四：液压马达的性能参数 - 120 -
思考与练习 - 122 -
任务四：方向控制回路调试与起重机方向控制回路分析 - 123 -
知识点一：启停回路 - 123 -
知识点二：换向回路 - 123 -
知识点三：锁紧回路 - 123 -
知识点四：方向控制回路调试 - 124 -
实验一：电磁换向阀阀拆装 - 124 -
实验二：基本换向阀换向回路 - 125 -
实验三：三位换向阀中位机能体验 - 126 -
知识点五：起重机方向控制回路分析 - 127 -
思考与练习 - 129 -
模块小结 - 130 -
模块四　动力滑台的速度控制回路 - 133 -
任务一：流量阀认知 - 134 -
知识点一：节流阀的基本形式 - 134 -
知识点二：节流阀工作原理 - 136 -
知识点三：调速阀工作原理 - 138 -
知识点四：新型液压阀认知 - 141 -
思考与练习 - 149 -
任务二：叶片泵与柱塞泵 - 151 -
知识点一：叶片泵 - 151 -
知识点二：柱塞泵 - 158 -
思考与练习 - 162 -
任务三：节流调速与容积调速 - 164 -
知识点一：节流调速 - 164 -

知识点二：容积调速 - 172 -
知识点三：容积节流调速 - 177 -
思考与练习 - 181 -
任务四：快进与速度换接 - 183 -
知识点一：液压缸快进 - 184 -
知识点二：快慢速换接 - 186 -
知识点三：慢速之间的换接 - 187 -
思考与练习 - 188 -
任务五：多缸控制回路 - 189 -
知识点一：顺序动作回路 - 190 -
知识点二：同步回路 - 192 -
知识点三：互不干扰回路 - 193 -
思考与练习 - 194 -
任务六：速度换接回路调试与动力滑台的速度控制回路分析 - 195 -
知识点一：速度换接回路调试 - 195 -
实验一：调速阀拆装 - 195 -
实验二：快慢速控制回路调试 - 196 -
知识点二：动力滑台速度控制回路分析 - 197 -
思考与练习 - 198 -
模块小结 - 199 -
模块五　液压典型系统 - 203 -
任务一：动力滑台液压系统 - 204 -
知识点一：动力滑台液压系统 - 204 -
知识点二：数控设备液压系统 - 206 -
思考与练习 - 208 -
任务二：起重机液压系统 - 208 -
思考与练习 - 211 -
任务三：注塑机液压系统 - 211 -
思考与练习 - 214 -
模块小结 - 215 -
模块六　气压元件的识别与选用 - 219 -
任务一：气压传动系统的认知 - 219 -
知识点一：气压传动系统的工作原理和基本组成 - 220 -
知识点二：气压传动的特点 - 222 -

知识点三：气压传动的应用与发展 - 222 -
思考与练习 - 224 -
任务二：气源装置的认识 - 224 -
知识点一：气源装置的组成与工作原理 - 224 -
知识点二：空气压缩机 - 225 -
知识点三：压缩空气净化设备 - 227 -
知识点四：管道系统 - 229 -
知识点五：气动三大件 - 230 -
思考与练习 - 232 -
任务三：夹紧机构气动执行元件的选择 - 232 -
知识点一：汽缸 - 232 -
知识点二：气动马达 - 234 -
知识点三：气爪（手指汽缸） - 236 -
思考与练习 - 237 -
模块小结 - 238 -
模块七　气动回路的设计与搭接 - 241 -
任务一：方向控制回路分析与设计 - 242 -
知识点一：方向控制阀的工作原理和结构 - 242 -
知识点二：方向控制回路 - 246 -
思考与练习 - 248 -
任务二：压力控制回路分析与设计 - 248 -
知识点：压力控制阀工作原理和结构 - 248 -
思考与练习 - 255 -
任务三：速度控制回路的设计与搭接 - 256 -
知识点一：流量控制阀 - 256 -
知识点二：速度控制回路 - 258 -
思考与练习 - 260 -
模块小结 - 262 -
附录思考与练习答案 - 265 -
参考文献 - 280 -

模块一　液压传动技术认知

液压传动是根据17世纪帕斯卡提出的液体静压力传动原理而发展起来的一门新兴技术，是工农业生产中广为应用的一门技术。如今，流体传动技术水平的高低已成为一个国家工业发展水平的重要标志。液压传动作为一种传动形式，广泛应用于各行各业。作为机电行业的后备军，我们必须了解什么是液压传动系统，液压传动系统是如何带动机器工作的？

本模块主要介绍液压传动工作原理、液压系统的组成、液压系统的图形符号、液压系统的特点、液压系统的发展史。通过本模块的学习能够使大家较全面地认识液压系统。本模块有以下三个任务：认识液压传动系统、液压油的认知、液压系统的流量和压力。

模块目标

1. 通过液压千斤顶的工作过程的认知，掌握液压传动的基本工作原理。
2. 了解液压传动的优缺点。
3. 了解液压传动的应用与发展。
4. 了解液压油的性质与选用规则。
5. 理解流量和压力的内涵。

模块点睛

观察、使用液压千斤顶，了解液压系统工作原理；分析机床工作台液压系统以理解液压系统的具体组成和使用液压元件图形符号的意义；通过对常见液压设备的认识理解液压传动的特点；了解液压传动简史；了解液压油的性质和选用；理解液压系统流量和压力的概念。

任务一：认识液压传动系统

液压系统小到千斤顶大到石油钻井平台均属于液压传动装置，它们是如何工作的呢？它们的组成如何？它们有哪些具体的特点?液压技术的发展的前因后果又是怎么样的呢？我们学习了下面的知识就能弄明白了。

知识链接

知识点一：液压传动的工作原理

液压传动系统是利用液体作为工作介质来传递运动和动力的传动形式，实际应用中常以油液作为工作介质。下面以液压千斤顶为例说明液压传动的工作原理。

液压千斤顶由手动液压泵和举升缸两部分组成如图 1.1 所示。杠杆手柄、小活塞缸与两个单向阀组成了手动液压泵，大活塞缸是举升缸。提起手柄，小活塞上行，小活塞缸下腔的容积增大，形成局部真空，单向阀 4 打开，小缸从油箱吸油；压下手柄，小活塞下行，小活塞缸下腔的容积减小，压力增大，单向阀 4 关闭，单向阀 5 打开，小缸下腔的油液排出并进入大缸下腔，大活塞顶起重物上移。

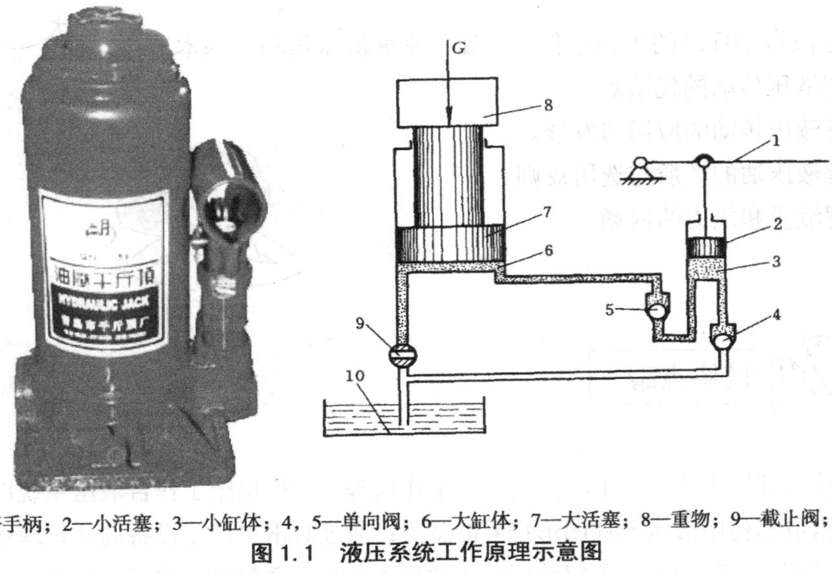

1—杠杆手柄；2—小活塞；3—小缸体；4，5—单向阀；6—大缸体；7—大活塞；8—重物；9—截止阀；10—油箱

图 1.1　液压系统工作原理示意图

反复提压杠杆手柄，可以使重物上升到一定的高度。完成任务后，打开截止阀，举升

缸下腔的油液流回油箱，重物在自重作用下回到原位。

通过对上面液压千斤顶工作过程的分析，可以初步了解到液压传动的基本工作原理：

①液压传动利用有压力的液体（液压油）作为传递运动和动力的工作介质。

②液压传动中要经过两次能量转换，先将机械能转换成油液的压力能，再将油液的压力能转换成机械能。

③液压传动是依靠密封容器或密闭系统中密封容积的变化来实现运动和动力的传递。

总而言之，液压传动工作原理可以概括为：液压传动是以密闭系统内液体（液压油）的压力能来传递运动和动力的一种传动形式，在传动过程中伴随两次能量转换。首先通过动力元件将原动机的机械能转换为便于输送的液体的压力能，执行元件再将液体的压力能转换为机械能，从而对外做功。

知识点二：液压传动系统的组成

下面分析机床工作台液压系统，如图 1.2 所示。

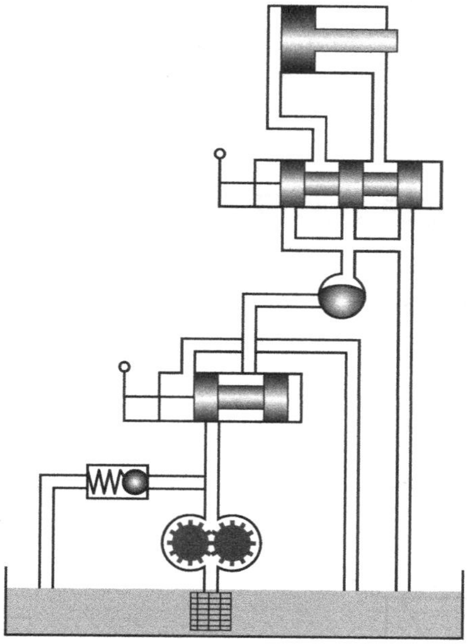

图 1.2　机床工作台液压系统（半结构式）

机床工作台液压系统由油箱、滤油器、液压泵、溢流阀、开停阀、节流阀、换向阀、液压缸以及连接这些元件的油管、接头组成。其工作原理如下：液压泵（齿轮泵）由电动机驱动后，从油箱中吸油。油液经滤油器过滤进入液压泵，油液在泵腔中从入口的低压过渡到出口的高压；通过开停阀、节流阀、换向阀进入液压缸推动活塞使工作台移动。

工作台的移动速度可通过节流阀调节，当节流阀开大时，进入液压缸的油量增多，工作台的移动速度增大；当节流阀开小时，进入液压缸的油量减少，工作台的移动速度减小。

为了克服移动工作台时受到的各种阻力，液压缸必须产生一个足够大的推力，这个推力由液压缸中的油液压力产生。克服的阻力越大，缸中的油液压力越大；反之压力越小。这种现象说明了液压传动的一个基本原理——压力取决于外负载。从机床工作台的工作过程可以看出一个完整的、能够正常工作的液压系统由五个部分组成，即动力元件、执行元件、控制元件、辅助元件和液压油。

动力元件的作用是将原动机的机械能转换成液体的压力能，一般是指液压系统中的油泵，它向整个液压系统提供动力。液压泵的结构形式一般有齿轮泵、叶片泵和柱塞泵。

执行元件（如液压缸和液压马达）的作用是将液体的压力能转换为机械能，驱动负载作直线往复运动或回转运动。

控制元件（即各种液压阀）在液压系统中控制和调节液体的压力、流量和方向。根据控制功能的不同，液压阀可分为压力控制阀、流量控制阀和方向控制阀。压力控制阀又分为溢流阀（安全阀）、减压阀、顺序阀、压力继电器等；流量控制阀包括节流阀、调速阀、分流集流阀等；方向控制阀包括单向阀、液控单向阀、梭阀、换向阀等。根据控制方式不同，液压阀可分为开关式控制阀、定值控制阀和比例控制阀。

辅助元件包括油箱、滤油器、油管及管接头、密封圈、压力表、油位油温计等。

液压油是液压系统中传递能量的工作介质，有各种矿物油、乳化液和合成型液压油等几大类。

知识点三：液压系统的图形符号

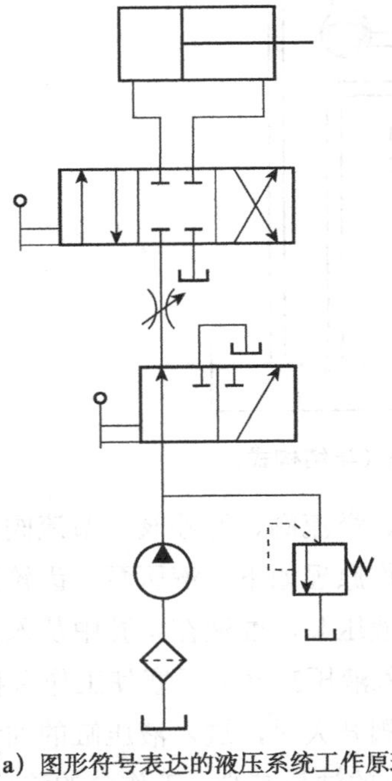

(a) 图形符号表达的液压系统工作原理图

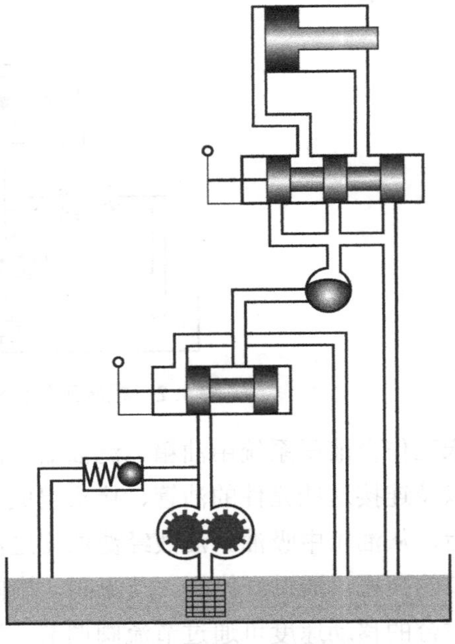

(b) 半结构式的液压系统工作原理图

图 1.3　液压系统的表示方法

液压系统的表示方法如图 1.3 所示。液压系统是液压元件的组合。它具有直观性强容易理解的优点。但其图形比较复杂，绘制比较麻烦，当液压元件较多时就显得比较烦琐。为此人们大多采用液压元件的图形符号来绘制液压系统原理图。图形脱离液压元件的具体结构，只表示元件的职能。图形符号式系统图，原理简单明了，便于阅读、分析、设计和绘制。我国制定的《液压系统图图形符号 GB/T786.1—1993》中有以下几条规定：

（1）符号只表示元件的职能、连接系统的通路，不表示元件的具体结构和参数，也不表示元件在机器中的实际安装位置。

（2）元件符号内的油液流动方向用箭头表示，线段两端都有箭头的，表示流动方向可逆。

（3）符号均以已经静止位置或中间位置表示，当系统的动作另有说明时，可作例外。

图 1.3 中对半结构图和图形符号图进行了比较，使用图形符号图可以使液压系统便于绘制。

知识点四：液压传动系统的特点

1．液压传动系统的主要优点

液压传动之所以能得到广泛的应用，是由于它与机械传动、电气传动相比具有以下的主要优点：

（1）液压传动装置运动均匀平稳、反应快、惯性小，能高速启动、制动和换向，负载变化时速度较稳定。正因为具有此特点，金属切削机床中的磨床传动现在几乎都采用液压传动。

（2）在同等功率的情况下，液压传动装置的体积小、重量轻、结构紧凑。

例如，相同功率液压马达的体积为电动机的 12%～13%。液压泵和液压马达单位功率的重量指标，目前是发电机和电动机的十分之一，液压泵和液压马达可小至 0.002 5 N/W(牛/瓦)发电机和电动机则约为 0.03N/W。

（3）液压传动装置能在大范围内实现无级调速。调速范围可达 1∶2 000（一般 1:100）。借助阀或变量泵、变量马达，可以实现无级调速，并可在液压装置运行的过程中进行调速。

（4）其操作简单、方便，容易实现自动化。借助于各种控制阀，特别是采用液压控制和电气控制结合使用时，能很容易地实现复杂的自动工作循环，而且可以实现遥控。

（5）液压装置易于实现过载保护。借助于设置溢流阀等，同时液压件能自行润滑，因此使用寿命长。

（6）液压元件已实现了标准化、系列化和通用化，便于设计、制造和使用。

（7）液压传动可以方便、灵活地布置传动机构。这是它比机械传动优越的地方。例如，在井下抽取石油的泵可采用液压传动来驱动，以克服长驱动轴效率低的缺点。由于液压缸的推力很大，又加之极易布置，在挖掘机等重型工程机械上，已基本取代了老式的机械传动，不仅操作方便，而且外形美观大方。

2．液压传动系统的主要缺点

（1）不能保证严格的传动比。液压系统中的漏油等因素，影响了机械运动的平稳性和正确性，使得液压传动不能保证严格的传动比。

（2）液压传动对油温的变化比较敏感，使得工作的稳定性受到影响。温度变化时，液体黏性变化，引起运动特性的变化，所以它不宜在温度变化很大的环境条件下工作。一般工作温度在-15～60℃。

（3）液压元件的配合件制造精度要求较高，加工工艺较复杂，造价高。这是因为为了减少泄漏，以及为了满足某些性能上的要求。

（4）液压系统发生故障不易检查和排除。

（5）液压传动压力、流量损失大，系统效率低，要求有单独的能源，不像电源那样使用方便。

总之，液压传动系统的优点是主要的，随着设计制造和使用水平的不断提高，有些缺点正在逐步加以克服。液压传动系统有着广泛的发展前景。

知识点五：液压传动发展史

液压传动是根据 17 世纪帕斯卡提出的液体静压力传动原理而发展起来的一门新兴技术，世界上第一台液压打包机于 1795 年由英国约瑟夫·布拉曼，在伦敦用水作为工作介质，以水压机的形式将其应用于工业上，诞生了世界上第一台水压机。一个世纪后（1905 年）将工作介质水改为油，液压技术上进一步得到创新。

液压传动已有两百年的历史。只是由于早期没有成熟的液压传动技术和液压元件，使之没有得到普遍的发展。随着科学技术的不断发展，各行各业对传动技术有了新的要求，特别是在二次世界大战期间，由于军事上迫切要求反应快、重量轻、功率大的各种武器设备，而液压技术适应了这一要求，所以使液压传动技术在“二战”时期得到了突飞猛进的发展。战后的液压传动技术迅速地转向其他各个部门，并发展为完整的传动技术，得到了广泛的应用。随着工艺制造水平的提高，到 20 世纪 30 年代，开始生产液压元件，并首先应用于机床。到 20 世纪 50～70 年代，由于工艺水平有很大提高，液压技术也迅速发展，它是机械设备中发展速度最快的技术之一，也是一种很有发展前途的技术，是实现现代传动和控制的关键技术，其发展速度仅次于电子技术，特别是近年来流体技术与微电子、计算机技术相结合，使液压技术进入了一个新的发展阶段。据有关资料记载，国外生产的 95%的工程机械、90%的数控加工中心、95%的自动生产线，几乎都采用了液压技术。

目前液压传动在实现高压、高速、大功率、高效率、低噪音、长寿命、高度集成化、小型化与轻量化、一体化和执行元件柔性化等方面取得了很大的进展。同时由于液压与微电子技术密切配合，能在尽可能小的空间内传递尽可能大的功率并加以准确控制，从而使液压传动技术在各行各业中发挥更大的作用。

任务实施

建议学生到汽车修理厂近距离观察液压千斤顶的工作过程。通过对机床工作台液压系统的分析能具体讲出液压系统的组成和液压元件图形符号的意义。通过对工程机械（如挖掘机、汽车起重机、压路机）、机床工业（如铣床、刨床、拉床、剪床）、船舶工业（如挖泥船、打捞船、打桩船。采油平台）的了解，理解液压传动系统的特点以及应用领域。

思考与练习

一、填充题

1．液压系统由________________________________五部分组成。

2．液压控制部分主要用来控制油液的______________和______________。

3．液压泵能将原动机输出的________转换为油液的________。

4．执行元件有液压缸和__________，将油液的__________转换为带动工作机运动的________，以驱动工作部件运动。

二、选择题

1．下列元件属于控制元件的是（　　）。

A．换向阀　B．液压泵　C．液压缸　D．滤油器

2．液压系统中液压泵属于（　　）。

A．动力部分　B．执行部分　C．控制部分　D．辅助部分

3．液压泵将原动机的（　　）转换成液压能。

A．机械能　B．电能　C．液压能　D．气压能

4．以下能实现无级调速的是（　　）。

A．带传动　B．链传动　C．液压传动　D．齿轮传动

三、判断题

1．液压传动装置本身是一种能量转换装置。（　　）

2．液压传动具有承载能力大，可实现大范围内无级调速和获得恒定传动比的特点。（　　）

3. 液压元件实现了标准化、系列化和通用化，故维修方便。 （ ）

4. 液压传动不能用在传动比要求高的场合。 （ ）

四、简答题

1．简述液压传动工作原理。

2．简述液压传动的组成和各部分的具体作用。

任务二：液压油的性质与选择

在液压传动传统中，液压油作为工作介质用来传递动力和信号，同时对系统起到传递运动与动力、密封、润滑、冷却和防锈的作用。液压传动系统能否可靠有效地工作在很大程度上取决于系统使用的液压油。本任务重点介绍液压油的性质、种类和选用以及污染与控制。

知识点一：液压油的性质

一、可压缩性

液体受外力的作用而使其体积发生变化（体积减小）的性质被称为液体的可压缩性。

体积为 V 的液体，当压力变化量为 Δp 时，体积的绝对变化量为 ΔV，液体在单位压力变化下的体积相对变化量为：

$$k = -\frac{1}{\Delta p}\frac{\Delta V}{V}$$

式中，k 被称为液体的体积压缩系数。因为压力增大时液体的体积减小，所以上式的右边加一负号，从而使液体的体积压缩系数为正值。

k 的倒数称为液体的体积模量，其公式为：

$$K=\frac{1}{k}=-\frac{\Delta pV}{\Delta V}$$

体积模量表示单位体积相对变化量所需要的压力增量。在实际应用中，常用体积模量说明液体抵抗压缩能力的大小。在常温下，纯净油液的体积模量为 1 400～2 000 MPa，数值很大，故一般可认为油液是不可压缩的。

二、密度

单位体积液体的质量称为密度。体积为 V，质量为 m 的液体的密度 ρ 可用下式表示：

$$\rho=\frac{m}{V}$$

液压油的密度随压力的升高而增大，随温度的升高而减小，但在一般情况下，由于压力和温度引起的密度变化量很小，可以忽略不计。故在实际应用中可以认为液压油的密度不受压力和温度的变化的影响。

液压油的密度大约为 0.7×10^3～0.9×10^3kg/m^3，1 升液压油大致有 0.7～0.9 kg。

各种油的密度如下：

航空汽油 0.701×10^3kg/m^3；船用柴油 0.886×10^3kg/m^3

车用汽油 0.725×10^3kg/m^3；航空煤油 0.775×10^3kg/m^3

轻柴油 0.825×10^3kg/m^3；93＃汽油 0.725×10^3kg/m^3

95＃汽油 0.737×10^3kg/m^3；90＃汽油 0.720×10^3kg/m^3

20＃柴油 0.830×10^3kg/m^3；95＃号国Ⅴ汽油 0.758×10^3kg/m^3

三、黏性

1．黏性的定义

液体在外力作用下流动或有流动趋势时，液体内分子间的内聚力阻碍液体分子间的相对运动，由此而产生内摩擦力的性质称为液体的黏性。黏性示意图如图 1.4 所示。

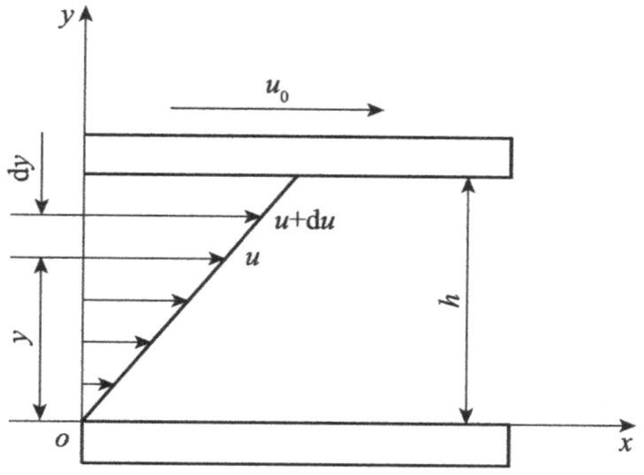

图 1.4　液体黏性示意图

液体流动时，相邻液层间的内摩擦力F与液层间的接触面积A和液层间相对运动的速度$\mathrm{d}u$成正比，与液层间的距离$\mathrm{d}y$成反比。即

$$F=\mu A\frac{\mathrm{d}u}{\mathrm{d}y}$$

$$\tau=\frac{F}{A}=\mu\frac{\mathrm{d}u}{\mathrm{d}y}$$

式中，μ为比例系数，称为动力黏度；$\frac{\mathrm{d}u}{\mathrm{d}y}$为速度梯度，即相对运动速度对液层距离的变化率。上式称为牛顿内摩擦定律。静止液体不呈现黏性。

2．液体的黏度

液体黏性用黏度来表示。常用的液体黏度表示方法有三种，即动力黏度、运动黏度和相对黏度。

（1）动力黏度μ，又称绝对黏度，其物理意义是：当速度梯度等于1时，流动液体液层间单位面积上产生的内摩擦力。法定计量单位$\mathrm{N\cdot s/m^2}$或$\mathrm{Pa\cdot s}$。

（2）运动黏度ν：运动黏度与液体密度的比值，即$\nu=\frac{\mu}{\rho}$。

运动黏度无明确的物理意义。法定计量单位$\mathrm{m^2/s}$。运动黏度是工程上常用的黏度表示方法。国际标准化组织ISO规定统一采用运动黏度表示油的黏度等级。如液压油的牌号，表示液压油在40℃时的运动黏度（$\mathrm{mm^2/s}$）的平均值。例如，YA-N32液压油，表示液压油在40℃时的运动黏度的平均值为$32\mathrm{mm^2/s}$。

（3）相对黏度，又称条件黏度。它是采用特定的黏度计，在规定的条件下测出的液体黏度。根据测试条件不同，各国采用的相对黏度单位也不同。美国采用赛氏黏度，英国采用雷氏黏度，我国和德国采用恩氏黏度°E如图1.5所示，恩氏黏度用恩氏黏度计测定，将被测油放在一个特制的容器里（恩氏黏度计），加热至t℃后，由容器底部一个$\phi2.8\mathrm{mm}$的孔流出，测量出$200\mathrm{cm^3}$体积的油液流尽所需时间t_1，与流出同样体积的20℃的蒸馏水所需时间t_2之比值就是该油在温度t℃时的恩氏黏度：

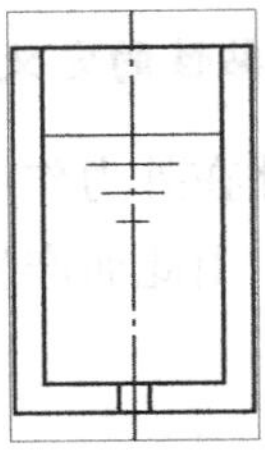

图1.5　恩氏黏度测试示意图

$$^{\circ}E_t=\frac{t_1}{t_2}$$

恩氏黏度与运动黏度的换算经验公式为：

$$\nu=\left(7.31^{\circ}E-\frac{6.31}{^{\circ}E}\right)\times10^{-6}\quad(\mathrm{m^2/s})$$

3．黏度与压力的关系

黏度与压力的关系可用以下公式表示：

$$\mu=\mu_0\mathrm{e}^{kp}\quad(\mathrm{Pa\cdot s})$$

式中，μ 为在大气压下液压油的动力黏度（Pa・s）；k 为与液压油型号有关的指数，对矿物型液压油 $k=0.015\sim0.03$。一般在液压系统的压力小于 50 MPa 时，可不考虑压力对黏度的影响。

4．黏度与温度的关系

液压油的黏度对温度的变化很敏感，温度升高，液体分子之间的内聚力减小，黏度降低。不同种类的液压油，它的黏度随温度变化的规律也不同。我国常用黏度—温度特性曲线来表示油液黏度随温度的变化关系。

我们希望液压油的黏度随温度的变化越小越好，即黏温特性好。黏度的变化对液压系统的能量损失和泄漏量有直接的影响，黏度增大，能量损失增加，泄漏量减小；反之，能量损失减小，泄漏量增加。对于一般的液压油，当运动黏度不超过 76 $\mathrm{mm^2/s}$、温度在 30～150℃的范围内时可用下列公式计算其温度为 t℃时的运动黏度：

$$v_t=v_{50}\left(\frac{50}{t}\right)^n$$

式中，v_t 表示温度为 t℃时的运动黏度，v_{50} 表示温度为 50℃时的运动黏度；n 表示黏温指数，它随油的黏度而变化。其值可参考表 1.1。几种国产液压油的黏度—温度曲线如图 1.6 所示。

表 1.1　黏温指数表

v_{50}/($\mathrm{mm^2/s}$)	2.5	6.5	9.5	12	21	30	38	45	52	60
n	1.39	1.59	1.72	1.79	1.99	2.13	2.24	2.32	1.42	2.49

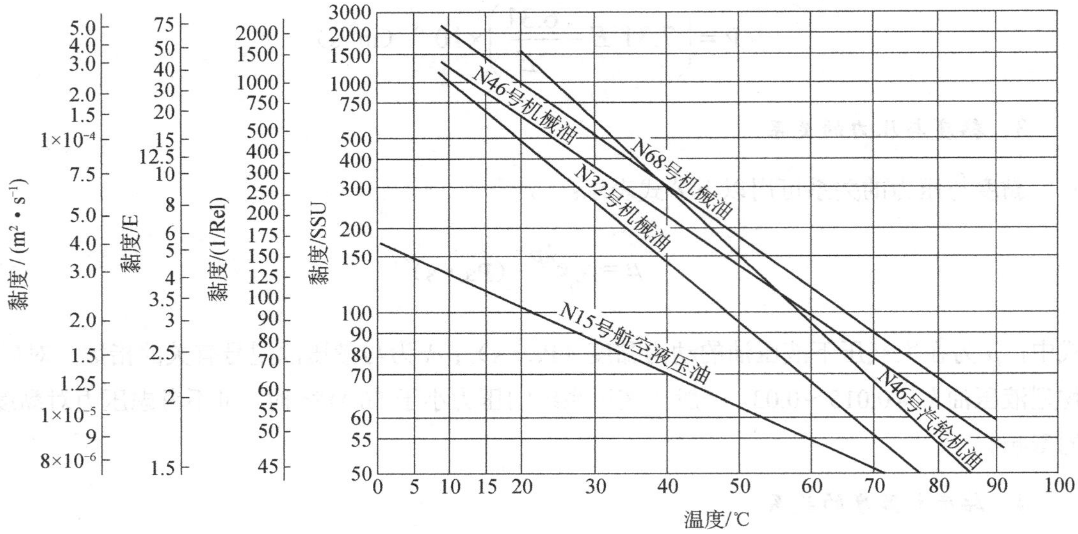

图 1.6　几种国产液压油的黏度—温度曲线

知识点二：液压油的种类和选用

一、液压油的种类

工作介质的种类很多，主要可以分为三大类型：石油型、合成型、乳化型。目前 90%的应用设备采用石油型液压油。

液压油的主要品种、ISO 代码及其性能和用途如表 1.2 所示。

表 1.2　液压油的类型

类型	名称	ISO 代号	特性和用途
矿油型	普通液压油	L-HL	精制矿油加添加剂，提高抗氧化和防锈性能，适用于室内一般设备的中低压系统
	抗磨液压油	L-HM	L-HL 油加添加剂，改善抗磨性能，适用于工程机械、车辆液压系统
	低温液压油	L-HV	L-HM 油加添加剂，改善黏温特性，可用于环境温度在−20~−40℃的高压系统
	高黏度指数液压油	L-HR	L-HL 油加添加剂，改善黏温特性，VI 值达 175 以上，适用于对黏温特性有特殊要求的低压系统，如数控机床液压系统
	液压导轨油	L-HG	L-HM 油加添加剂，改善润滑性能，适用于机床中液压和导轨润滑合用的系统
	全损耗系统用油	L-HH	浅度精制矿油，抗氧化性、抗泡沫性较差，主要用于机械润滑，可作液压代用油，用于要求不高的低压系统
	汽轮机油	L-TSA	深度精制矿油加添加剂，改善抗氧化、抗泡沫等性能，为汽轮机专用油，可作液压代用油，用于一般液压系统

（续表）

类型	名称	ISO 代号	特性和用途
乳化型	油包水乳化液	L-HFB	既具有矿油型液压油的抗磨、防锈性能，又具有抗燃性，适用于有抗燃要求的中压系统
	水包油乳化液	L-HFA	称高水基液，特点是难燃、黏温特性好，有一定的防锈能力，润滑性差，易泄漏。适用于有抗燃要求，油液用量大且泄漏严重的系统
合成型	水-乙二醇液	L-HFC	难燃，黏温特性和抗蚀性好，能在－30～60℃温度下使用，适用于有抗燃要求的中低压系统
	磷酸酯液	L-HFDR	难燃，润滑抗磨性能和抗氧化性能良好，能在－54～135℃温度范围内使用，缺点是它有毒。适用于有抗燃要求的高压精密液压系统

矿物型液压油的主要品种有普通液压油、抗磨液压油、低温液压油、高黏度液压油、液压导轨油等。矿物型液压油的润滑性和防锈性好，黏度等级范围也较宽，因而在液压系统中应用广泛。汽轮机油是汽轮机专用油，常用于一般液压传动系统中。普通液压油的性能可以满足液压传动系统的一般要求，广泛适用于常温工作的中低压系统。抗磨液压油、低温液压油、高黏度液压油、液压导轨油属于专用油，专用于相应的液压系统中。矿物型液压油具有可燃性，为安全起见，在一些高温、易燃、易爆的工作场合，常用水包油、油包水等乳化液，或水-乙二醇、磷酸酯等合成油。

二、液压油的选择

正确而合理地选用液压油，乃是保证液压设备高效率正常运转的前提。

1．对液压油的要求

（1）黏温特性好。在使用温度范围内，油液黏度随温度的变化越小越好。

（2）润滑性能好。油液润滑时产生的油膜强度高，以免产生干摩擦。

（3）纯净度好、杂质少。不应含有腐蚀性物质，以免侵蚀机件和密封元件。

（4）对热、氧化、水解都有良好的稳定性，使用寿命长。

（5）对液压系统所用的金属及密封材料有良好的相容性。

（6）抗泡沫性、抗乳化性和防锈性有良好的相容性。

（7）比热和传热系数大，体积膨胀系数小，闪点和燃点高，流动点和凝固点低。

2．液压油的选用

液压油的选择主要根据油液品种的选择和黏度等级来选择。

（1）油液品种的选择：可参照液压油品种表并根据是否专用、有无具体的工作压力、工作温度及环境条件，进行综合考虑后确定。

（2）液压油黏度等级的选择。在选用液压油时，黏度是一个重要的参数。黏度对液压系统工作稳定性、可靠性、效率、温升及磨损都有影响。黏度过高对系统润滑有利，但会增加系统的流动阻力，使系统压力损失增大，效率降低；黏度过低将增加设备的外泄漏，导致系统工作压力的不稳定，严重时会使泵的磨损加剧。黏度的高低将影响运动部件的润滑、缝隙的泄漏以及流动时的压力损失、系统的发热温升等。所以，在环境温度较高、工作压力高或运动速度较低时，为减少泄漏，应选用黏度较高的液压油，否则相反。但总的来说，应尽量选用较好的液压油，虽然初始成本要高些，但由于优质油使用寿命长，对元件损害小，所以从整个使用周期看，其经济性要比选用劣质油好些。

在液压元件中，以液压泵对液压油的性能最为敏感，因为其转速最高，工作压力最大，温度也较高，因此液压系统常根据液压泵的类型及其要求来选择液压油的黏度。各类液压泵适用的黏度范围如表 1.3 所示。

表 1.3　液压泵的适用黏度

液压泵类型		黏度（$mm^2 \cdot s^{-1}$40℃）		液压泵类型	黏度（$mm^2 \cdot s^{-1}$40℃）	
		系统温度 5～40℃	系统温度 5～40℃		系统温度 5～40℃	系统温度 5～40℃
叶片泵	P<7.0MPa	30～50	40～75	齿轮泵	30～70	95～165
	P>7.0MPa	50～70	50～90	径向柱塞泵	30～50	65～240
螺杆泵		30～50	40～80	轴向柱塞泵	30～70	70～150

3．工作介质的污染与控制

（1）污染的危害

液压油污染严重时，直接影响液压系统的工作性能，使液压系统经常发生故障，也会使液压元件寿命缩短。造成这些危害的原因主要是污垢中的颗粒。对于液压元件来说，由于这些固体颗粒进入到元件中，会使元件的滑动部分磨损加剧，并可能堵塞液压元件中的节流孔、阻尼孔，或使阀芯卡死，从而造成液压系统的故障。水分和空气的混入使液压油的润滑能力降低并使它加速氧化变质，产生气蚀，使液压元件加速腐蚀，使液压系统出现振动、爬行等。

（2）介质污染的主要原因

①液压系统的管道及液压元件内的型砂、切屑、磨料、焊渣、锈片、灰尘等污垢在系统使用前冲洗时未被洗干净，在液压系统工作时，这些污垢就进入到液压油中。

②外界的灰尘、砂粒等，在液压系统工作过程中会通过往复伸缩的活塞杆，带入到液压系统中。另外在检修时，稍不注意也会使灰尘、棉绒等进入液压油中。

③液压系统本身也不断地产生污垢，而直接进入液压油中，如金属和密封材料的磨损颗粒，过滤材料脱落的颗粒或纤维及油液因油温升高氧化变质而生成的胶状物等。

（3）介质污染的测定与控制

造成液压油污染的原因多且复杂，液压油自身又在不断地产生脏物，因此要彻底解决液压油的污染问题几乎是不可能的。为了延长液压元件的寿命，保证液压系统可靠地工作，将液压油的污染度控制在某一限度以内是较为切实可行的办法。对液压油的污染控制工作主要从两个方面着手：一是防止污染物侵入液压系统；二是把已经侵入的污染物从系统中清除出去。污染控制要贯穿于整个液压装置的设计、制造、安装、使用、维护和修理等各个阶段。

为防止油液污染，在实际工作中应采取如下措施：

①液压油在使用前要保持清洁。液压油在运输和保管过程中都会受到外界污染。新买来的液压油看上去很清洁，其实很脏，必须将其静放数天后再经过过滤然后才加入液压系统中使用。

②液压系统在装配后、运转前要保持清洁。液压元件在加工和装配过程中必须清洗干净，液压系统在装配后、运转前应彻底进行清洗，最好用系统工作中使用的油液清洗，清洗时油箱除通气孔（加防尘罩）外必须全部密封，密封件不可有飞边、毛刺。

③液压油在工作中要保持清洁。液压油在工作过程中会受到环境污染，因此应尽量防止工作中空气和水分的侵入。为完全消除水、气和污染物的侵入，采用密封油箱，通气孔上加空气滤清器，防止尘土、磨料和冷却液侵入，经常检查并定期更换密封件和蓄能器中的胶囊。

④采用合适的滤油器。这是控制液压油污染的重要手段。应根据设备的要求，在液压系统中选用不同的过滤方式，不同精度和不同结构的滤油器，要定期检查和清洗滤油器和油箱。

⑤定期更换液压油。更换新油前，油箱必须先清洗一次，系统较脏时，可用煤油清洗，排尽后注入新油。

⑥控制液压油的工作温度。液压油的工作温度过高对液压装置不利，液压油本身也会加速变质，产生各种生成物，缩短它的使用期限，一般液压系统的工作温度最好控制在65℃以下，机床液压系统则应控制在55℃以下。

任务实施

通过课堂学习和网上搜索资料了解常用汽油和柴油的可压缩性、密度、黏性的具体数值。通过对工程机械、汽车机械、船舶机械的液压油使用情况的了解，明确液压油的选用与使用原则。

思考与练习

一、填充题

1. 液压油的性质一般是指________________________。

2. 黏性是__________的体现，黏性一般用黏度衡量。常用黏度有__________，__________我们国家的液压油牌号与黏度有关。

3. 黏度的影响因素有______________________________。

4. 动力黏度的物理意义是______________________________。

二、选择题

1. 我国的法定计量单位中，单位是 Pa·s 的是（　　）。

   A. 动力黏度　　B. 运动黏度　　C. 条件黏度　　D. 相对黏度

2. 温度升高时液压油的黏度会（　　）。

   A. 升高　　B. 降低　　C. 不一定变化　　D. 保持不变

3. LHv20 为一液压油的牌号，其中 20 的含义是该油液在 40℃时的（　　）。

   A. 雷氏黏度值　　B. 动力黏度值　　C. 运动黏度值　　D. 恩氏黏度值

4. 下列黏度值没有单位的是（　　）。

   A. 黏度值　　B. 动力黏度值　　C. 运动黏度值　　D. 恩氏黏度值

三、判断题

1. 温度变化时，液压油的黏度会下降。（　　）

2. 动力黏度数值就是内摩擦力的大小。（　　）

3. 液压油的合理工作温度一般应控制在 60℃以上。（　　）

4. 压力变化时，液压油的黏度保持不变。（　　）

四、简答题

试列举液压油污染控制的具体措施。

任务三：液压系统的流量和压力

在日常生活中仅仅依靠人力是不可能举起重达几吨的小汽车的，但通过液压千斤顶就能完成用人力举起小汽车的任务。这主要是由于液压系统具有把力放大的功能。在液压系统中传递的压力实际是指物理学上的压强，在液压系统中称为压力。

知识点一：液体的压力

作用在液体上的力有两种类型：质量力和表面力。前者作用在液体的所有质点上，如重力、惯性力等；后者作用在液体的表面上，如切向力和法向力。表面力可能是容器作用在液体上的外力，也可能是来自另一部分液体的内力。

静止液体在单位面积上所受的法向力称为静压力。若在液体的面积 A 上受均匀分布的作用力 F，则静压力可表示为：

$$p=\frac{F}{A}$$

液体静压力在物理学上称为压强，在工程应用中习惯称为压力。

1．液体静压力的特性

（1）液体静压力垂直于作用表面，其方向和该面的内法线方向一致。

（2）静止液体内任一点所受的静压力在各个方向上都相等。

2．帕斯卡原理

在密闭容器内，施加于静止液体上的压力将能等值且同时传到液体的各点，这就是帕斯卡原理，或称为静压传递原理，如图 1.7 所示。

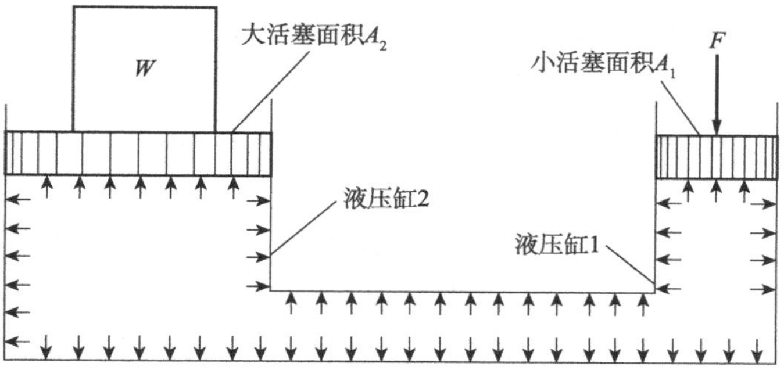

图 1.7　帕斯卡原理

施力于小活塞在液体内部会产生适当的压力 F/A_1，这个压力可以等值地传到液体的各个地方，压力传到大活塞的下部，就可以顶起适当的重物 $W=FA_2/A_1$。由于 $A_2>A_1$，在大活塞一端就可以顶起比小活塞力大的重物。

小活塞下部的压力大小取决于 F 的大小，F 大压力大，F 小压力小，压力的大小取决于负载的大小。

3. 压力表示方法和单位

压力有两种表示方法：绝对压力和相对压力。以绝对真空为基准度量的压力叫做绝对压力；以大气压为基准度量的压力叫做相对压力或表压力。这是因为大多数测量仪表都受大气压作用，这些仪表指示的压力是相对压力。在液压与气压传动系统中，如不特别说明，提到的压力均指相对压力。

如果液体中某点的绝对压力小于大气压力，比大气压力小的那部分数值叫做这点的真空度。绝对压力、相对压力和真空度的关系如图 1.8 所示。

压力的标准计量单位是 Pa（帕），$1Pa=1N/m^2$，1MPa（兆帕）$= 10^6$ Pa。

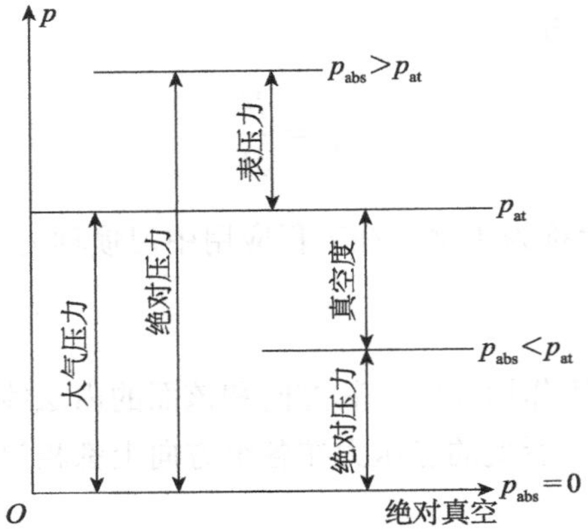

图 1.8 绝对压力、相对压力与真空度的关系

4. 管路系统的压力损失

由于油液具有黏性，在管路中流动时又不可避免地存在着内摩擦力，因此油液在流动过程中必然要损耗一部分能量。这部分能量损耗主要表现为压力损失。压力损失过大，将使功率损失增加，油液发热泄漏增加，效率降低，液压系统性能变坏。压力损失分为沿程压力损失和局部压力损失两种。

沿程压力损失是指液体在直径不变的直管道流过一段距离时，因摩擦产生的压力损失。局部损失是由于管子截面突然变化、液流方向改变或其他形式的液流阻力而引起的压力损失。液体流经管道的弯头、大小管的接头、突变截面、阀口和网孔等局部障碍处时，因液流方向和速度大小发生突度，使液体质点间相互撞击而造成的能量损失，称为局部压力损失。

知识点二：液压系统的流量

在液压系统中液压缸和液压马达的运动速度均取决于进入执行元件的流量大小，流量大速度快，流量小速度小。什么是流量？流量是指单位时间内流过某一通流截面的液体的体积。流量的单位是 m^3/s 或 L/min。管道约束下液体的流动，单位时间内流过各个通流截面的液体的流量应该相等，这就是流量连续性方程告诉我们的道理。

一、流量连续性方程

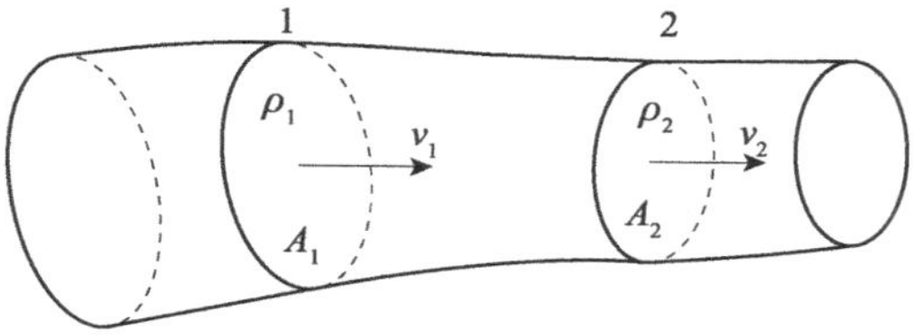

图 1.9 连续性流动

流量连续性方程是质量守恒定律在流体力学中的一种表现形式。如图 1.9 所示的液体在任意形状的管道中做定常流动，任取 1、2 两个不同的通流截面。根据质量守恒定律，单位时间内流过这两个截面的液体质量是相等的，即

$$\rho_1 v_1 A_1 = \rho_2 v_2 A_2$$

若忽略液体的可压缩性，即 $\rho_1=\rho_2$，则

$$v_1 A_1 = v_2 A_2 \text{即} q = vA = \text{常数}$$

这就是不可压缩液体做定常流动时的流量连续性方程，它说明流过各截面的体积流量是相等的。

二、管道约束下液体的平均流速

在液体的流动过程中，由于黏性的作用，截面各质点的速度分布不均匀，越靠近堤岸和管壁流动速度越小，江河湖泊的中心流动速度比较大。河岸两边的速度较小的原因就是由于速度分布不均匀造成的。管道约束下液体的速度呈抛物线。其分布图 1.10 所示。

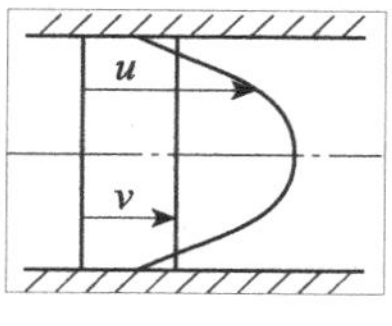

图 1.10 管道约束下液体流动速度分布图

管道约束下的液体流动速度，从管壁到管路中心速度逐渐增多，如何表达液体的流动速度呢？为此引入平均流速的概念。

平均流速：平均流速即通过整个通流截面的流量 q 与通流截面积 A 的比值。平均流速在工程中有实际应用价值。液压缸约束下的平均流速，既是缸高压腔的流动速度也是液压缸低压腔的流动速度还是液压缸活塞的移动速度。平均流速可按下式计算：

$$v = \frac{q}{A}$$

平均流速与通流截面成反比，截面大的地方流速小。

三、液压系统的流量损失

液压系统工作时，油液流经各液压元件的同时，可能发生内泄漏和外泄漏，由于泄漏而导致的能量损耗称为流量损失。

在液压系统中，各液压元件都有相对运动的表面，如液压缸内表面和活塞外表面。因为存在相对运动，所以它们之间都有一定的间隙，如果间隙的一边为高压油，另一边为低压油，那么高压油就会经间隙流向低压区，从而造成泄漏。同时，由于液压元件密封不完善，因此，一部分油液也会向外部泄漏。这种泄漏会造成实际流量有所减少，这就是流量损失。

液压系统中的流量损失主要是通过孔口和缝隙的流动实现的。液压传动常利用液体流经阀的小孔和缝隙来控制调节压力和流量。同时液压元件的泄漏也属于缝隙流动。

1．孔口的流动

（1）孔口的类别。孔口有以下三种形式，可以用孔的长度 l 与其直径 d 的比值来区分。

薄壁小孔：$l/d \leqslant 0.5$

短孔：$0.5 < l/d \leqslant 4$

细长孔：$l/d > 4$

（2）孔口的流量。在工程上，孔口的流量常用下式表示：

$$q = CA(\Delta p)^m$$

其中，C 为节流系数，m 为节流指数。m 的取值范围为 0.5～1，细长孔 $m=1$；薄壁小孔 $m=0.5$；短孔 $0.5 < m < 1$。m 越小，节流口越接近于薄壁小孔；m 越大，则节流口越接近于细长孔。

流量损失影响运动速度，而泄漏又难以绝对避免，所以在液压系统中泵的额定流量要略大于系统工作时所需的最大流量。通常也可以用系统工作所需的最大流量乘以一个 1.1～1.3 的系数来估算。

2．缝隙的流动

液压元件内各零件间有相对运动，必须要有适当间隙。间隙过大，会造成泄漏；间隙过小，会使零件卡死。如图 1.11 所示的泄漏，泄漏是由压差和间隙造成的。内泄漏的损失转换为热能，使油温升高，外泄漏污染环境，两者均影响系统的性能与效率，因此，研究液体流经间隙的泄漏量、压差与间隙量之间的关系，对提高元件性能及保证系统正常工作是必要的。间隙中的流动一般为层流，一种是压差造成的流动称压差流动，另一种是相对运动造成的流动称剪切流动，还有一种是在压差与剪切同时作用下的流动。

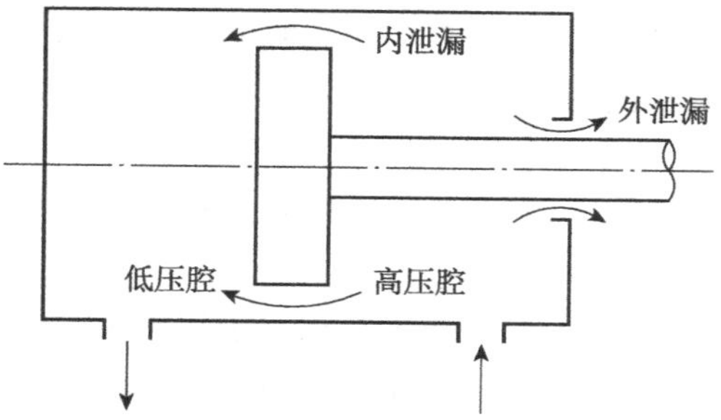

图 1.11　液压缸的泄漏

（1）平行平板的间隙流动

液体流经平行平板间隙的一般情况是既受压差 $\Delta p = p_1 - p_2$ 的作用，同时又受到平行平板间相对运动的作用，如图 1.12 所示。设平板长为 l，宽为 b（图中未画出），两平行平板间的间隙为 h，且 $l \gg h$，$b \gg h$，液体不可压缩，质量力忽略不计，黏度不变。

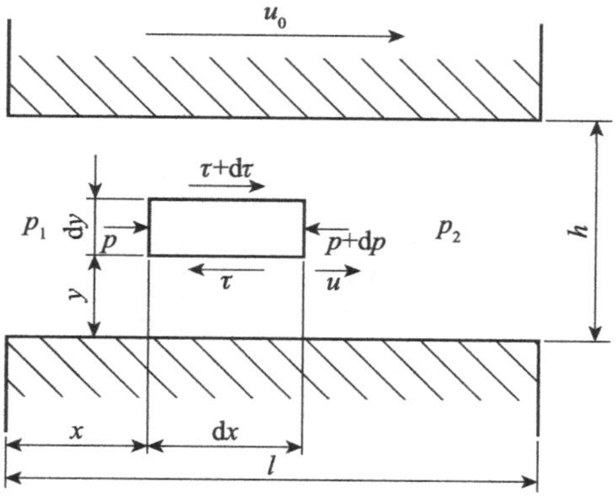

图 1.12　平行平板的间隙流动

①固定平行平板间隙流动（压差流动）且 $u=0$。上、下两平板均固定不动，液体在间隙两端的压差的作用下而在间隙中流动，称为压差流动。其流量可用下式计算：

$$q = \frac{bh^3}{12\mu l}\Delta p$$

可以看出，在间隙中的速度分布规律呈抛物线状，通过间隙的流量与间隙的三次方成正比，因此必须严格控制间隙量，以减小泄漏。

②两平行平板有相对运动时的间隙流动。

- 两平行平板有相对运动，速度为 u_0，但无压差，这种流动称为纯剪切流动。其流量可用下式计算：

$$q=\frac{bh}{2}u_0$$

- 两平行平板既有相对运动，两端又存在压差时的流动，这是一种普遍情况，其速度和流量是以上两种情况的线性叠加即：

$$q=\frac{bh^3}{12\mu l}\Delta p\pm\frac{bh}{2}u_0$$

上两式中正负号的确定方式为：当长平板相对于短平板的运动方向和压差流动方向一致时，取“+”号；反之取“-”号。压差流动和剪切流动的相互作用如图 1.13 所示。

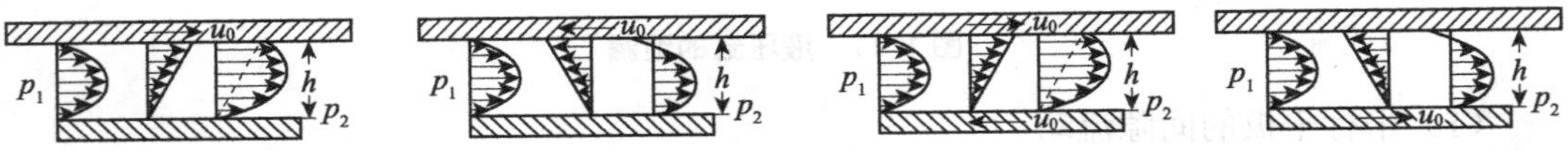

(a) 压差流动向左剪切流动向左两者相加　(b) 压差流动向左剪切流动向右两者相减　(c) 压差流动向左剪切流动向左两者相加　(d) 压差流动向左剪切流动向右两者相减

图 1.13　压差流动和剪切流动的相互作用

（2）圆柱环形间隙流动

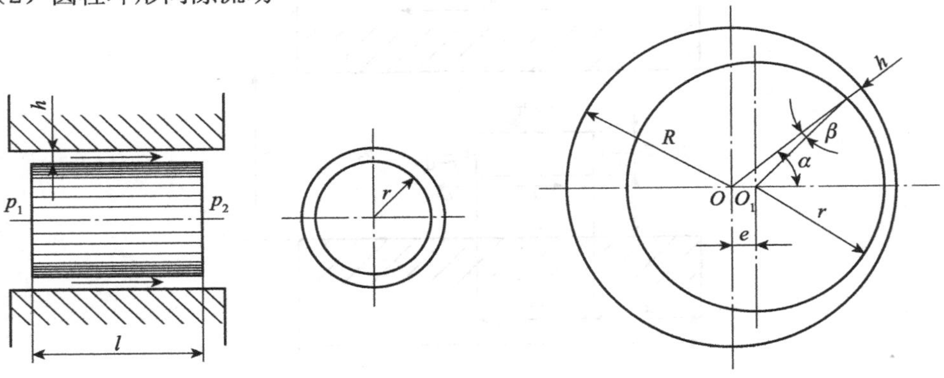

(a) 同心环形间隙间的液流　(b) 偏心环状间隙中的液流

图 1.14　环状间隙的流动

①同心环形间隙在压差作用下的流动。如图 1.14（a）所示，当 $h/r\ll 1$ 时，可以将环形间隙间的流动近似地看做是平行平板间隙间的流动，流量按下式计算：

$$q=\frac{\pi dh^3}{12\mu l}\Delta p\pm\frac{\pi dh}{2}\mu_0$$

该式中“+”号和“−”号的确定同固定平行平板间隙流动。

②偏心环形间隙在压差作用下的流动。如图 1.14（b）所示，液压元件中经常出现偏心环状的情况，例如活塞与油缸不同心时就形成了偏向环状间隙。其流量可以用下式计算：

$$q=\frac{\pi dh^3}{12\mu l}\Delta p(1+1.5\varepsilon^2)\pm\frac{\pi dhu}{2}$$

式中，ε 为偏心率，$\varepsilon=e/h$；h 为同心时的缝隙量。

从上式可以看出，通过圆环缝隙的流量公式是偏心环形缝隙流量公式在 $\varepsilon=0$ 的特例。当完全偏心时，$e=h$，$\varepsilon=1$，此时的流量大约是完全同心时的 2.5 倍。故在液压元件的设计制造和装配中，应采用适当措施，以保证较高的配合同轴度。

任务实施

通过对常见工程机械挖掘机和压路机工作过程的观察理解压力和流量的内涵；通过对自来水系统和输油系统的了解理解压力损失和流量连续的概念。

思考与练习

一、填空题

1．根据度量基准的不同，液体的压力分为__________和__________两种；压力的法定计量单位是__________。液压系统的工作压力取决于__________。

2．液体在直管中流动时，主要产生__________压力损失；在变直径管、弯管中流动时，主要产生__________压力损失。

3．缝隙流动有两种，分别是__________和__________，其中__________影响较大；泄漏量与__________成正比，因此要严格控制。对于环状缝隙，完全偏心时的泄漏量大约是同心时泄漏量的__________倍，装配时要严格控制同轴度。

二、选择题

1．压力表测得的是（　　）。

A．绝对压力　　　　B．相对压力

C．条件压力　　　　D．大气压力

2．液压缸工作时，活塞的运动速度等于液压缸中液体的（　　）。

A．平均流速　　　　B．瞬时流动速度

C．缸壁处液体流速　　D．缸中心处液体流速

3．理想液体的特征是（　　）。

A．黏度是常数　　B．无黏度

C．压缩性规律性变化　　D．无压缩性

三、判断题

1. 连续性方程表明恒定流动中，液体的平均流速与流通圆管的直径大小成反比。（　　）
2. 用在活塞上的推力越大，活塞的运动速度就越快。（　　）
3. 液体流动时，其流量连续性方程是能量守恒定律在流体力学中的一种表达形式。（　　）
4. 任何液体的流动均存在压力损失，压力损失与能量守恒不相符。（　　）
5. 压力损失与黏度无关，受压缩性的影响大。（　　）
6. 液压管道内部由于不暴露在外部，内壁的粗糙度可以不作要求。（　　）
7. 控制间隙量的目的是为了减小泄漏。（　　）
8. 压差流动有时能减少泄漏量。（　　）
9. 油液流经细长孔时，其流量与压差的一次方成正比，与黏度无关。（　　）
10. 流经缝隙的流量随缝隙值的增加而成倍增加。（　　）

模块小结

一、主要术语

1．液压传动

液压传动是以密闭系统内液体（液压油）的压力能来传递运动和动力的一种传动形式。

2．液压系统的组成

正常工作的液压系统由五个部分组成，即动力元件、执行元件、控制元件、辅助无件和液压油。

二、液压系统的特点

1．优点

（1）液压传动装置运动均匀平稳、反应快、惯性小，能高速启动、制动和换向，负载变化时速度较稳定。

（2）在同等功率的情况下，液压传动装置的体积小、重量轻、结构紧凑。

（3）液压传动装置能在大范围内实现无级调速。

（4）操作简单、方便，容易实现自动化。借助于各种控制阀，特别是采用液压控制和电气控制结合使用时，能很容易地实现复杂的自动工作循环，而且可以实现遥控。

（5）液压装置易于实现过载保护。

（6）液压元件已实现了标准化、系列化和通用化，便于设计、制造和使用。

（7）液压传动可以方便灵活地布置传动机构。

2．缺点

（1）不能保证严格的传动比。

（2）液压传动对油温的变化比较敏感，使得工作的稳定性受到影响。

（3）液压元件的配合件制造精度要求较高，加工工艺较复杂，造价高。

（4）液压系统发生故障不易检查和排除。

（5）液压传动压力、流量损失大，系统效率低，要求有单独的能源，不像电源那样使用方便。

总之，液压传动的优点是主要的，随着设计制造和使用水平的不断提高，有些缺点正在逐步加以克服。液压传动有着广泛的发展前景。

三、元件符号

元件名称	元件符号	含义
液压动力元件	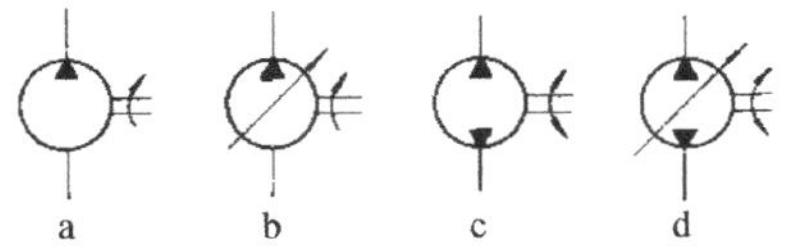	只表示元件的职能，不表示元件的结构
液压执行元件	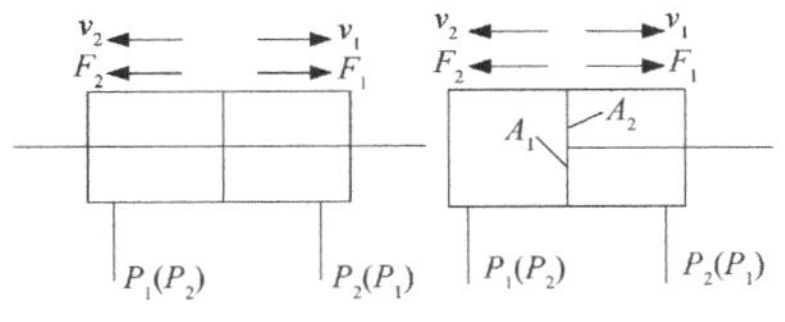	
液压控制元件	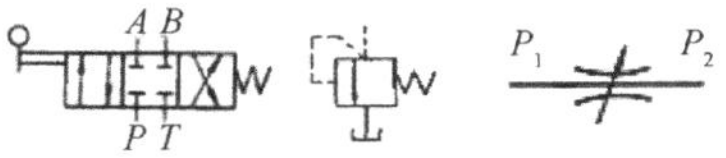	

综合应用

试把下列系统的组成元件分一下类别并画在空白处。

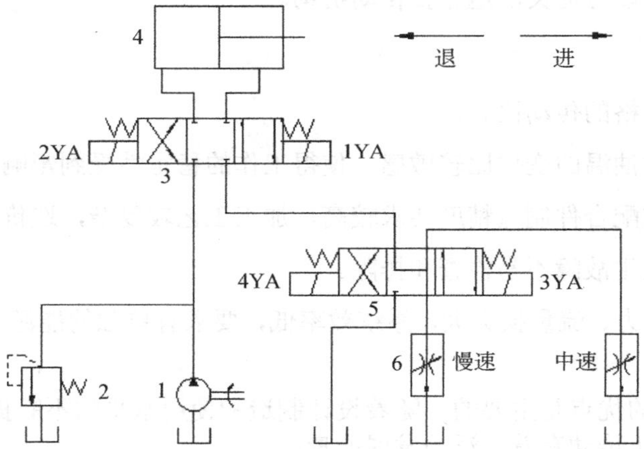

动力元件有：

执行元件有：

控制元件有：

辅助元件有：

模块二　注塑机的压力控制回路

注塑机能将颗粒状的塑料加热融化成流动状，用注塑装置快速高压注入模腔，保压一定时间，冷却后成形为塑料制品。注塑机的模腔由两个模板组成；一个定模板，一个动模板。动模板相对于定模板的相对运动就是合模和开模。合模时动模板慢速启动、快速前移，当接近定模板时，液压系统转为低压慢速。在确认模具内没有异物存在后，系统转为高压，使模具闭合。在合模过程中，工况要求必须有高压和低压。在液压系统中如何实现呢？本模块就介绍压力控制回路，分析注塑机的压力控制回路。

模块目标

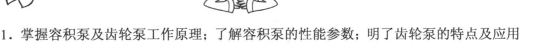

1．掌握容积泵及齿轮泵工作原理；了解容积泵的性能参数；明了齿轮泵的特点及应用场合。

2． 明了阀类元件的共同点，掌握溢流阀的工作原理、图形符号、类型及应用。

3． 掌握减压阀、顺序阀和压力继电器的工作原理、图形符号及应用场合。

4． 明了液压缸的种类和具体结构，能够根据执行机构的情况选择合适的液压缸。

5． 掌握压力控制基本回路的组成元件及回路的功能，并能正确组织压力控制回路。

6．能在试验台上正确选择液压元件，并能组合成具有适当功能的压 z 力控制回路。能根据注塑机的实际情况设计适当的压力控制回路。

模块点睛

通过容积泵和齿轮泵工作原理的学习明了泵的功能；通过对溢流阀、减压阀、顺序阀、压力继电器的学习明了压力控制元件的作用；通过对压力控制回路的学习明了单级调压、多级调压、减压回路、卸荷回路的内涵。通过对注塑机压力控制回路的学习明了压力控制回路的具体应用领域。

知识链接

任务一：齿轮泵认知

齿轮泵作为一种结构简单、价格低廉的动力元件，广泛应用于各种低压场合。齿轮泵作为容积泵的一种，其工作原理是利用密封工作腔的容积变化来产生压力能。本任务重点介绍容积泵工作原理及性能参数和齿轮泵的工作原理、性能、用处等相关知识。

知识点一：容积泵

1．容积泵工作原理

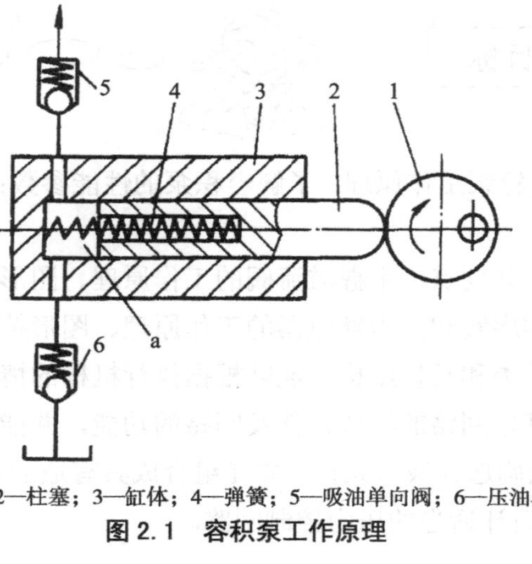

1—凸轮；2—柱塞；3—缸体；4—弹簧；5—吸油单向阀；6—压油单向阀

图 2.1　容积泵工作原理

液压泵是靠密封容腔容积的变化来工作的。图 2.1 所示的是容积泵工作原理图。当凸轮 1 由原动机带动旋转时，柱塞 2 便在凸轮 1 和弹簧 4 的作用下在缸体 3 内做往复运动。缸体内孔与柱塞外圆之间有良好的配合精度，使柱塞在缸体孔内做往复运动时基本没有油液泄漏，即具有良好的密封性。柱塞右移时，缸体中密封工作腔 a 的容积变大，产生真空，油箱中的油液便在大气压力作用下通过吸油单向阀 5 吸入缸体内，实现吸油；柱塞左移时，缸体中密封工作腔 a 的容积变小，油液受挤压，便通过压油单向阀 6 输送到系统中去，实现压油。如果偏心轮不断地旋转，液压泵就会不断地完成吸油和压油动作，因此就会连续不断地向液压系统供油。

2．容积泵工作的基本条件（必要条件）

（1）具有密封的工作容腔，且密封工作容腔的容积发生周期性变化，使得当密封工作腔容积增大时，形成一定的真空度完成吸油；密封工作腔容积减小时，油液受到挤压实现压油。

（2）需要有相应的配油机构，使得吸、压油过程对应的区域隔开。

（3）油箱必须与大气相通。

知识点二：容积泵性能参数

1．压力

液压泵的压力包括工作压力、额定压力和最大允许压力。

工作压力： 指液压泵出口处的实际压力值，即泵克服阻力而建立起来的压力。工作压力值取决于液压泵输出到系统中的液体在流动过程中所受的阻力（如工作阻力、摩擦阻力等）。阻力(负载)增大，则工作压力升高；反之则工作压力降低。如果液压系统中没有阻力，就相当于泵输出的油液直接回油箱，系统压力就建立不起来。若有负载作用，则系统油液必然产生一定的压力，这样才能推动执行元件运动。如果液压泵的出油口完全堵死，液压泵的输出油液无法排出，压力就会急剧升高直至电机憋住或液压泵及管道损坏。

额定压力： 指液压泵在正常工作条件下可连续运转的最高压力。

额定压力值的大小由液压泵零部件的结构强度和密封性来决定。超过这个压力值，液压泵有可能发生机械或密封方面的损坏。液压泵的铭牌上均标有液压泵的额定压力，这是泵正常工作的最高压力，超过此值就是过载，过载会导致液压泵的效率降低、寿命缩短。为了保证液压泵正常工作其工作压力一般取额定压力的 2/3 到 3/4 倍。

最大允许压力： 在短期运行所允许的最高压力，一般为额定压力的 1.1 倍。

压力分级如表 2.1 所示。

表 2.1　压力分级

压力分级	低压	中压	中高压	高压	超高压
压力/MPa	2.5	＞2.5～8	＞8～16	＞16～32	＞32

2．排量和流量

排量 *V*： 指在无泄漏情况下，液压泵转一圈所能排出的油液体积。可见，排量的大小只与液压泵中密封工作容腔的几何尺寸和个数有关。排量的常用单位是（ml/r）。

理论流量： q_{vt}指在无泄漏情况下，液压泵单位时间内输出油液的体积。其值等于泵的排量 V 和泵轴转数 n 的乘积，即

$$q_{vt} = Vn$$

实际流量 q_v**：** 指单位时间内液压泵实际输出油液的体积。由于泵工作过程中存在内部泄漏量 Δq_v（泵的工作压力越高，泄漏量越大），使得泵的实际流量小于泵的理论流量，即：

$$q_v = q_{vt} - \Delta q_v$$

显然，当液压泵处于卸荷（压力卸荷）状态时，工作压力为零，这时输出的实际流量近似为理论流量。

额定流量： 在正常工作条件下，该试验标准规定（如在额定压力和额定转速下）必须保证的流量。泵的产品样本或铭牌上标出的流量为泵的额定流量。

3．效率与功率

实际上，液压泵和液压马达在工作中是有能量损失的，这种损失包括容积损失和机械损失。

容积损失： 液压泵内部泄漏造成的流量损失。容积损失的大小用容积效率表征，即

$$\eta_{pv} = \frac{q_v}{q_{vt}} = \frac{q_{vt} - \Delta q}{q_{vt}} = 1 - \frac{\Delta q}{q_{vt}}$$

机械损失： 液压泵内流体黏性和机械摩擦造成的转矩损失。机械损失的大小用机械效率表征，即

$$\eta_{pm} = \frac{T_t}{T_i} = \frac{T_i - \Delta T}{T_i} = 1 - \frac{\Delta T}{T_i}$$

式中，T_i为泵的实际输入转矩，T_t为其理论转矩。ΔT 为损失掉的转矩。

输入功率 P_i的计算公式为：

$$P_i = 2\pi T_i n$$

输出功率 P_o的计算公式为：

$$P_o = pq_v$$

总效率η_p 的计算公式为：

$$\eta_p = \frac{P_o}{P_i} = \frac{pq_v}{2pnT_i} = \eta_{pv}\eta_{pm}$$

4．液压泵图形符号（或职能符号）

液压泵图形符号如图 2.2 所示。

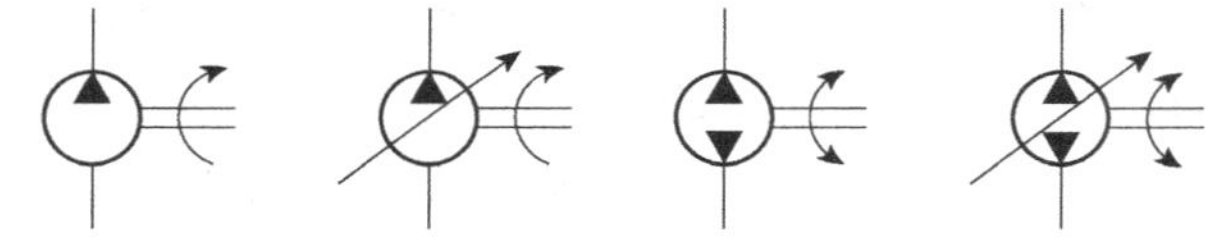

(a)　(b)　(c)　(d)

图 2.2　液压泵图形符号

知识点三：齿轮泵认知

齿轮泵是一种常用的液压泵，其主要特点是：

（1）抗油液污染能力强，体积小，价格低廉。

（2）内部泄漏比较大，噪声大，流量脉动大，排量不能调节。

齿轮泵通常用于工作环境比较恶劣的各种中、低压系统中，尤其是低压系统。齿轮泵中齿轮的齿形以渐开线为多。在结构上可分为外啮合齿轮泵和内啮合齿轮泵。外啮合齿轮泵应用广泛，下面做重点介绍。

一、外齿轮泵工作原理

图 2.3 是外啮合齿轮泵的工作原理图。由图可见，这种泵的壳体内装有一对外啮合齿轮。由于齿轮端面与壳体端盖之间的缝隙很小，齿轮齿顶与壳体内表面的间隙也很小，因此可以看成将齿轮泵壳体内分隔成左、右两个密封容腔。当齿轮按图示方向旋转时，右侧的齿轮逐渐脱离啮合，露出齿间槽。

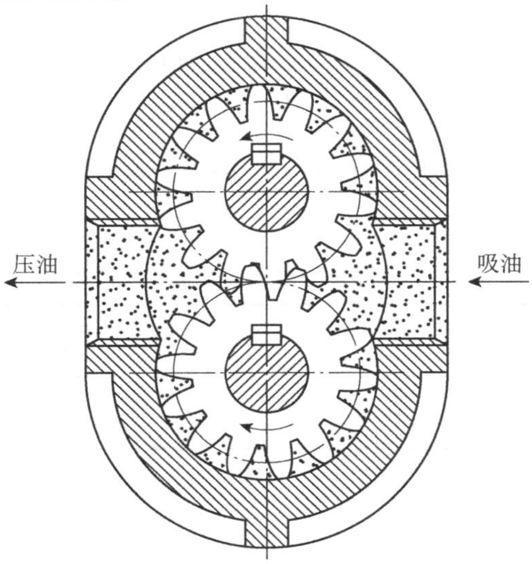

图 2.3　外啮合齿轮泵的工作原理

因此这一侧的密封容腔的体积逐渐增大，形成局部真空，油箱中的油液在大气压力的作用下经泵的吸油口进入这个腔体，因此这个容腔称为吸油腔。随着齿轮的转动，每个齿间槽中的油液从右侧被带到了左侧。在左侧的密封容腔中，轮齿逐渐进入啮合，使左侧密封容腔的体积逐渐减小，把齿间槽的油液从压油口挤压；输出的容腔称为压油腔。当齿轮泵不断地旋转时，齿轮泵的吸、压油口不断地吸油和压油，实现了向液压系统输送油液的过程。在齿轮泵中，吸油区和压油区由相互啮合的轮齿和泵体分隔开来，因此没有单独的配油机构。

1．齿轮泵排量和流量

（1）排量 V。排量是液压泵每转一周所排出的液体体积。这里近似等于两个齿轮的齿间容积之和。设齿间容积等于齿轮体积，则有：

$$V = \pi DhB = 2\pi zm^2 B$$

式中，D 为齿轮节圆直径；h 为齿轮齿高； B 为齿轮齿宽；z 为齿轮齿数；m 为齿轮模数。由于齿间容积比轮齿的体积稍大，所以通常修正为:

$$V = 6.66zm^2 B$$

（2）流量 q。齿轮泵的实际流量为：

$$q_v = Vn\eta_{pv} = 6.66zm^2 Bn\eta_{pv}$$

式中，n 为齿轮泵的转速；η_{pv} 为齿轮泵的容积效率；q_v 是齿轮泵的平均流量。实际上，在齿轮啮合过程中压油腔的容积变化率是不均匀的，因此齿轮泵的瞬时流量是脉动的。设 q_{max} 和 q_{min} 分别表示齿轮泵的最大、最小瞬时流量，则流量脉动率 δ_q 为：

$$\delta_q = \frac{q_{max} - q_{min}}{q} \times 100\%$$

表 2.2 给出了不同齿轮齿数时外啮合齿轮泵的流量脉动率。在相同情况下，内啮合齿轮泵的流量脉动率要小得多。

表 2.2　不同齿数齿轮泵流量脉动率

Z	6	8	10	12	14	16	20
δ_q	0.347	0.263	0.212	0.178	0.153	0.134	0.107

2．齿轮泵存在的一些问题

（1）泄漏。这里所说的泄漏是指液压泵的内部泄漏，即一部分液压油从压油腔流回吸油腔，没有输送到系统中去。泄漏降低了液压泵的容积效率。外啮合齿轮泵的泄漏的途径为：①通过齿轮端面与泵盖间轴向间隙的泄漏；②通过齿轮齿顶与泵体内孔间径向间隙的泄漏；③通过两齿轮啮合处的泄漏。其中最大的泄漏量是通过齿轮端面与泵盖间轴向间隙的泄漏，这部分泄漏量约占总泄漏量的 70%～75%。减小端面泄漏是提高齿轮泵容积效率的主要途径。

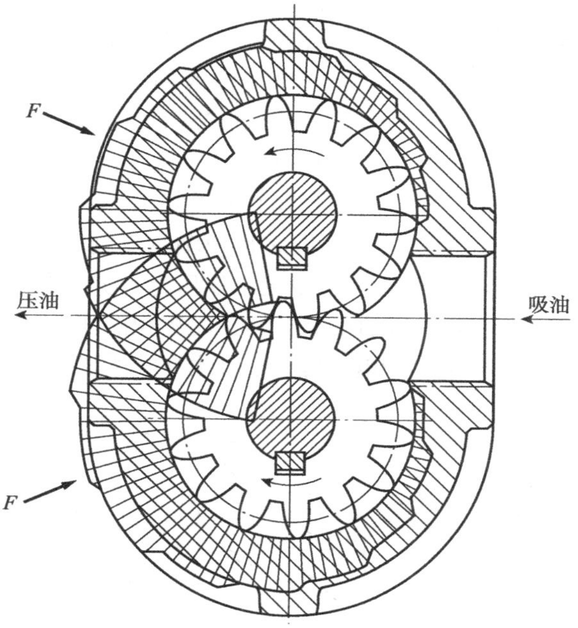

图 2.4　径向平衡力

（2）液压径向不平衡力。如图 2.4 所示在齿轮泵中，由于在压油腔和吸油腔之间存在着压差，液体压力的合力作用在齿轮和轴上，是一种径向不平衡力，径向不平衡力的大小为：

$$F = K\Delta pBD_e$$

式中，K 为系数，对于主动轮，$K=0.75$，对从动轮，$K=0.85$；Δp 为泵进、出口压力差；D_e 为齿顶圆直径；B 为齿轮齿宽。由此可见，当泵的尺寸确定以后，油液压力越高径向不平衡力就越大。其结果是加速轴承的磨损，增大内部泄漏，甚至造成齿顶与壳体内表面的摩擦。减小径向不平衡力的方法有：

①缩小压油腔。通过减小高压油在齿轮上的作用面来减小径向不平衡力，如图 2.4 所示的工作原理图中，吸油口尺寸比压油口大一些。

②开压力平衡槽。如图 2.5 所示，压力平衡槽 1 和 2 分别接近低、高压油腔，通过力的平衡作用来减小纯粹的径向不平衡力。但这种方法会增加内泄漏，一般很少使用。

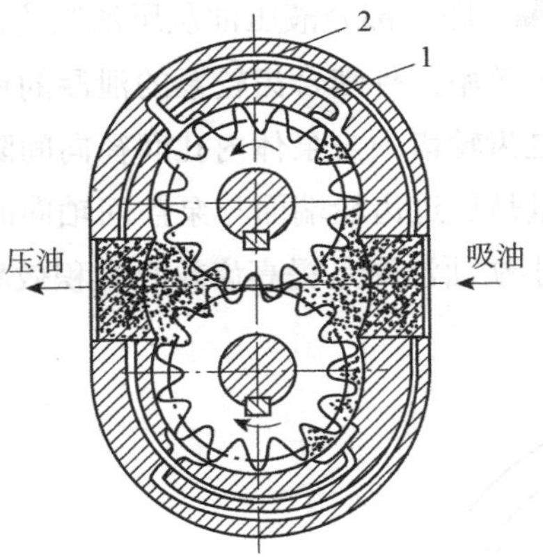

图 2.5　压力平衡槽

③适当调整径向间隙。适当调大齿顶圆和泵体孔的径向间隙，但间隙不能过大以免产生较大的径向泄漏。

（3）困油现象。为了使齿轮平稳地啮合运转，根据齿轮啮合原理，齿轮的重叠系数应该大于 1，即存在两对轮齿同时进入啮合的时候。因此，就有一部分油液困在两对轮齿所形成的封闭容腔之内， 如图 2.6 所示。这个封闭容腔先随齿轮转动逐渐减小以后又逐渐增大。减小时会使被困油液受挤压而产生高压（用液体颜色变深表示高压特点），并从缝隙中流出，导致油液发热，同时也使轴承受到不平衡负载的作用；封闭容腔的增大会造成局部真空（用液体颜色变浅表示低压特点），使溶于油液中的气体分离出来，产生气穴，这就是齿轮泵的困油现象。其封闭容积的变化如图 2.6 所示。困油现象使齿轮泵产生强烈的噪声和气蚀，影响、缩短其工作的平稳性和寿命。

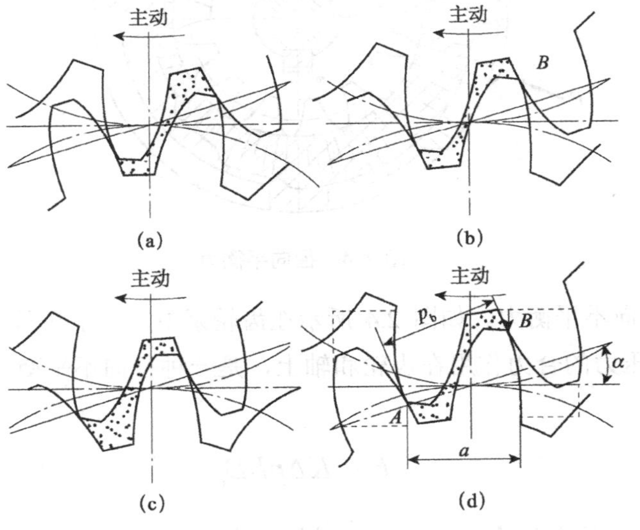

图 2.6　封闭容积的变化

消除困油的方法为：通常是在两端盖板上开一对矩形卸荷槽（见图 2.6 中的虚线所示）。开卸荷槽的原则是：当封闭容腔减小时，让卸荷槽与泵的压油腔相通，这样可使封闭容腔中的高压油排到压油腔中去；当封闭容腔增大时，使卸荷槽与泵的吸油腔相通，使吸油腔的油及时补入到封闭容腔中，从而避免产生真空，这样使困油现象得以消除。在开卸荷槽时，必须保证齿轮泵吸、压油腔任何时候不能通过卸荷槽直接相通，否则将使泵的容积效率降低很多。若卸荷槽间距过大则困油现象不能彻底消除，所以两卸荷槽之间距离为：

$$a = t_0 \cos\alpha = \pi m \cos^2\alpha$$

式中，α 为齿轮压力角；t_0 为标准齿轮的基节。

二、内啮合齿轮泵

内啮合齿轮泵的流量脉动率仅是外啮合齿轮泵流量脉动率的 5%～10%。内啮合齿轮泵具有结构紧凑、噪声小和效率高等一系列优点。它的不足之处是齿形复杂，需要专门的高精度加工设备，因此多被用在一些要求较高的系统中。

内啮合齿轮泵按照齿形可以分为内啮合渐开线齿和摆线齿形，如图 2.7 所示。

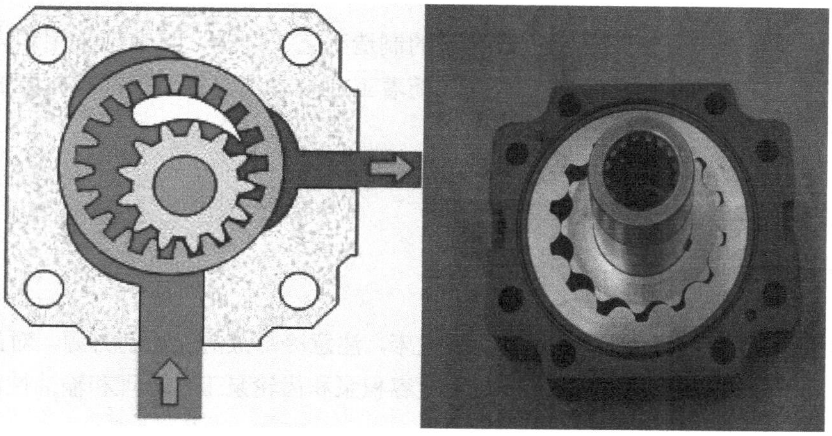

（a）内啮合渐开线齿形　　（b）内啮合摆线齿形

图 2.7　内啮合齿轮泵

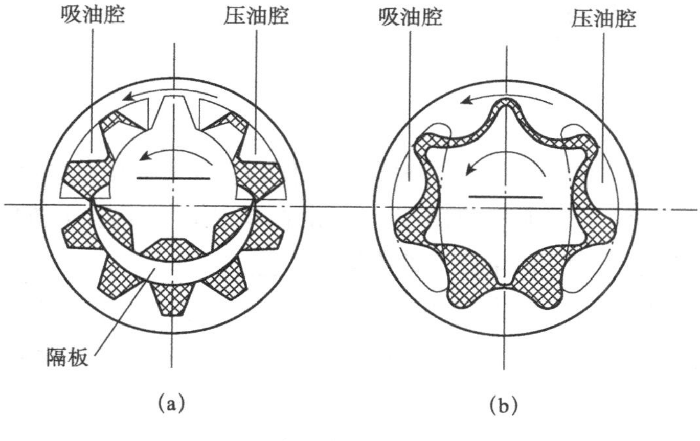

(a)　　(b)

图 2.8　内啮合齿轮泵工作原理

内啮合渐开线齿轮泵的工作原理如图 2.8（a）所示。小齿轮和内齿轮相互啮合，它们的啮合线和月牙板将泵体内的容腔分成吸油腔和压油腔。当小齿轮按图示方向转动时，内齿轮同向转动。容易看出，图中左边的腔体是吸油腔，右边的腔体是压油腔。

图 2.8（b）所示的是内啮合摆线齿形的工作原理图。在内啮合摆线齿轮泵中，外转子和内转子只差一个齿，没有月牙板，并且在内、外转子的轴心线上有一偏心 e，内转子为主动轮，内、外转子的啮合点将吸、压油腔分开。内转子为六齿，外转子为七齿，由于内外转子是多齿啮合。在啮合过程中，左侧密封容腔逐渐变大是吸油腔，右侧密封容腔逐渐变小是压油腔。

内啮合摆线齿轮泵结构紧凑，运动平稳，噪声低。但流量脉动比较大，啮合处间隙泄漏大。所以通常在工作压力为 2.5～7 MPa 的液压系统中作为润滑、补油等辅助泵使用。

内啮合齿轮泵缺点是流量脉动大，转子的制造工艺复杂等，目前已采用粉末冶金压制成型，运动平稳，噪声低，容积效率较高，随着工业技术的发展，摆线齿轮泵的应用将会越来越广泛。

任务实施

建议学生到实训场所仔细观察金属切削机床，注意冷却液的输送动力源，对齿轮泵的工作原理和应用场合有个清晰的了解，以加深对容积泵和齿轮泵工作原理和输油性能的理解。

思考与练习

一、填空题

1．液压传动中所用的液压泵都是靠密封的工作容积发生变化而进行工作的，所以都属于____________。在不考虑泄漏的情况下，泵在单位时间内排出的液体体积称为泵的__________。液压泵的实际流量比理论流量__________。

2．外啮合齿轮泵位于轮齿逐渐脱开啮合的一侧是__________腔，位于轮齿逐渐进入啮合的一侧是__________腔。为了消除齿轮泵的困油现象，通常在两侧盖板上开__________，使闭死容积由大变小时与________腔相通，闭死容积由小变大时与__________腔相通。

3．齿轮泵产生泄漏的间隙为____________间隙和____________间隙，此外还存在__________间隙，其中__________泄漏占总泄漏量的 80%～85%。外啮合齿轮泵中，最为严重的泄漏途径是__________。

4．齿轮泵中每一对齿完成一次啮合过程就排一次油，实际在这一过程中，压油腔容积的变化率每一瞬时是不均匀的，因此，会产生__________。

二、选择题

1．液压泵的工作压力取决与（　　）。

A．负载　　B．流量　　C．转速　　D．难以确定

2．限制齿轮泵压力提高的主要因素是（　　）。

A．流量脉动　　B．困油现象　　C．泄漏　　D．径向不平衡力

3．影响齿轮泵轴承寿命的主要原因是（　　）。

A．流量脉动　　B．困油现象　　C．泄漏　　D．径向不平衡力

4．齿轮泵有三条途径泄漏，其中（　　）对容积效率的影响最大。

A．齿顶圆与壳体的径向间隙

B．齿轮端面与测盖板的轴向间隙

C．齿面接触处（啮合点）的泄漏

三、判断题

1. 定量泵是指输出流量不随泵的输出压力改变的泵。（　　）

2. 液压泵的实际流量等于额定流量减去泄漏量。（　　）

3. 容积式液压泵输油量的大小取决于密封容积的大小。（　　）

4. 为了延长轴承的使用寿命，可以适当增大齿顶和泵体孔的径向间隙。（　　）

5. 齿轮泵可以作为变量泵使用。（　　）

6. 齿轮泵的压油口就是逐渐进入啮合一侧的油口。（　　）

7. 齿轮泵的吸油口制造得比压油口大，其目的是为了减小径向不平衡力。（　　）

四、分析题

试分析齿轮泵困油现象产生的原因和消除措施。

任务二：溢流阀认知

注塑机在合模时，工况要求必须有高压和低压。在液压系统中的压力一般通过溢流阀调定。溢流阀如何工作？有几种类型？怎么使用？本任务重点介绍液压阀和溢流阀的相关知识。

知识链接

知识点一：控制阀概述

液压控制阀是液压系统中的控制元件，用来控制系统中油液的流动方向、油液的压力和流量，简称液压阀。根据液压设备要完成的任务，我们对液压阀做相应的调节，就可以使液压系统执行元件的运动状态发生变化，从而使液压设备完成各种预定的动作。

压控制阀的功用：控制液压系统中液流的方向、压力、流量，以满足执行元件工作的要求。

1．液压控制阀的类型

按用途（机能）可以分为：方向控制阀、压力控制阀、流量控制阀。其实物图如图 2.9 所示。这三类基本阀可根据需要互相组合成为组合阀，几阀同体，减少管路连接，使结构紧凑，使用方便，如单向顺序阀，单向节流阀。

按结构形式可以分为：滑阀、锥阀、球阀、转阀、喷嘴挡板阀、射流管阀。

按控制方法可以分为：手动、机动、电动、液动、电液动。

按安装连接形式可以分为：管式连接、板式连接、法兰式连接、叠加式连接、插装式连接、集成式连接。

按控制方式可以分为：开关（定值）、比例阀、伺服阀、数字阀。

2．液压阀的结构特点

液压控制阀安装在液压泵和执行元件之间，在系统中不做功，只对动力元件和执行元件性能参数起控制作用。它们的结构都由阀体（阀座）阀芯和阀的操纵机构三大部分组成。阀的操纵机构可以手动、机动、电动、液动等。虽然各类阀的工作原理不完全相同，但它们不外乎是通过阀芯的移动或控制油口的开闭或限制改变油液的流动来工作的，而且只要液体流过阀孔都会产生压力降及温度升高的现象。

3．液压阀工作原理

所有阀的开口大小、进出油口的压力差及阀的通流截面均符合孔口流量公式，只是各种阀的控制参数不同而已。压力阀控制的进出油口的压力差，流量阀控制的是通流截面的面积大小。为此对阀提出以下基本要求：

（1）动作灵敏，使用可靠，工作时冲击和振动小。

（2）油液流过的压力损失小。

（3）密封性能好。

（4）结构紧凑，安装、调整、使用、维护方便，通用性大。

4．控制阀的性能参数

液压阀的性能参数是评定和选用控制阀的依据，它反映了阀的规格大小和工作特性。阀的规格大小用公称直径表示，其主要性能参数有额定压力和额定流量。下面介绍公称直径和额定压力。

（1）公称直径。阀的规格大小用公称直径 D_g（单位 mm）表示，公称直径表示阀的通流能力的大小，其数值应与阀进出油口连接的规格一致。D_g 是阀进出油口的名义尺寸，它和实际尺寸不一定相等。一些阀的连接口的实际直径不一定完全与公称直径相同，而是取其整值。公称直径对应于阀的额定流量，阀工作时的实际流量应小于或等于阀的额定流量，最大不得超过额定流量的 1.1 倍。

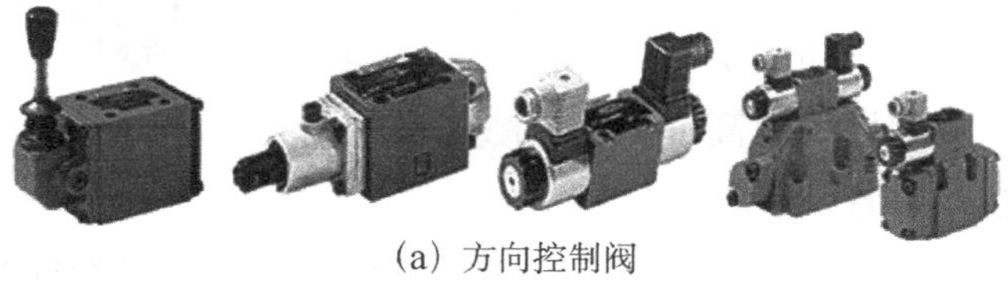

（a）方向控制阀

（b）压力控制阀

（c）流量控制阀

图 2.9　控制阀实物图

（2）额定压力。液压阀连续工作所允许的最高压力称为额定压力。压力控制阀的实际最高压力有时与阀的调压范围有关。对于不同类型的阀，需要用不同的参数来表征其不同的工作性能，如压力、流量限制值，以及压力损失、开启压力、允许背压、最小稳定流量等。选择和使用控制阀要根据它的性能参数，评价控制阀的质量优劣时也要根据它的性能参数。同类型的控制阀，不同厂家的产品有时也会出现差异，应以国际标准或国家标准为依据。选择控制阀时最好要有产品说明书或样本。

知识点二：溢流阀认知

在液压系统中，控制油液压力的阀（如溢流阀减压阀等）和控制执行元件及电气元件等在某一调定压力下动作的阀（如顺序阀和压力继电器）通称为压力控制阀。

压力控制阀主要用来控制系统或回路的压力，或利用压力作为信号来控制其他元件的动作。这类阀工作原理的共同特点是利用作用在阀芯上的液压力与弹簧力相平衡来进行工作。

根据在系统中的功用不同，压力控制阀可分为溢流阀、减压阀、顺序阀和压力继电器等。下面介绍溢流阀。

溢流阀是液压系统中十分重要的压力元件，使被控制系统或回路的压力维持恒定，实现调压稳压和限压等功能。对溢流阀的主要性能要求是：①调压范围大；②调压偏差小；③工作平稳；④通流能力大；⑤噪声小。根据结构和工作压力不同，溢流阀可分为直动式溢流阀和先导式溢流阀。直动式溢流阀用于低压系统，先导式溢流阀用于中高压系统。图 2.10 所示为直动式溢流阀和先导式溢流阀实物图。

（a）直动式溢流阀　　（b）先导式溢流阀

图 2.10　直动式溢流阀和先导式溢流阀

1．直动式溢流阀和图形符号

如图 2.11 所示，弹簧力使锥阀向右直接紧压在阀座上。压力油通过 P 口作用在锥顶部和弹簧力相抗衡。 当液压力大于弹簧力时，锥阀开启，产生溢流以保持压力恒定，调节弹簧的压紧力即可调整系统压力。当弹簧力大于液压力时阀口关闭。当液压力大于弹簧力时，阀口开启 P、T 口相通产生溢流以保持系统压力的恒定。用手轮可调定系统的溢流压力。单级溢流阀构造简单，反应灵敏，适用于低压、小流量系统。

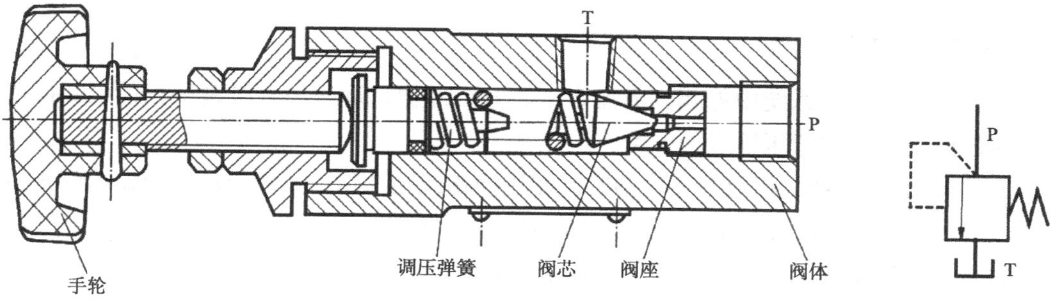

（a）结构图　　（b）图形符号

图 2.11　直动式溢流阀

2．先导式溢流阀和图形符号

如图 2.12 所示为先导式溢流阀，它由先导阀和主阀两部分组成。压力油从进口 P 流入，经过主阀芯上的阻尼孔 f，再经先导阀芯前的阻尼孔 d，作用在先导锥阀芯顶端，此液压力与先导锥阀上的弹簧力相抗衡。当液压力大于弹簧力后，先导阀开启，小量液体溢流到回油口 O。此小量液流经阻尼孔 d 时产生压差，而使主阀开启，P、O 口直接相通，产生溢流而保持系统压力稳定。调压手轮可调整溢流压力。阀体上的远程控制口 x 可以另接溢流阀进行远程调压。

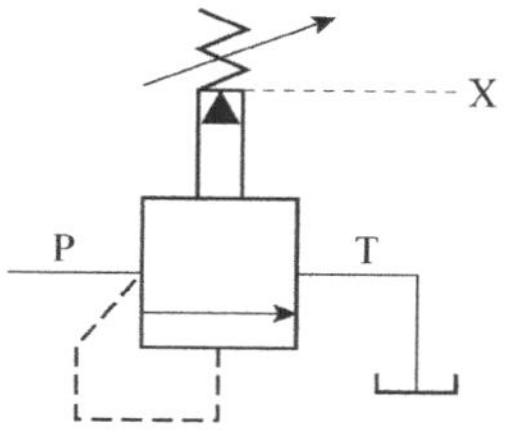

（b）图形符号

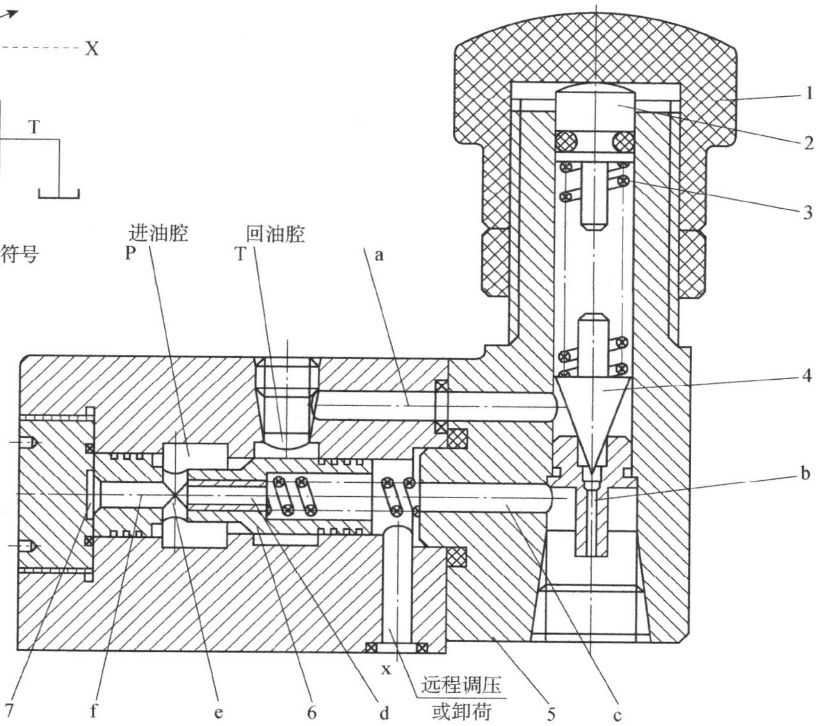

（a）结构图

1—调节手柄；2—先导阀座；3—先导阀弹簧；4—先导阀芯；5—主阀弹簧；6—主阀体；7—主阀座

图 2.12　先导式溢流阀

3．溢流阀的用处

溢流阀在液压传动系统中能起到溢流定压、安全保护、远程与多级调压、使泵卸荷以及使液压缸回油腔形成背压等多种作用。

（1）溢流定压系统采用定量泵供油时，在进油路或回油路上设置节流阀或调速阀来控制执行元件的运动速度，溢流阀在调定的压力下工作，阀口常开，溢流定压。如图 2.13（a）所示是定量泵供油系统的最基本形式，这也是溢流阀最基本的用法。

（2）作安全阀系统采用变量泵供油时，供油量随负载大小自动调节至需要值，不需要溢流。这时在系统中设置与泵并联的溢流阀，只是在过载时才打开，起安全阀作用。系统正常工作时溢流阀常闭，如图 2.13（b）所示。

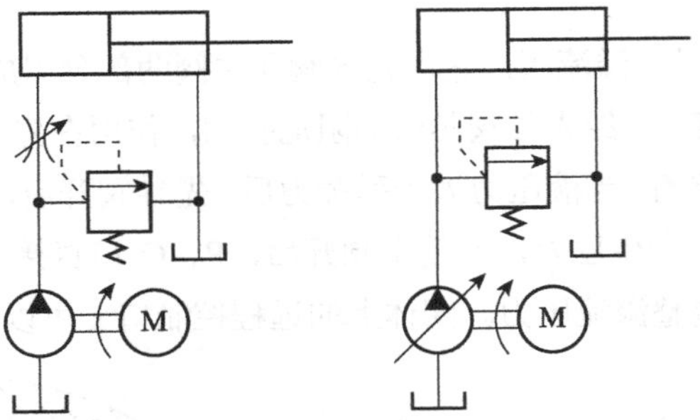

(a) 溢流稳压　　(b) 限压保护

图 2.13　溢流阀的作用（一）

（3）作卸荷阀（见图 2.14（a）中），当电磁铁通电时，将先导式溢流阀的远程控制口 K 与油箱连通，相当于先导阀调定值为零。其主阀芯在进口油压很低时即可抬起，使泵卸荷，以减少能量损耗与泵的磨损。

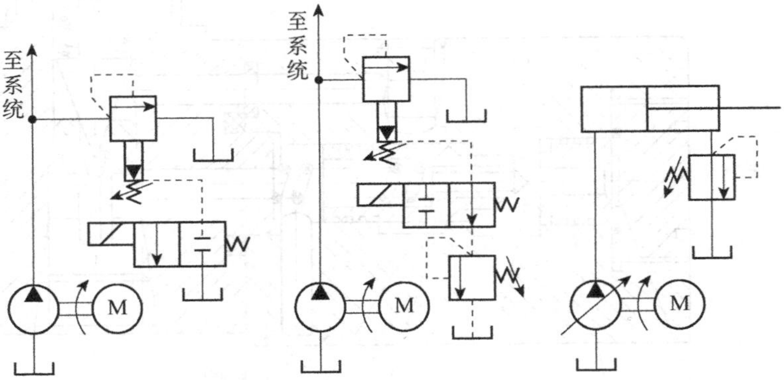

(a) 卸荷　　(b) 远程调压　　(c) 作背压阀

图 2.14　溢流阀的作用（二）

（4）远程与多级调压如图 2.14（b）所示，当先导式溢流阀的远程控制口与另外一个设置在别处并且调压较低的溢流阀连通时，主阀芯上腔的油压只要达到远控溢流阀的调定值，主阀芯即可抬起溢流，实现了远程调压。这时主阀自身的先导阀不再起调压作用。当电磁阀通电时，由自身先导阀调压，实现另一较高压力控制。

（5）形成背压。将溢流阀设在液压缸的回油路上，使缸的回油形成一定压力，一般称为背压。背压可以使负载突然减小时避免活塞前冲，提高运动的平稳性，如图 2.14（c）所示。

任务实施

通过直动式溢流阀和先导式溢流阀的拆装了解溢流阀的结构和工作原理，对溢流阀的具体应用领域有个清晰的认识。

思考与练习

一、填空题

1．压力阀的共同特点是利用__________和__________相平衡的原理来进行工作的。

2. 直动式溢流阀是利用阀芯上端的________力直接与下端面的__________力相平衡来控制溢流压力的，一般直动式溢流阀只用于_________系统。

3．实际工作时，溢流阀的开口大小是根据__________自动调整的。

4．溢流阀在液压系统中起_________作用，当溢流阀进口压力低于调整压力时，阀口是______的，溢流量为_____________，当溢流阀进口压力等于调整压力时，溢流阀阀口是______的，溢流阀开始_____________。

二、选择题

1．溢流阀（　　）。

A．常态下阀口是常开的　　B．阀芯随着系统压力的变动而移动

C．进出油口均有压力　　D．一般连接在液压缸的回油油路上

2．以变量泵为油源时，在泵的出口并联溢流阀是为了起到（　　）。

A．溢流稳压作用　　B．过载保护作用

C．令油缸稳定运动的作用　　D．控制油路通断的作用

3．下列有关溢流阀的描述错误的是（　　）。

A．溢流定压作用　　B．过载保护作用

C．作背压阀　　D．控制油路通断的作用

4. 先导式溢流阀主阀弹簧的作用是（　　）。

A. 调压　　B. 溢流

C. 平衡　　D. 控制油路通断的作用

三、判断题

1. 直动式溢流阀一般用于低压小流量的系统。（　　）
2. 当溢流阀安装在液压泵的出口处起过载保护作用时，其阀口是常闭的。（　　）
3. 溢流阀经常安装在液压泵吸油口。（　　）
4. 先导式溢流阀由于结构复杂，卸荷时一般不采用。（　　）
5. 溢流阀的进口压力即系统压力。（　　）

四、分析题

在图 2.15 所示回路中，若泵的出口处负载阻力为无限大，溢流阀的调整压力分别为 p_1=6MPa，p_2=4.5MPa。试问：

（1）换向阀下位时 A、B、C 点的压力各为多少？

（2）换向阀上位时 A、B、C 点的压力各为多少？

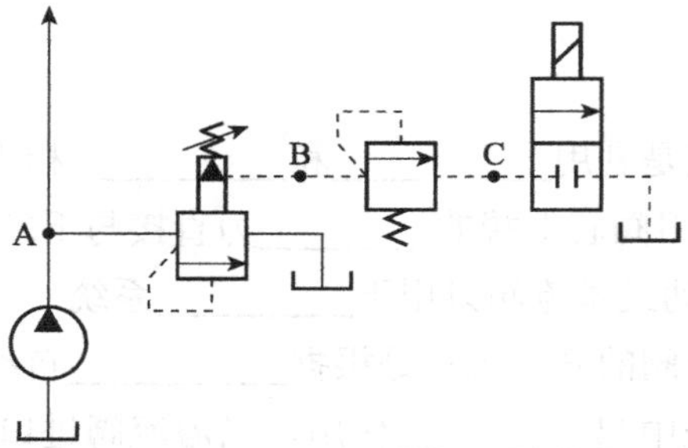

图 2.15　分析题图

五、绘制题

分别画出直动式溢流阀和先导式溢流阀的图形符号。

任务三：夹紧缸的压力控制及下行缸的平衡控制

在金属切削机床等工程机械中，往往有多个液压缸，考虑到成本，大多选用一个泵，液压缸的压力有高有低，那么液压系统如何实现呢？此时就必须用到减压阀。

垂直布置的液压缸下行时，由于重力的作用，液压缸的下行运行速度会越来越快难以控制，液压系统必须想办法把液压缸的重力平衡才能有效地控制液压缸的运行速度，那就必须用到顺序阀。

知识点一：减压阀

减压阀是利用液流流过缝隙产生压力损失，使其出口压力低于进口压力的压力控制阀。按调节要求不同可以分为：①用于保证出口压力为定值的定值减压阀；②用于保证进出口压力差不变的定值定差减压阀；③用于保证进出口压力成比例的定比减压阀。其中定值减压阀应用最广，又简称减压阀。同溢流阀一样，定值减压阀分为直动式和先导式，这里以先导式为例介绍减压阀的工作原理。图 2.16 所示的是定值减压阀的结构原理图。由图可见，先导式减压阀与先导式溢流阀的结构非常相似，但要注意它们的不同点：

（1）在结构上，先导式减压阀的阀芯一般有三节而先导式溢流阀的阀芯是二节，减压阀阀芯中间多一个凸肩。

（2）在油路上，减压阀的出口与执行机构相连接，而溢流阀的出口直接回油箱，因此先导式减压阀通过先导阀的油液有单独泄油通道，而先导式溢流阀则没有。

（3）在使用上，减压阀保持出口压力基本不变，而溢流阀保持进口压力基本不变。

（4）在原始状态下，减压阀进出口是常通的，而溢流阀则是常闭的。

1．减压阀工作原理

先导式减压阀的工作原理如下：高压油从进油口 P_1 进入阀内，初始时，减压阀阀芯处于最下端，进油口 P_1 与出油口 P_2 是相通的，因此，高压油可以直接从出油口出去。但在出油口中，压力油又通过端盖上的通道进入主阀阀芯的下部，同时又可以通过主阀芯中的阻尼孔进入主阀芯的上端。从先导式溢流阀的讨论中得知，此时，主阀阀芯正是在上下油液的压力差与主阀弹簧力的作用下来工作的。

当出油口的油液压力较小时，即没有达到克服先导阀阀芯弹簧力的时候，先导阀阀口关闭，通过阻尼孔的油液没有流动，此时，主阀阀芯上下端无压力差，主阀阀芯在弹簧力的作用下处于最下端；而当出油口的油液压力大于先导阀弹簧的调定压力时，油液经先导阀从泄油口 L 流出，此时，主阀阀芯上下端有压力差，当这个压力差大于主阀阀芯弹簧力时，主阀阀芯上移，阀口减小，从而降低了出油口油液的压力，并使作用于减压阀阀芯上的油液压力与弹簧力达到了新的平衡，而出口压力就基本保持不变。由此可见，减压阀是以出口油压力为控制信号，自动调节主阀阀口开度，改变液阻，保证油口压力的稳定。

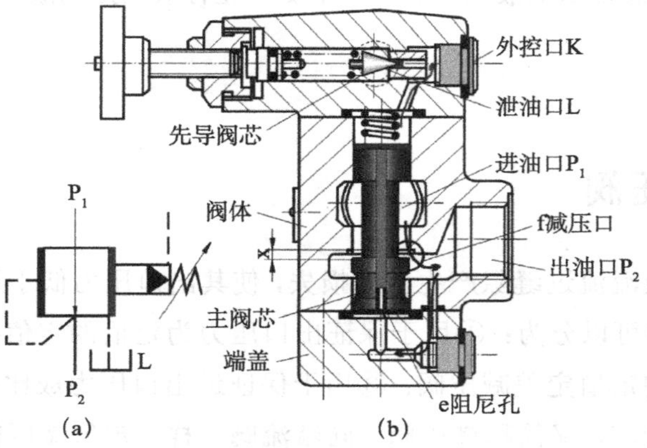

图 2.16　先导式减压阀

2．减压阀的应用

在液压系统中，一个液压泵常常需要向若干个执行元件供油。当各执行元件所需的工作压力不相同时，就要分别控制。若某个执行元件所需的供油压力较液压泵供油压力低时，可在此分支油路中串联一个减压阀，所需压力由减压阀来调节控制，如控制油路、夹紧油路、润滑油路就常采用减压回路。

图 2.17 是驱动夹紧机构的减压回路。液压泵 1 供给主系统的油压由溢流阀 4 来控制。同时经减压阀 3，单向阀 2，换向阀 1 向夹紧缸供油。夹紧缸的压力由减压阀调节，并稳定在调定值上。一般减压阀调整的最高值，要比系统中控制主回路压力的溢流阀调定值低 0.5～1MPa。

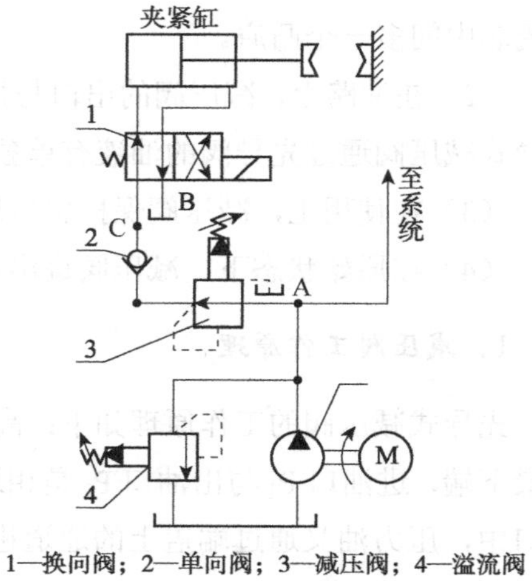

1—换向阀；2—单向阀；3—减压阀；4—溢流阀

图 2.17　减压回路

知识点二：顺序阀

在液压系统中，除了需要进行压力的调控外，还常常需要根据油路压力的变化来控制执行元件之间的动作顺序，这时就要使用顺序阀。

1. 顺序阀工作原理

如图 2.18 为直动式顺序阀。顺序阀在结构上可分为直动式和先导式；从控制方式上可分为内控式和外控式（见图 2.18）。内控式顺序阀的工作原理和溢流阀很相似，区别在于阀的出口 P_2 不接油箱而是接后续的液压元件。因此，泄油口 L 要单独接油箱。再就是顺序阀阀口的封油长度大于溢流阀，所以在压力 P_1 低于调定值时，顺序阀一直关闭。

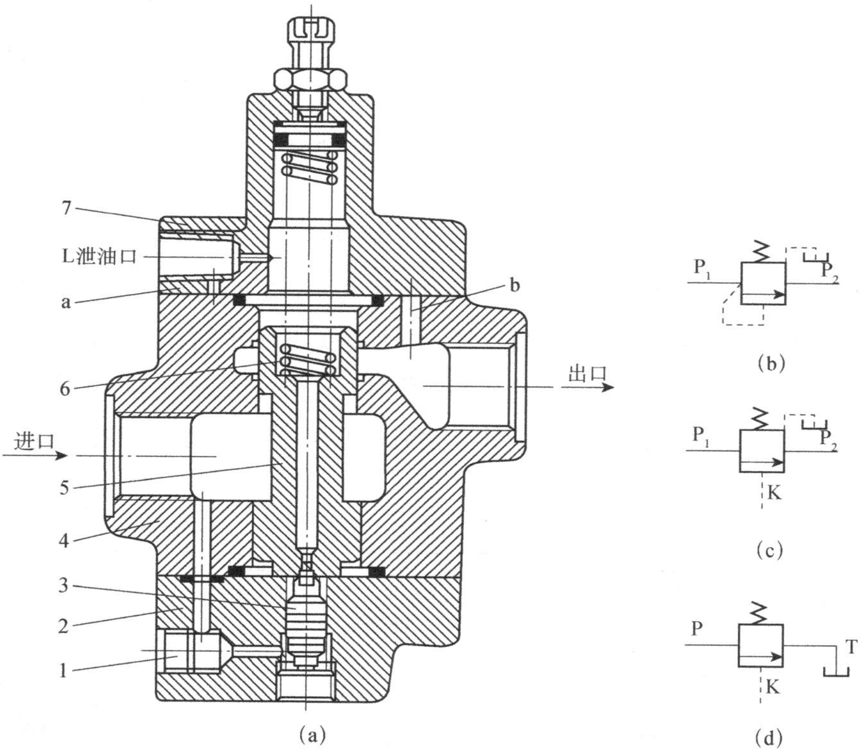

1—螺堵；2—下阀盖；3—控制活塞；4—阀体；5—阀芯；6—弹簧；7—上阀盖

图 2.18 直动式顺序阀

当进油口压力达到顺序阀的调定值时阀口开启，进出油口接通，完成后续动作。

把顺序阀上阀盖 7 旋转 180°与小孔 a 和 b 对接，顺序阀的出口通油箱，这时的顺序阀就变成卸荷阀；把顺序阀阀芯下端的螺堵打开外接控制油，顺序阀的控制油方式就由内控变成外控。顺序阀的几种变形方式如图 2.19 所示。

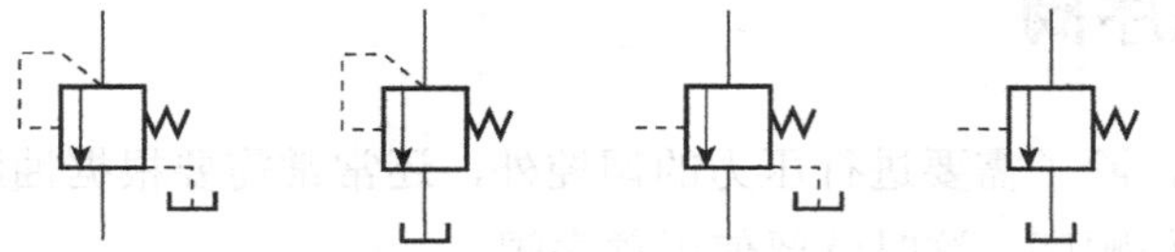

(a) 内控外泄　(b) 内控内泄　(c) 外控外泄　(d) 外控内泄

图 2.19　顺序阀的几种变形方式

2．顺序阀的应用

应用顺序阀，可以使两个以上的执行元件按预定的顺序动作，并可将顺序阀用做背压阀、平衡阀、卸荷阀，或用来保证油路最低工作压力。

（1）作顺序阀用图 2.20（a）所示，为夹具上实现先定位后夹紧工作顺序的液压控制回路。油液经两位四通电磁换向阀进入定位缸(左)下腔，实现定位动作。这个过程中，由于压力未达到顺序阀调定值，故夹紧缸不动作。待定位完成，油压升高，达到顺序阀调定值时，顺序阀开启，油液经顺序阀进入夹紧缸，进行夹紧。为保证可靠工作，顺序阀调定压力值应大于定位缸 0.5～0.6 MPa 。

（2）作平衡阀用图 2.20（b），为应用单向顺序阀作平衡阀的回路。在带有重物的液压缸向下运动时，可在其回油路上串进一单向顺序阀，使缸的回油压力略大于因重物自身重量产生的油液压力，保证活塞不自行下滑，并且避免下行时产生超速现象。

（3）图 2.20（c）所示回路，在换向阀中位时，无论活塞上重量如何增大，也能在任意位置停留并被锁住。当换向阀左位工作，使活塞下行时，可以打开液控顺序阀，减少功率损耗。

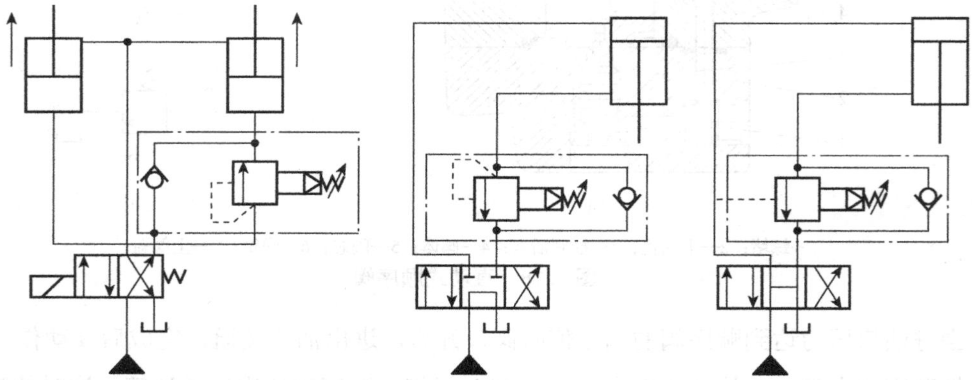

(a) 顺序运作回路　(b) 平衡回路　(c) 减少功率损失

图 2.20　顺序阀的应用

知识点三：压力继电器

压力继电器是一种将液压系统的压力信号转换为电信号的液电信号转换元件。其作用是当进油口的油压力达到弹簧的调定值时，能通过压力继电器内的微动开关自动接通或断开电气线路，以控制电磁铁、电磁离合器、继电器等元件动作，实现执行元件的顺序控制或安全保护。例如，当切削力过大时实现自动退刀、润滑系统发生故障时，实现自动退刀、外界负载过大时，断开液压泵电动机的电源。

1．压力继电器工作原理

压力继电器按结构特点可分为柱塞式、弹簧管式、波纹管式和膜片式等。下面介绍常用的膜片式压力继电器工作原理。

如图 2.21 所示当从压力继电器下端进油口进入的油压力达到调定压力值时，推动柱塞 1 上移，此位移通过顶杆 2 放大后推动微动开关 4 动作，使其发出电信号控制液压元件动作。改变弹簧的压缩量，就可以调节压力继电器的动作压力。

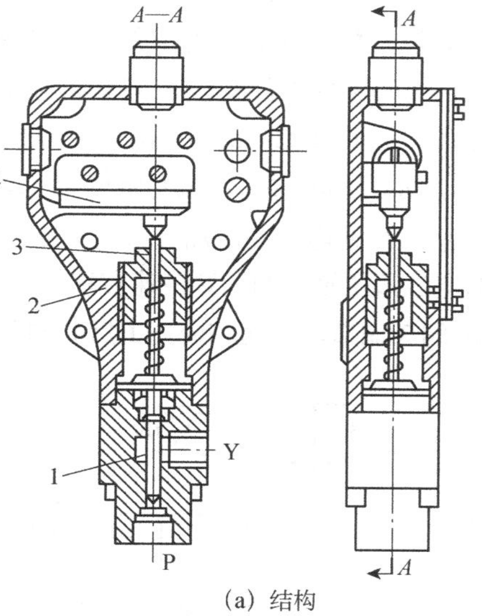

(a) 结构

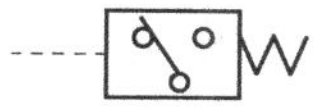

(b) 图形符号

1—柱塞；2—顶杆；3—调节螺母；4—微动开关

图 2.21　压力继电器

2．压力继电器的应用

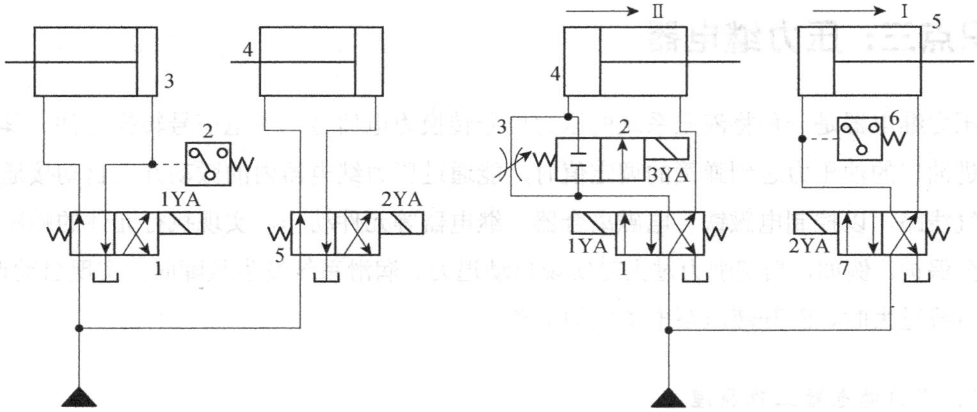

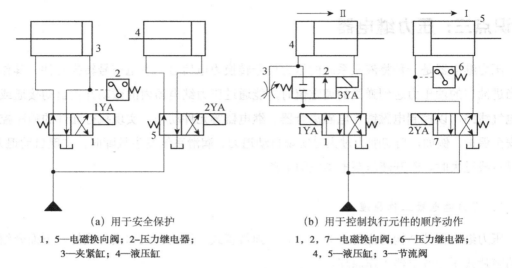

(a) 用于安全保护
1，5—电磁换向阀；2–压力继电器；
3—夹紧缸；4—液压缸

(b) 用于控制执行元件的顺序动作
1，2，7—电磁换向阀；6—压力继电器；
4，5—液压缸；3—节流阀

图 2.22 继电器的应用

（1）用于安全保护。如图 2.22（a）所示，将压力继电器 2 设置在夹紧缸 3 的一端，液压泵启动后，首先将工件夹紧。此时夹紧液压缸右腔的压力升高，当升高到压力继电器的调定值时，压力继电器动作，发出电信号使 2YA 通电，于是切削液压缸进刀切削。在加工期间，压力继电器的微动开关的常开触点始终闭合。若工件没有夹紧，压力继电器断开，2YA 断电，切削液压缸立即停止进刀，从而避免工件在没有夹紧状态下被切削而发生事故。

（2）用于控制执行元件的顺序动作。如图 2.22（b）所示，液压缸启动后，首先 2YA 得电，液压缸 5 右腔进油，推动活塞按Ⅰ所示方向右移。当碰到限位器（或死挡铁）后，系统压力升高，压力继电器 6 发出电信号，使 1YA 通电，高压油进入液压缸 4 的左腔，推动活塞按Ⅱ所示方向右移。这时如果 3YA 也通电，液压缸 4 的活塞快速右移；若 3YA 断电，则液压缸 4 的活塞慢速右移，其快慢速度由节流阀 3 调节，从而完成先Ⅰ后Ⅱ的顺序动作。

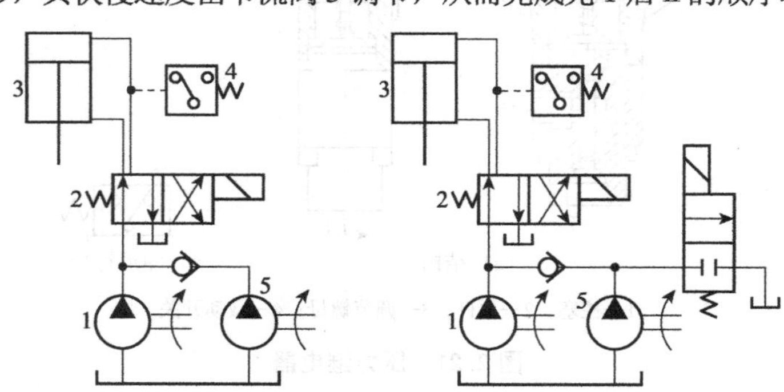

(a) 用于液压泵的启闭

(b) 用于液压泵的卸荷

1—高压小流量泵；2—电磁换向阀；3—液压缸；4—压力继电器；5—低压大流量泵

图 2.23 压力继电器的应用

（3）用于液压泵的启闭和卸荷。

如图 2.23（a）所示，将压力继电器 4 设置在液压缸的无杆腔，当压力升高到继电器的调定压力时，压力继电器可以使电磁换向阀 2 的电磁铁通断电使液压泵启闭。

如图 2.23（b）所示，将压力继电器 4 设置在液压缸的无杆腔，当压力升高到继电器的调定压力时，压力继电器可以使两位两通电磁阀的电磁铁通电使液压泵卸荷。

任务实施

通过对减压阀和顺序阀的拆装进一步加深理解减压阀和顺序阀工作原理，对减压阀和顺序阀的应用领域有个清楚的认识。

思考与练习

一、填空题

1．减压阀是利用液流通过________________产生压降的原理，使出口压力低。

2．顺序阀是把__________作为控制信号，自动和某一油路__________，控制执行元件做___________顺序动作。

3．压力继电器是一种能将__________转变为__________的转换装置。压力继电器能发出电信号的最低压力和最高压力的范围，称为__________。

二、选择题

1．减压阀（　　）。

A．常态下的阀口是常闭的　　　B．出口压力低于进口压力并保持近于恒定

C．阀芯为二节杆　　　D．不能看做稳压阀

2．在先导式减压阀工作时，先导阀的作用主要是（　　），而主阀的作用主要作用是（　　）。

A．减压　　　B．增压　　　C．调压

3．在液压系统中，减压阀能够（　　）。

A．用于控制油路的通断　　　B．使油缸运动平稳

C．保持进油口压力稳定　　　D．保持出油口压力稳定

4. 溢流阀的泄油形式（　　）；减压阀的泄油形式（　　）；顺序阀的泄油形式（　　）。

A. 内泄　　　B. 外泄

5. （　　）在常态时，阀口是常开的，进、出油口相通；（　　）在常态状态时，口是常闭的，进、出油口不通。

A. 溢流阀　　　B. 减压阀　　　C. 顺序阀

6. 拟定液压系统时，应对系统的安全性和可靠性予以足够的重视。为防止过载，设置是必不可少的。为避免垂直运动部件在系统失压情况下自由下落，在回油路设置（　　）是常用的措施。

A. 减压阀　　　B. 安全阀　　　C. 平衡阀　　　D. 换向阀

三、判断题

1. 系统正常工作时，减压阀的出口压力接近恒定。（　　）
2. 采用顺序阀的顺序动作回路，顺序阀的调整压力应小于先动作缸的工作压力。（　　）
3. 减压阀的调整压力只有大于系统压力才能正常工作。（　　）
4. 系统中若有顺序阀必定有顺序动作回路。（　　）

四、分析题

1. 如图 2.24 所示回路中，溢流阀的调整压力为 5.0 MPa，减压阀的调整压力为 2.5 MPa。试分析下列各情况，并说明减压阀阀口处于什么状态？

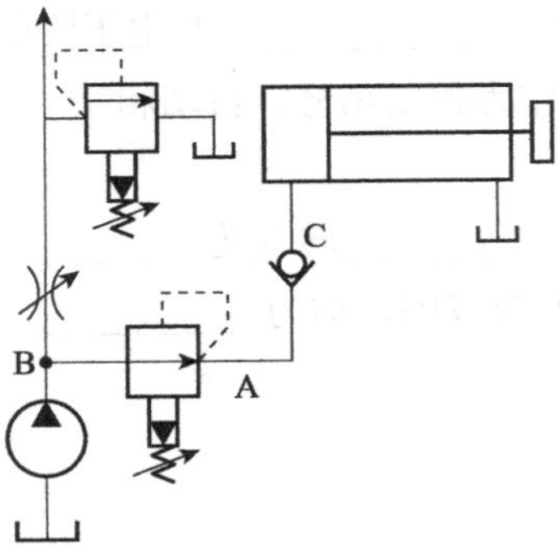

图 2.24　分析题图 1

（1）当泵压力等于溢流阀调定压力时，夹紧缸夹紧工件后，A、C 点的压力各为多少？

（2）当泵压力由于工作缸快进、压力降到 1.5 MPa 时(工件原先处于夹紧状态)，A、B、C 点的压力为多少？

（3）夹紧缸在夹紧工件前作空载运动时，A、B、C 三点的压力各为多少？

2. 在图 2.25 所示回路中，已知活塞的运动负载为 F=1.2kN，活塞的面积 $A=15\times10^{-4}\text{m}^2$，溢流阀调整压力为 P_p=4.5MPa，两个减压阀的调整压力分别为 P_{j1}=3.5MPa，P_{j2}=2MPa。如不计管道及阀上的流动损失，试确定：

（1）油缸活塞运动时，A、B、C 点的压力？

（2）油缸运动到端位时，A、B、C 点的压力？

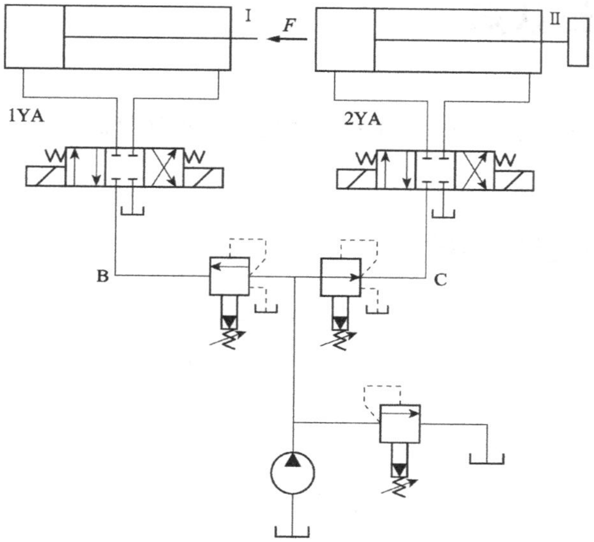

图 2.25　分析题图 2

3．如图 2.26 所示，已知 $A_1=A_2=100\ cm^2$，缸 I 负载 F=35kN，缸 II 运动时负载为零。溢流阀、顺序阀、减压阀的调整压力如图。不计各种压力损失，分别求下列情况下 A、B、C 三点压力。

（1）液压泵启动后，两换向阀处于中位。

（2）1YA 通电，液压缸 I 活塞运动时和活塞到达终点后。

（3）1YA 断电，2YA 通电，液压缸 II 活塞运动时和活塞碰到固定挡块时。

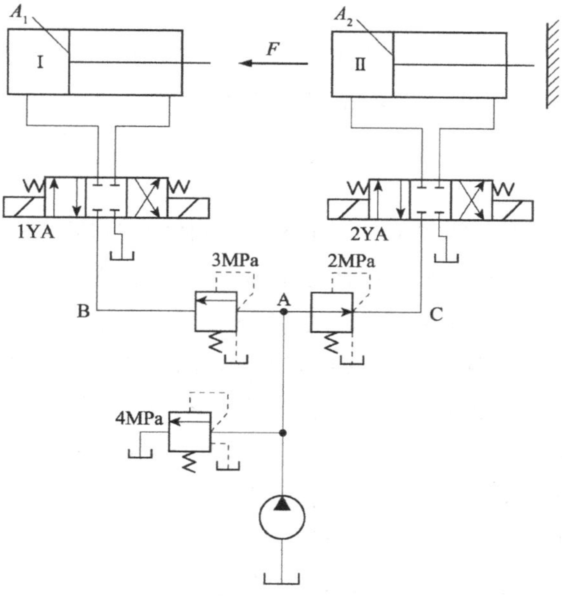

图 2.26　分析题图 3

任务四：液压缸认知

液压缸是利用油液的压力能驱动机械对象实现直线往复运动的执行元件。本任务介绍液压缸的类型和结构。

知识点一：液压缸的类型

液压缸的种类很多，按结构可以分为：活塞缸、柱塞缸和摆动缸等。

按作用方式可以分为：单作用式、双作用式、组合式（包括伸缩缸、增压缸、增速缸、齿条活塞缸）。

双杆活塞液压缸结构如图 2.27 所示。下面介绍双活塞杆式液压缸、单活塞杆式液压缸、差动缸、柱塞缸、摆动式液压缸、伸缩式液压缸、增压缸、齿轮齿条缸。

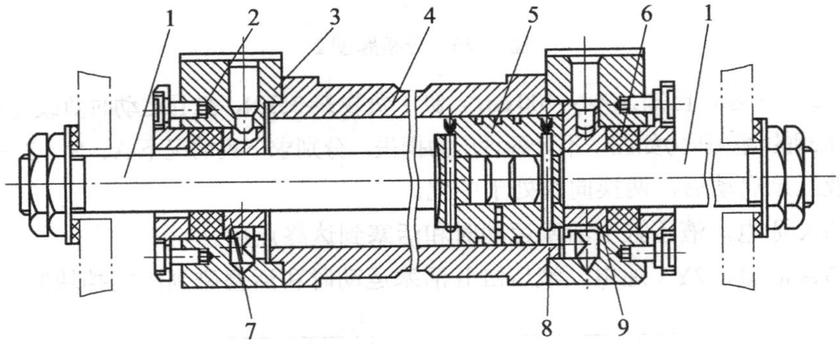

1—活塞杆；2—螺钉；3—端盖；4-缸体；5—活塞；6—密封圈；7，9—导向套；8—连接销

图 2.27　双杆活塞液压缸

1. 双活塞杆式

双活塞杆式液压缸根据安装方式不同可分为：缸体固定和活塞杆固定两种方式。但工作台移动范围不同，缸体固定时工作台移动范围为活塞有效行程的 3 倍，而活塞杆固定时工作台移动范围近似为活塞有效行程的 2 倍。双活塞杆式液压缸由缸体 4、活塞 5 和两个活塞杆 1 等零件组成，活塞 5 和活塞杆 1 用连接销 8 连接。活塞杆 1 分别由导向套 7 和 9 导向，并用 V 型密封圈 6 密封，螺钉 2 用于 V 型密封圈的松紧。两个端盖 3 上开有进出油口。

如图 2.28 所示当液压缸右腔进油、左腔回油时，活塞左移；反之，活塞右移。由于两边活塞杆直径相同，所以活塞两端的有效作用面积相同。若左右两端分别输入相同压力和流量的油液，则活塞上产生的推力和往返速度也相等。这种液压缸常用于往返速度相同且推力不大的场合，如用来驱动外圆磨床的工作台等。

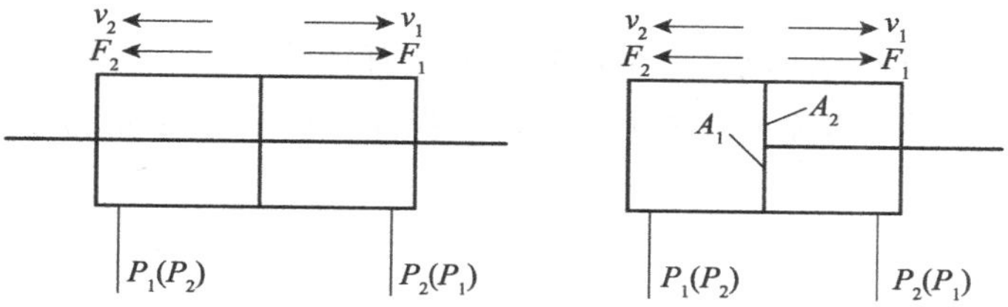

图 2.28　液压缸工作原理

$$F_1 = F_2 = (P_1 - P_2)\ A\eta_m = (P_1 - P_2)\frac{\pi}{4}(D^2 - d^2)\eta_m$$

当液压缸出口接油箱时，即 $P_2 = 0$ 时，则 $F_1 = F_2 = P_1\frac{\pi}{4}(D^2 - d^2)$

$$v_1 = v_2 = \frac{4q_v}{p(D^2 - d^2)}h_v$$

2．单活塞杆式

单活塞杆式液压缸的特点是只在活塞的一端有活塞杆，缸的两腔有效工作面积不相等。它的安装也包括缸筒固定和活塞杆固定两种，但工作台移动范围都为活塞有效行程的两倍。

单活塞杆液压缸的推力和速度计算式为：（取 P_2=0）

$$F_1 = P_1A_1\eta_m = P_1\frac{\pi}{4}D^2\eta_m$$

$$F_1 = P_1A_2\eta_m = P_1\frac{\pi}{4}(D^2 - d^2)\eta_m$$

$$v_1 = \frac{q_v}{A_1}\eta_v = \frac{4q_v}{\pi D^2}\eta_v$$

$$v_2 = \frac{q_v}{A_2}\eta_v = \frac{4q_v}{\pi(D^2 - d^2)}\eta_v$$

单杆液压缸特点：①往复运动速度不同，常用于实现机床的快速退回和慢速工作进给。②两端有效作用面积不同，输出推力不相等。③无杆腔吸油时，工作进给运动（克服较大的外负载）。④有杆腔进油时，驱动工作部件快速退回运动（只克服摩擦力的作用）。⑤工作台运动范围等于活塞杆有效行程的两倍。

3．差动缸

工程中，经常遇到单活塞杆液压缸左、右两腔同时接通压力油的情况，这种连接方式称为差动连接，此缸称为差动缸。

如图 2.29 所示，差动连接的显著特点是在不增加输入流量的情况下提高活塞的运动速度。虽然此时液压缸两腔压力相等（不计管路压力损失），但两腔活塞的工作面积不相等，因此，活塞将向有杆腔方向运动（缸体固定时）。有杆腔排出的油液和系统输入的油液一起进入无杆腔，增加了进入无杆腔的流量，从而提高了活塞的运动速度。

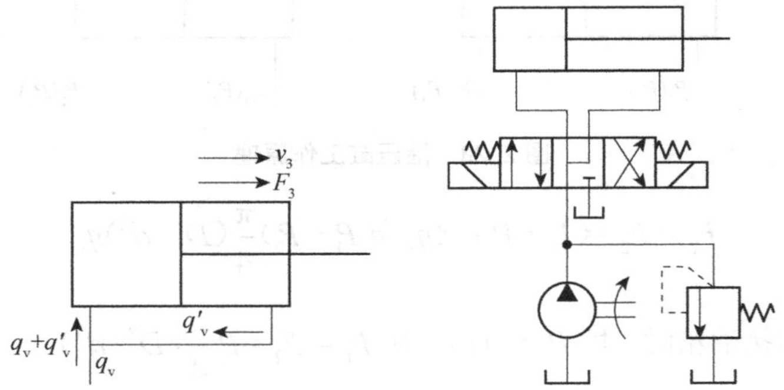

图 2.29　差动缸工作原理

差动缸输出的推力和速度计算公式为

$$F_3 = P_1(A_1 - A_2)\ \eta_m = P_1\frac{\pi}{4}d^2\eta_m$$

进入无杆腔的流量为

$$q_v + q'_v = v_3\ A_1,\quad q'_v = v_3\ A_2$$

$$v_3 = \frac{4q_v}{\pi d^2}\eta_v$$

由 $v_2 = v_3$，可得 $D = \sqrt{2}d$，因此当 $D > \sqrt{2}d$ 时，$v_3 > v_2$。此时有：$v_3 > v_2 > v_1$，$F_1 > F_2 > F_3$。可适用下列工况：快进（差动连接）→工进（无杆腔进油）→快退（有杆腔进油）。

4．柱塞式液压缸

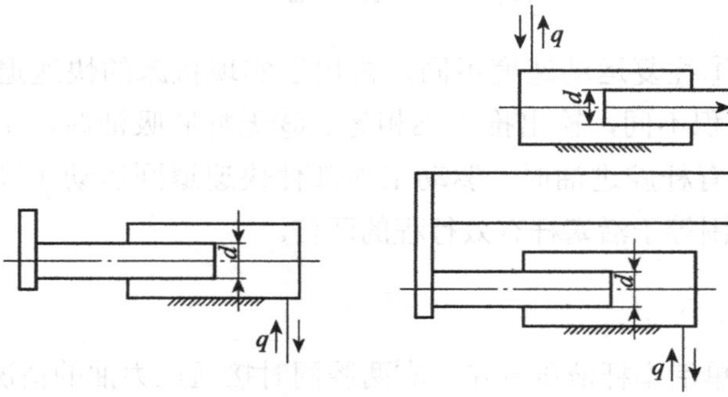

图 2.30　柱塞缸工作原理

柱塞式液压缸的结构如图 2.30 所示，它具有以下特点：

（1）柱塞式液压缸是单作用液压缸，即靠液压力只能实现一个方向的运动，回程要靠自重（当液压缸垂直放置时）或其他外力，因此柱塞缸常成对使用。

（2）柱塞运动时，由缸盖上的导向套来导向，因此，柱塞和缸筒的内壁不接触，缸筒内孔只需粗加工即可。

（3）柱塞重量往往比较大，水平放置时容易因自重而下垂，造成密封件和导向件单边磨损，故柱塞式液压缸垂直使用较为有利。

（4）当柱塞行程特别长时，仅靠导向套导向就不够了，为此可在缸筒内设置各种不同形式的辅助支承，起到辅助导向的作用。

柱塞缸输出的推力和速度为：

$$F = PA\eta_m = P\frac{\pi}{4}d^2\eta_m$$

$$v = \frac{q_v}{A}\eta_v = \frac{4q_v}{\pi d^2}\eta_v$$

式中，d 为柱塞直径。

柱塞缸只能实现一个方向的运动，回程靠重力或弹簧力或其他力来推动。为了得到双向运动，通常成对、反向的布置使用。柱塞依靠导向套来导向，柱塞与缸体不接触，因此缸体内壁不需精加工。柱塞的端部受压，为保证柱塞缸有足够的推力和稳定性，柱塞一般较粗，重量较大，水平安装时易产生单边磨损，故柱塞缸宜垂直安装。水平安装使用时，为减轻重量和提高其稳定性，而用无缝钢管制成柱塞。

这种液压缸常用于长行程机床，如龙门刨、导轨磨、大型拉床等。

5．摆动式液压缸

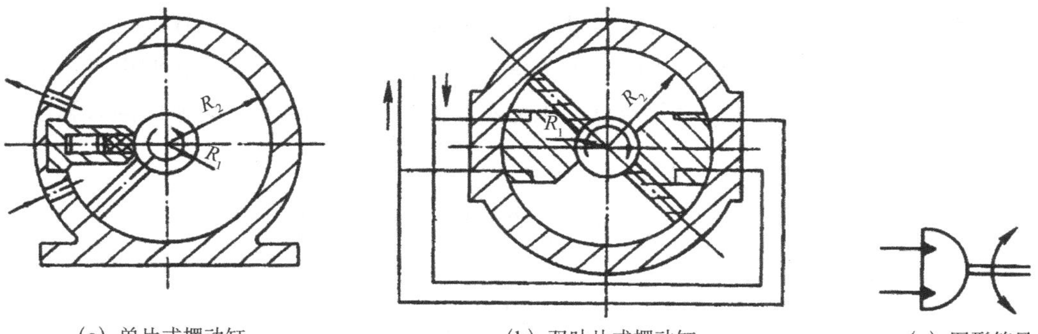

（a）单片式摆动缸　　（b）双叶片式摆动缸　　（c）图形符号

图 2.31　摆动式液压缸

摆动式液压缸是输出转矩并实现往复摆动的执行元件，有单叶片式和双叶片式两种。单叶片式液压缸的摆动角度一般不超过 280°；双叶片式液压缸的摆动角度一般不超过 150°。其结构如图 2.31 所示。输出轴上装有叶片（单或双），当缸的一个油口进压力油，另一油口回油时，叶片在压力油作用下往一个方向摆动，带动轴偏转一定角度，当进回油口互换时，马达反转。

摆动液压缸一般用于摆动角度小于 280°的回转工作部件的驱动，如机床回转夹具、送料装置、继续进刀机构等。

6. 伸缩式液压缸

伸缩式液压缸又称多级液压缸。它是由两个或多个活塞套装而成的，前一级活塞杆是后一级活塞缸的缸筒。伸出时，可以获得很长的工作行程，缩回时可保持很小的结构尺寸。

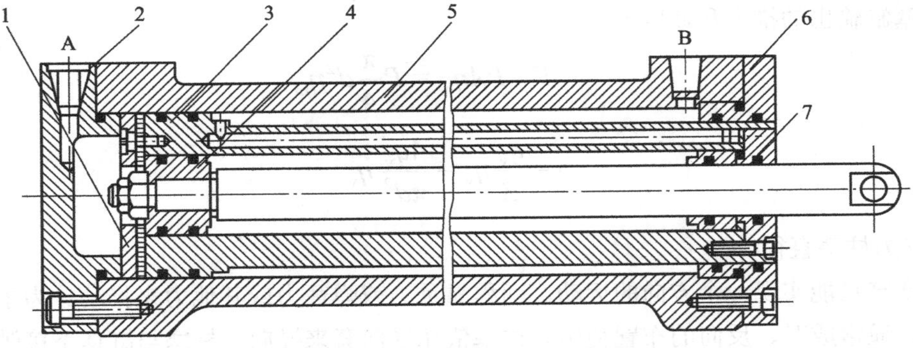

1—压盖；2，6—缸盖；3—套筒活塞；4—活塞；5—缸体；7—活塞杆

图 2.32　伸缩液压缸

如图 2.32 所示，组成零件有缸体 5、活塞 4、套筒活塞 3 等。缸体两端有进出油口 A 和 B。当 A 口进油，B 口回油时，先推动一级活塞——套筒活塞 3 向右运动，由于一级活塞的有效作用面积大，所以运动速度低而推力大。一级活塞右行至终点时，二级活塞——活塞 4 在压力油的作用下继续向右运动，因其有效作用面积小，所以运动速度快，但推力小。套筒活塞 3 既是一级活塞，又是二级活塞的缸体，有双重作用。若 B 口进油，A 口回油，则二级活塞先退回至终点，然后一级活塞 3 才退回。在各级活塞依次伸出时，液压缸的有效面积是逐级变化的。在输入流量和压力不变的情况下，液压缸的输出推力和速度也是逐级变化的。其值为：

$$F_i = p_1 \frac{\pi}{4} D_i^2 \eta_{mi}$$

$$v_i = \frac{4q_v}{\pi D_i^2} \eta_{vi}$$

式中，i 为第 i 级活塞缸。

显然，这种液压缸启动时，活塞有效面积最大，因此，输出推力也最大，随着行程逐级增长，推力随之减小。这种推力变化情况，正适合于自动装卸车对推力的要求。伸缩式液压缸具有活塞杆伸出的行程长，收缩后的结构尺寸小的特点，适用于翻斗汽车，起重机的伸缩臂等。

7．增压缸

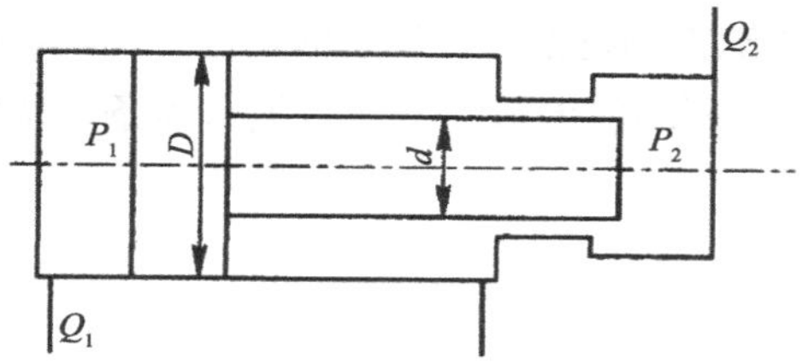

(a) 单作用式增压缸

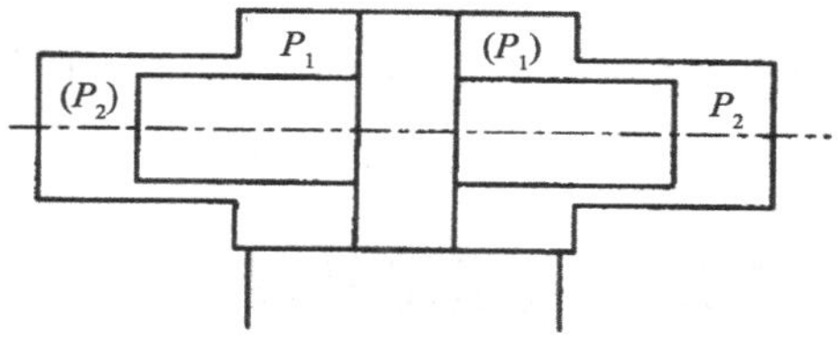

(b) 双作用式增压缸

图 2.33　增压缸

增压缸又叫增压器，如图 2.33 所示是由活塞缸和柱塞缸组合而成的。由于活塞的有效作用面积大于柱塞的有效作用面积，所以向活塞缸大端无杆腔输入低压油时，可以在柱塞缸得到高压油。

其增压比：

$$P_2 = P_1\left(\frac{D}{d}\right)^2 \eta_m$$

增压缸能将输入的低压油变成高压油，常用于某些短时或局部油路需要高压油的场合。它有单作用和双作用两种形式。其工作原理相同。单作用增压缸只能单方向输出高压油，不能获得连续的高压油。为克服这一缺点，可采用双作用增压缸，它有两个高压端交替连续向系统供油。

8．齿条液压缸

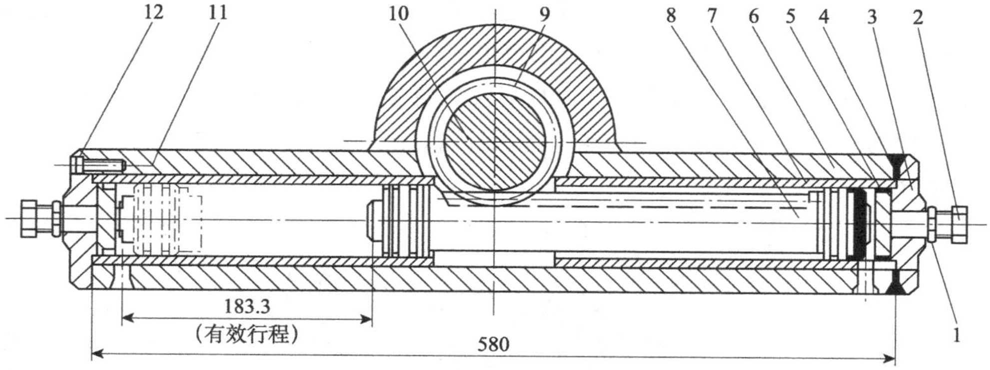

1—垫片；2，11—调节螺钉；3，12—缸盖；4—焊缝；5—压盖；6—缸筒；
7—套筒；8—活塞杆；9—齿轮；10—传动轴

图 2.34　齿轮齿条缸

如图 2.34 所示齿条液压缸的最大特点是将直线运动转换为回转运动，其结构简单，制造容易，常用于机械手和磨床的进刀机构、组合机床的回转工作台、回转夹具及自动线的转位机构。

如图 2.34 所示为齿条活塞液压缸结构图。缸体由两个零件组合焊接而成，活塞杆上加工出齿条，齿轮 9 与传动轴 10 连成一体。当液压缸右端进油时，齿条活塞向左运动，齿条则带动齿轮 9 顺时针旋转；反之，则逆时针旋转。两端的调节螺钉 2 可调节齿条活塞的行程，以改变传动轴 9 的最大转角。

知识点二：液压缸的结构

液压缸的结构归纳起来主要由缸体组件、活塞组件、缓冲装置、密封装置、间隙密封、密封元件密封、排气装置等几部分组成。图 2.35 所示为液压缸装配图。

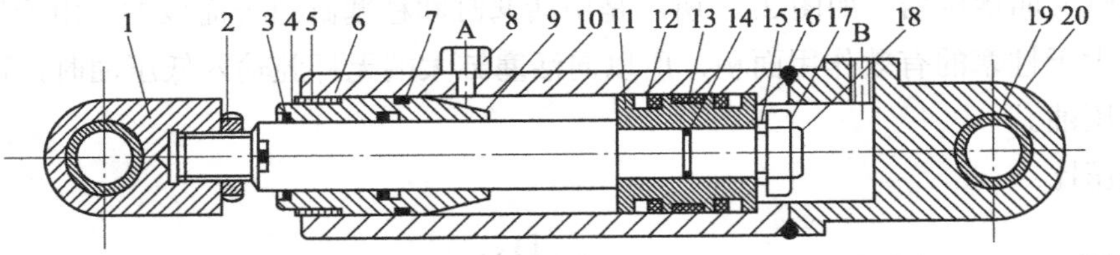

1—耳环；2—螺母；3—防尘圈；4、17—弹簧挡圈；5—套；6、15—卡键； 7、14—O 形密封圈；8、12—Y 形聚氨酯密封圈；9—缸盖兼导向套；10—缸筒； 11—活塞；13—耐磨环；16—卡键帽；18—活塞杆；19—衬套；20—缸底

图 2.35 双作用单活塞杆液压缸

图 2.35 所示的是一个较常用的双作用单活塞杆液压缸。它由缸底 20、缸筒 10、缸盖兼导向套 9、活塞 11 和活塞杆 18 组成。缸筒一端与缸底焊接，另一端缸盖(导向套)与缸筒用卡键 6、套 5 和弹簧挡圈 4 固定，以便拆装检修，两端设有油口 A 和 B。活塞 11 与活塞杆 18 利用卡键 15、卡键帽 16 和弹簧挡圈 17 连在一起。活塞与缸孔的密封采用的是一对 Y 形聚氨酯密封圈 12，由于活塞与缸孔有一定间隙，采用由尼龙制成的耐磨环(又叫支承环)13 定心导向。活塞杆 18 和活塞 11 的内孔由 O 形密封圈 14 密封。较长的缸盖兼导向套 9 则可保证活塞杆不偏离中心，导向套外径由 O 形密封圈 7 密封，而其内孔则由 Y 形聚氨酯密封圈 8 和防尘圈 3 分别防止油外漏和灰尘带入缸内。缸与杆端销孔与外界连接，销孔内有尼龙衬套抗磨。

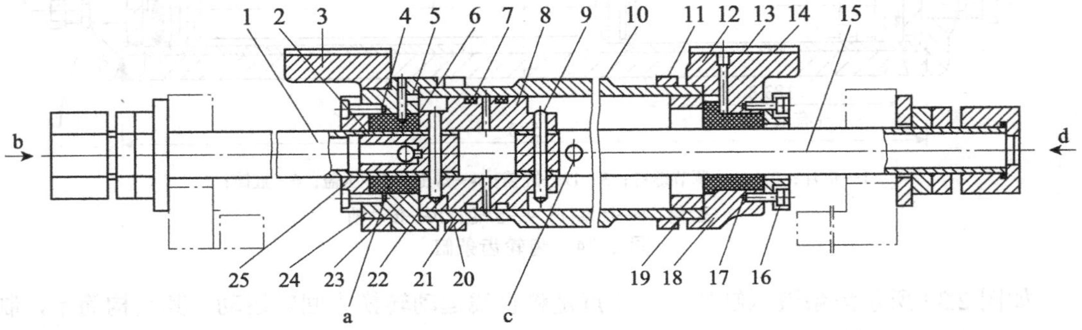

1，15—活塞杆；2—堵头；3—托架；4，17—V 形密封圈；5，14—排气孔；6，19—导向套；；7—O 形密封圈；8—活塞；9，22—锥销；10—缸体；11，20—压板；12，21—钢丝环；13，23—纸垫；16，25—压盖；18，24—缸盖

图 2.36 空心双活塞杆式液压缸的结构

由图 2.36 可见，液压缸的左右两腔是通过油口 b 和 d 经活塞杆 1 和 15 的中心孔与左右径向孔 a 和 c 相通的。由于活塞杆固定在床身上，缸体 10 固定在工作台上，工作台在径向孔 c 接通压力油，径向孔 a 接通回油时向右移动；反之则向左移动。在这里，缸盖 18 和 24 是通过螺钉（图中未画出）与压板 11 和 20 相连的，并经钢丝环 12 相连，左缸盖 24 空套在托架 3 孔内，可以自由伸缩。空心活塞杆的一端用堵头 2 堵死，并通过锥销 9 和 22 与活塞 8 相连。缸筒相对于活塞运动由左右两个导向套 6 和 19 导向。活塞与缸筒之间、缸盖与活塞杆之间以及缸盖与缸筒之间分别用 O 形密封圈 7、V 形密封圈 4 和 17 和纸垫 13 和 23 进行密封，以防止油液的内、外泄漏。缸筒在接近行程的左右终端时，径向孔 a 和 c 的开口逐渐减小，对移动部件起制动缓冲作用。为了排除液压缸中剩留的空气，缸盖上设置有排气孔 5 和 14，经导向套环槽的侧面孔道（图中未画出）引出与排气阀相连。

由以上两个液压缸的结构我们可以得出液压缸的组成。液压缸的结构基本上可以分为缸筒和缸盖、活塞和活塞杆、密封装置、缓冲装置和排气装置五个部分：缸体组件、活塞组件、密封组件、缓冲装置、排气装置等。分述如下。

1．缸筒和缸盖（缸体组件）

一般来说，缸筒和缸盖的结构形式和其使用的材料有关。工作压力 $P<10\text{MPa}$ 时，使用铸铁；$P<20\text{MPa}$ 时，使用无缝钢管；$P>20\text{MPa}$ 时，使用铸钢或锻钢。图 2.35 所示为缸筒和缸盖的常见结构形式。图 2.37(a)所示为法兰连接式，结构简单，容易加工，也容易装拆，但外形尺寸和重量都较大，常用于铸铁制的缸筒上。图 2.37(b)所示为半环连接式，它的缸筒壁部因开了环形槽而削弱了强度，为此有时要加厚缸壁。它容易加工和装拆，重量较轻，常用于无缝钢管或锻钢制的缸筒上。图 2.37(c)所示为螺纹连接式，它的缸筒端部结构复杂，外径加工时要求保证内外径同心，装拆时要使用专用工具，它的外形尺寸和重量都较小，常用于无缝钢管或铸钢制的缸筒上。图 2.37(d)所示为拉杆连接式，结构的通用性大，容易加工和装拆，但外形尺寸较大，且较重。图 2.37(e)所示为焊接连接式，结构简单，尺寸小，但缸底处内径不易加工，且可能引起变形。

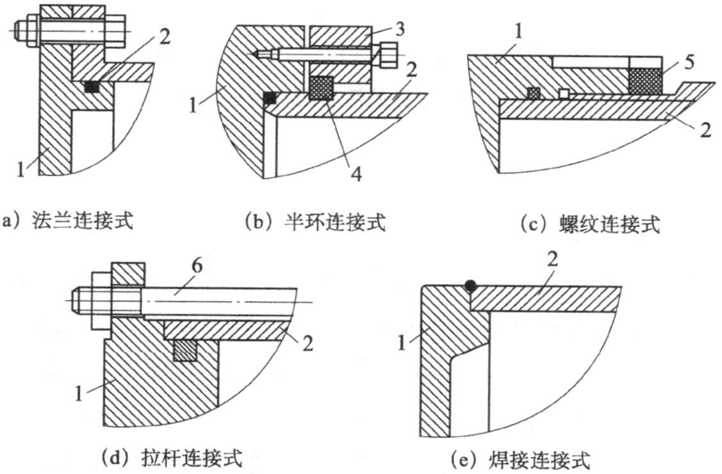

(a) 法兰连接式　　(b) 半环连接式　　(c) 螺纹连接式

(d) 拉杆连接式　　(e) 焊接连接式

1—缸盖；2—缸筒；3—压板；4—半环；5—防松螺帽；6—拉杆

图 2.37　缸筒和缸盖结构

2．活塞与活塞杆（活塞组件）

可以把短行程的液压缸的活塞杆与活塞做成一体，这是最简单的形式。但当行程较长时，这种整体式活塞组件的加工较费事，所以常把活塞与活塞杆分开制造，然后再连接成一体。图 2.38 所示为几种常见的活塞与活塞杆的连接形式。

图 2.38(a)所示为活塞与活塞杆之间采用螺母连接，它适用负载较小，受力无冲击的液压缸中。螺纹连接虽然结构简单，安装方便可靠，但在活塞杆上车螺纹将削弱其强度。图 2.38(b)和(c)所示为卡环式连接方式。图 2.38(b)中活塞杆 5 上开有一个环形槽，槽内装有两个半圆环 3 以夹紧活塞 4，半圆环 3 由轴套 2 套住，而轴套 2 的轴向位置用弹簧卡圈 1 来固定。图 2.38(c)中的活塞杆，使用了两个半圆环 4，它们分别由两个密封圈座 2 套住，半圆形的活塞 3 安放在密封圈座的中间。图 2.38(d)所示是一种径向销式连接结构，用锥销 1 把活塞 2 固连在活塞杆 3 上。这种连接方式特别适用于双出杆式活塞。

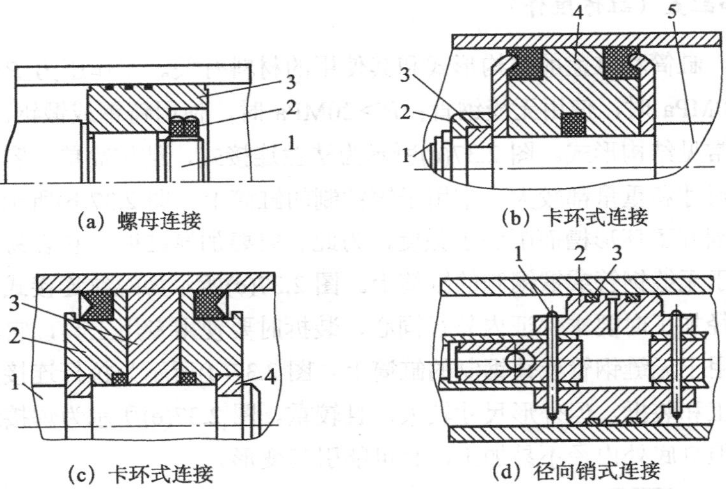

（a）1—活塞；2—螺母；3—活塞杆（b）1—弹簧卡圈；2—轴套；3—半圆环；4—活塞；5—活塞杆
（c）1—活塞杆；2—密封圈座；3—活塞；4—半圆环；（d）1—锥销；2—活塞；3—活塞杆

图 2. 38　常见的活塞组件结构形式

3．密封装置

液压缸中常见的密封装置如图 2.39 所示。

图 2.39(a)所示为间隙密封。它依靠运动间的微小间隙来防止泄漏。为了提高这种装置的密封能力，常在活塞的表面上制出几条细小的环形槽，以增大油液通过间隙时的阻力。它的结构简单，摩擦阻力小，可耐高温，但泄漏大，加工要求高，磨损后无法恢复原有能力，只有在尺寸较小、压力较低、相对运动速度较高的缸筒和活塞间使用。

图 2.39(b)所示为摩擦环密封。它依靠套在活塞上的摩擦环(尼龙或其他高分子材料制成)在 O 形密封圈弹力作用下贴紧缸壁而防止泄漏。这种材料效果较好，摩擦阻力较小且稳定，

可耐高温，磨损后有自动补偿能力，但加工要求高，装拆较不便，适用于缸筒和活塞之间的密封。

图 2.39(c)、(d)所示为密封圈（O 形圈、V 形圈等）密封。它们利用橡胶或塑料的弹性使各种截面的环形圈贴紧在静、动配合面之间来防止泄漏。它结构简单，制造方便，磨损后有自动补偿能力，性能可靠，在缸筒和活塞之间、缸盖和活塞杆之间、活塞和活塞杆之间、缸筒和缸盖之间都能使用。

对于活塞杆外伸部分来说，由于它很容易把脏物带入液压缸，使油液受污染，使密封件磨损，因此常需在活塞杆密封处增添防尘圈，并放在向着活塞杆外伸的一端。

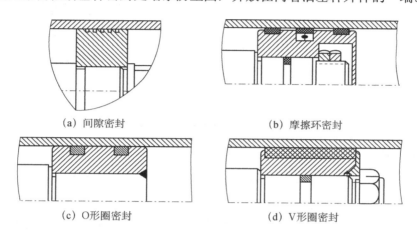

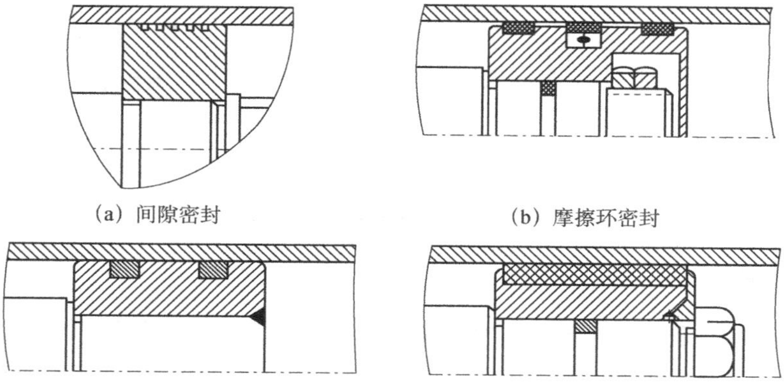

(a) 间隙密封　　(b) 摩擦环密封

(c) O形圈密封　　(d) V形圈密封

图 2.39　密封装置

4. 缓冲装置

液压缸一般都设置缓冲装置，特别是对大型、高速或要求高的液压缸，为了防止活塞在行程终点时和缸盖相互撞击，引起噪声、冲击，则必须设置缓冲装置。

缓冲装置的工作原理是利用活塞或缸筒在其走向行程终端时封住活塞和缸盖之间的部分油液，强迫它从小孔或细缝中挤出，以产生很大的阻力，使工作部件受到制动，逐渐减慢运动速度，达到避免活塞和缸盖相互撞击的目的。尽管液压缸的缓冲装置结构形式多样，但它们的工作原理是相同的，即当活塞运动到行程接近终点时，增大液压缸的回油阻力，使回油腔产生足够大的缓冲压力，再使活塞减速，从而防止活塞撞击缸盖。几种常用的缓冲装置如图 2.40 所示。

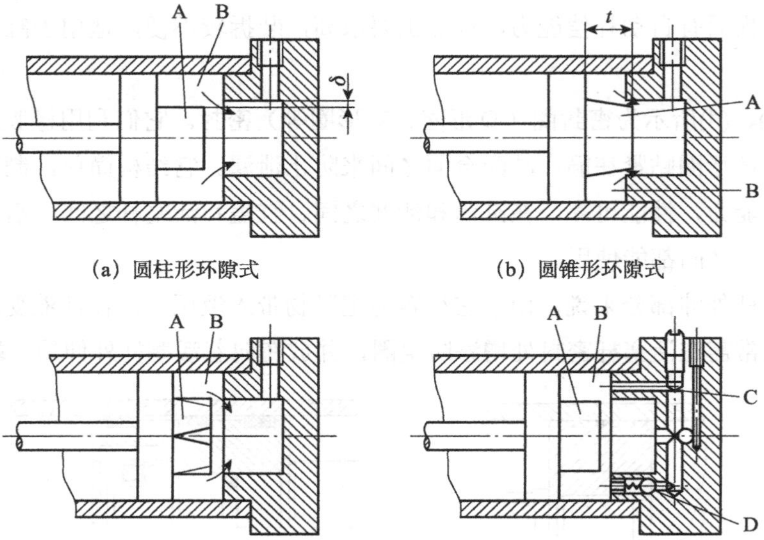

(a) 圆柱形环隙式　(b) 圆锥形环隙式

(c) 可变节流槽式　(d) 可调节流孔式

图 2.40　液压缸的缓冲装置

5. 排气装置

液压缸在安装过程中或长时间停放重新工作时，液压缸里和管道系统中会渗入空气，为了防止执行元件出现爬行、噪声和发热等不正常现象，需把缸中和系统中的空气排出。一般可在液压缸的最高处设置进出油口把气带走，也可在最高处设置如图 2.39(a)所示的放气孔或专门的放气阀［见图 2.41(b)、(c)］。

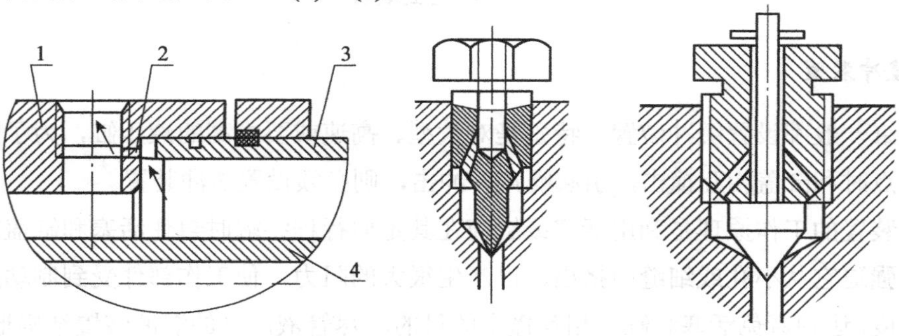

(a)　(b)　(c)

1—缸盖；2—放气小孔；3—缸体；4—活塞杆

图 2.41　放气装置

知识点三：液压缸的设计计算

液压缸是液压传动的执行元件，它和主机工作机构有直接的联系，对于不同的机种和机构，液压缸具有不同的用途和工作要求。因此，在设计液压缸之前，必须对整个液压系统进行工况分析，编制负载图，选定系统的工作压力，然后根据使用要求选择结构类型，按负载情况、运动要求、最大行程等确定其主要工作尺寸，进行强度、稳定性和缓冲验算，最后再进行结构设计。

1．液压缸的设计内容和步骤

（1）选择液压缸的类型和各部分结构形式。
（2）确定液压缸的工作参数和结构尺寸。
（3）结构强度、刚度的计算和校核。
（4）导向、密封、防尘、排气和缓冲等装置的设计。
（5）绘制装配图、零件图、编写设计说明书。
下面只着重介绍几项设计工作。

2．计算液压缸的结构尺寸

液压缸的结构尺寸主要有三个：缸筒内径 *D*、活塞杆外径 *d* 和缸筒长度 *L*。

（1）缸筒内径 *D*。液压缸的缸筒内径 *D* 是根据负载的大小来选定工作压力或往返运动速度比，求得液压缸的有效工作面积，从而得到缸筒内径 *D*，再从 GB/T2348—1993 标准中选取最近的标准值作为所设计的缸筒内径。

根据负载和工作压力的大小确定 *D*，计算公式为：

①以无杆腔作工作腔时，

$$D=\sqrt{\frac{4F_{\max}}{\pi p_1}}$$

②以有杆腔作工作腔时，

$$D=\sqrt{\frac{4F_{\max}}{\pi p_1}+d^2}$$

式中，p_1 为缸工作腔的工作压力，可根据机床类型或负载的大小来确定；$F_{\max}$ 为最大作用负载。

（2）活塞杆外径 *d*。活塞杆外径 *d* 通常先从满足速度或速度比的要求来选择，然后再校核其结构强度和稳定性。若速度比为 λ_v，则该处应有一个带根号的式子：

$$D=\sqrt{\frac{\lambda_v-1}{\lambda_v}}$$

也可根据活塞杆受力状况来确定，一般为受拉力作用时，$d=(0.3\sim0.5)D$。

受压力作用时：

$$P_1<5\text{MPa 时，}d=(0.5\sim0.55)D$$

$$5\text{MPa}<p_1<7\text{MPa} \text{ 时}，d=(0.6\sim0.7)D$$

$$p_1>7\text{MPa} \text{ 时}，d=0.7D$$

（3）缸筒长度 L。缸筒长度 L 由最大工作行程长度加上各种结构需要来确定，即：

$$L=l+B+A+M+C$$

式中，l 为活塞的最大工作行程；B 为活塞宽度，一般为$(0.6\sim1)D$；A 为活塞杆导向长度，取$(0.6\sim1.5)D$；M 为活塞杆密封长度，由密封方式来确定；C 为其他长度。

一般缸筒的长度最好不超过内径的 20 倍。

（4）最小导向长度 H 的确定。当活塞杆全部外伸时，从活塞支承面中点到导向套滑动面中点的距离称为最小导向长度 H（如图 2.42 所示）。如果导向长度过小，将使液压缸的初始挠度（间隙引起的挠度）增大，影响液压缸的稳定性，因此设计时必须保证有一最小导向长度。

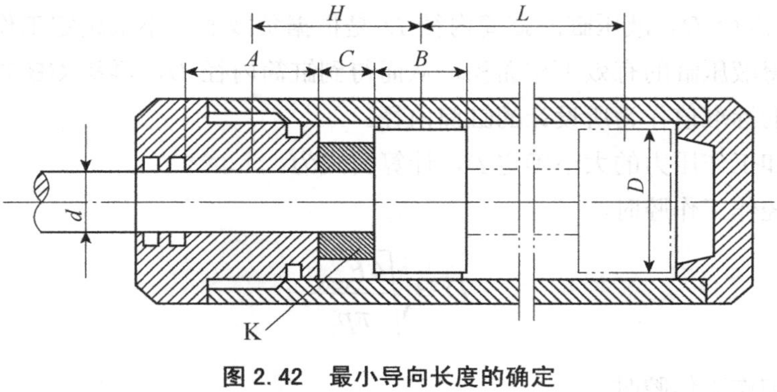

图 2.42　最小导向长度的确定

对于一般的液压缸，其最小导向长度应满足下式：

$$H\geqslant L/20+D/2$$

式中，L 为液压缸最大工作行程(m)；D 为缸筒内径(m)。

一般导向套滑动面的长度 A，在 $D<80\text{mm}$ 时取 $A=(0.6\sim1.0)D$，在 $D>80\text{mm}$ 时取 $A=(0.6\sim1.0)D$；活塞的宽度 B 则取 $B=(0.6\sim1.0)D$。为保证最小导向长度，过分增大 A 和 B 都是不适宜的，最好在导向套与活塞之间装一隔套 K，隔套宽度 C 由所需的最小导向长度决定，即：

$$C=H-\frac{A+B}{2}$$

采用隔套不仅能保证最小导向长度，还可以改善导向套及活塞的通用性。

3．强度校核

对液压缸的缸筒壁厚 δ、活塞杆直径 d 和缸盖固定螺栓的直径，在高压系统中必须进行强度校核。

（1）缸筒壁厚校核。缸筒壁厚校核时分薄壁和厚壁两种情况，当 $D/\delta \geqslant 10$ 时为薄壁，壁厚按下式进行校核：

$$\delta \geqslant p_t D/2[\sigma] \quad (1)$$

式中，D 为缸筒内径；p_t 为缸筒试验压力，当缸的额定压力 $p_n \leqslant 16\text{MPa}$ 时，取 $p_t=1.5p_n$，p_n 为缸生产时的试验压力；当 $p_n > 16\text{MPa}$ 时，取 $p_v=1.25p_n$；［σ］为缸筒材料的许用应力，［σ］$=\sigma_b/n$，σ_b 为材料的抗拉强度，n 为安全系数，一般取 $n=5$。

当 $D/\sigma < 10$ 时为厚壁，壁厚按下式进行校核：

$$d \geqslant \frac{D}{2}\left(\sqrt{\frac{[\sigma]+0.4P_{\max}}{[\sigma]-1.3P_{\max}}}-1\right) \quad (2)$$

在使用式(1)、式(2)进行校核时，若液压缸缸筒与缸盖采用半环连接，δ 应取缸筒壁厚最小处的值。

（2）活塞杆直径校核。活塞杆的直径 d 按下式进行校核：

$$d \geqslant \sqrt{\frac{4F}{\pi[\sigma]}}$$

式中，F 为活塞杆上的作用力；［σ］为活塞杆材料的许用应力，［σ］$=\sigma_b/1.4$。

（3）液压缸盖固定螺栓直径校核。液压缸盖固定螺栓直径按下式计算：

$$d \geqslant \sqrt{\frac{5.2KF}{\pi z[\sigma]}}$$

式中，F 为液压缸负载；z 为固定螺栓个数；K 为螺纹拧紧系数，$K=1.12 \sim 1.5$，$[\sigma]=\sigma_s/(1.2 \sim 2.5)$，$\sigma_s$ 为材料的屈服极限。

（4）液压缸稳定性校核。活塞杆受轴向压缩负载时，其直径 d 一般不小于长度 L 的 1/15。当 $L/d \geqslant 15$ 时，必须进行稳定性校核，应使活塞杆承受的力 F 不能超过使它保持稳定工作所允许的临界负载 F_k，以免发生纵向弯曲，破坏液压缸的正常工作。F_k 的值与活塞杆材料性质、截面形状、直径和长度以及缸的安装方式等因素有关，验算可按材料力学有关公式进行。

（5）缓冲计算。液压缸的缓冲计算主要是估计缓冲时缸中出现的最大冲击压力，以便用来校核缸筒强度、制动距离是否符合要求。缓冲计算中如发现工作腔中的液压能和工作部件的动能不能全部被缓冲腔所吸收时，制动中就可能产生活塞和缸盖相碰现象。

液压缸在缓冲时，缓冲腔内产生的液压能 E_1 和工作部件产生的机械能 E_2 分别为：

$$E_1=P_c A_c l_c$$

$$E_2 = P_p A_p l_c + \frac{1}{2} m v^2 - F_f l_c$$

式中，P_c 为缓冲腔中的平均缓冲压力；P_p 为高压腔中的油液压力；A_c、A_p 分别为缓冲腔、高压腔的有效工作面积；l_c 为缓冲行程长度；m 为工作部件质量；v_0 为工作部件运动速度；F_f 为摩擦力。

上式中等号右边第一项为高压腔中的液压能，第二项为工作部件的动能，第三项为摩擦能。当 $E_1=E_2$ 时，工作部件的机械能全部被缓冲腔液体所吸收，由上两式得：

$$P_c=E_2/A_c l_c$$

如缓冲装置为节流口可调式缓冲装置，在缓冲过程中的缓冲压力逐渐降低，假定缓冲压力线性地降低，则最大缓冲压力即冲击压力为：

$$P_{cmax}=P_c+m v_0^2/2A_c l_c$$

如缓冲装置为节流口变化式缓冲装置，则由于缓冲压力 P_c 始终不变，最大缓冲压力的值如上式所示。

（6）液压缸设计中应注意的问题。液压缸的设计和使用正确与否，直接影响到它的性能和是否容易发生故障。在这方面，经常碰到的是液压缸安装不当、活塞杆承受偏载、液压缸或活塞下垂以及活塞杆的压杆失稳等问题。所以，在设计液压缸时，必须注意以下几点：

①尽量使液压缸的活塞杆在受拉状态下承受最大负载，或在受压状态下具有良好的稳定性。

②考虑液压缸行程终了处的制动问题和液压缸的排气问题。缸内如无缓冲装置和排气装置，系统中需有相应的措施，但是并非所有的液压缸都要考虑这些问题。

③正确确定液压缸的安装、固定方式。如承受弯曲的活塞杆不能用螺纹连接，要用止口连接。液压缸不能在两端用键或销定位。只能在一端定位，为的是不致阻碍它在受热时的膨胀。如冲击载荷使活塞杆压缩，定位件须设置在活塞杆端，如为拉伸则设置在缸盖端。

④液压缸各部分的结构需根据推荐的结构形式和设计标准进行设计，尽可能做到结构简单、紧凑、加工、装配和维修方便。

⑤在保证能满足运动行程和负载力的条件下，应尽可能地缩小液压缸的轮廓尺寸。

⑥要保证密封可靠，防尘良好。液压缸可靠的密封是其正常工作的重要因素。如泄漏严重，不仅降低液压缸的工作效率，甚至会使其不能正常工作(如满足不了负载力和运动速度要求等)。良好的防尘措施，有助于提高液压缸的工作寿命。

总之，液压缸的设计内容不是一成不变的，根据具体的情况有些设计内容可不做或少做，也可增大一些新的内容。设计步骤可能要经过多次反复修改，才能得到正确、合理的设计结果。在设计液压缸时，正确选择液压缸的类型是所有设计计算的前提。在选择液压缸的类型时，要从机器设备的动作特点、行程长短、运动性能等要求出发，同时还要考虑到主机的结构特征给液压缸提供的安装空间和具体位置。

如：机器的往复直线运动直接采用液压缸来实现是最简单又方便的。对于要求往返运动速度一致的场合，可采用双活塞杆式液压缸；若有快速返回的要求，则宜用单活塞杆式液压缸，并可考虑用差动连接。行程较长时，可采用柱塞缸，以减少加工的困难；行程较长但负载不大时，也可考虑采用一些传动装置来扩大行程。往复摆动运动既可用摆动式液压缸，也可用直线式液压缸加连杆机构或齿轮——齿条机构来实现。

任务实施

通过对液压缸的拆装了解液压缸的结构组成，观察缸筒组件和活塞组件的连接方式；确定有无缓冲装置，若有，则如何缓冲，明确缓冲的意义；确定有无排气装置，若有则分析其如何排气。通过观察加深对液压缸具体应用领域的认识。

思考与练习

一、填空题

1．一个双出杆液压缸，若将缸体固定在床身上，活塞杆和工作台相连，其运动范围为活塞有效行程的__________倍。若将活塞杆固定在床身上，缸体与工作台相连时，其运动范围为液压缸有效行程的__________倍。

2．液压缸的结构可分为________、________、________、_________，________、________，和 ________等几个部分。

3．液压缸中常用的密封形式有__________、__________和 __________等。

4．液压缸中常用的缓冲装置有__________、__________、__________和__________。

5．液压系统中混入空气后会使其工作不稳定，产生__________、__________等现象，因此，液压系统中必须设置排气装置。常用的排气装置有__________和__________。

二、选择题

1．单出杆活塞式缸体固定液压缸的特点是（　　）。

A．活塞两个方向的作用力相等

B．活塞有效作用面积为活塞杆面积 2 倍时，工作台往复运动速度相等

C．其运动范围是工作行程的 3 倍

D．常用于实现机床的快速退回及工作进给

2．起重设备要求伸出行程长时，常采用的液压缸形式是（　　）。

A．活塞缸　　B．柱塞缸

C．摆动缸　　D．伸缩缸

3．要实现工作台往复运动速度不一致，可采用（　　）。

A．双出杆活塞式液压缸

B．柱塞缸

C．活塞面积为活塞杆面积 2 倍的差动液压缸

D．单出杆活塞式液压缸

4．液压龙门刨床的工作台较长，考虑到液压缸缸体长，孔加工困难，所以采用（　　）液压缸较好。

A．单出杆活塞式　　B．双出杆活塞式

C．柱塞式　　D．摆动式

5．液压缸差动连接工作时，缸的（　　），缸的（　　）。

A．运动速度增加了　　B．输出力增加了

C．运动速度减少了　　D．输出力减少了

6．在某一液压设备中需要一个完成很长工作行程的液压缸，宜采用下述液压缸中的（　　）

A．单活塞杆液压缸

B．双活塞杆液压缸

C．柱塞液压缸

D．伸缩式液压缸

7．双活塞杆液压缸，当活塞杆固定，缸与运动部件连接时，运动件的运动范围略大于液压缸有效行程的（　　）倍。

A．1 倍　　B．2 倍　　C．3 倍

8．单活塞杆液压缸作为差动液压缸使用时，若使其往复运动速度相等，其活塞面积应为活塞杆面积的（　　）倍。

A．1 倍　　B．2 倍　　C．4 倍

9．双叶片式摆动液压缸，其摆动角一般不超过（　　）。

A．100°　　B．150°　　C．280°

三、判断题

1．液压缸是把液体的压力能转换成机械能的能量转换装置。（　　）

2．双活塞杆液压缸又称为双作用液压缸，单活塞杆液压缸又称为单作用液压缸。（　　）

3. 液压缸差动连接可以提高活塞的运动速度，并可以得到很大的输出推力。　（　　）

4. 差动连接的单出杆活塞液压缸，可使活塞实现快速运动。　（　　）

四、计算题

1. 如图 2.43 所示液压泵驱动两个液压缸串联工作。已知两缸结构尺寸相同，缸筒内径 $D=90\text{mm}$，活塞杆直径 $d=60\text{mm}$，负载力 $F_1=F_2=10\ 000\text{N}$，液压泵输出流量 $Q=25\text{L/min}$，不计损失，求泵的输出压力及两液压缸的运动速度。

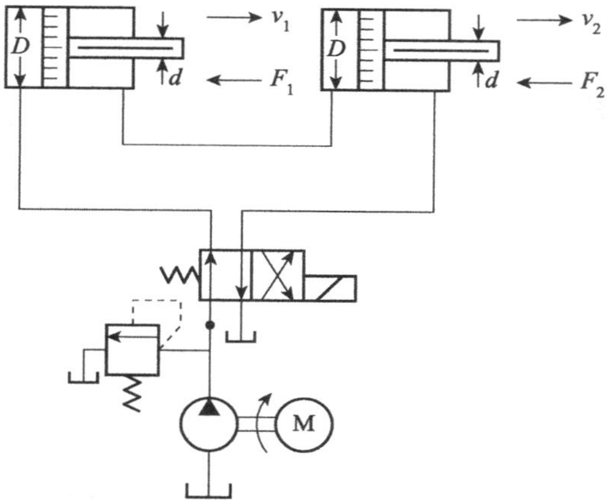

图 2.43　计算题 1

2. 如图 2.44 所示，液压泵驱动两个并联液压缸。已知活塞 A 重 10 000N，活塞 B 重 5 000N，两活塞面积均为 100cm^2。若输出流量为 $Q=5\text{L/min}$，试求两液压缸的动作压力及运动速度。

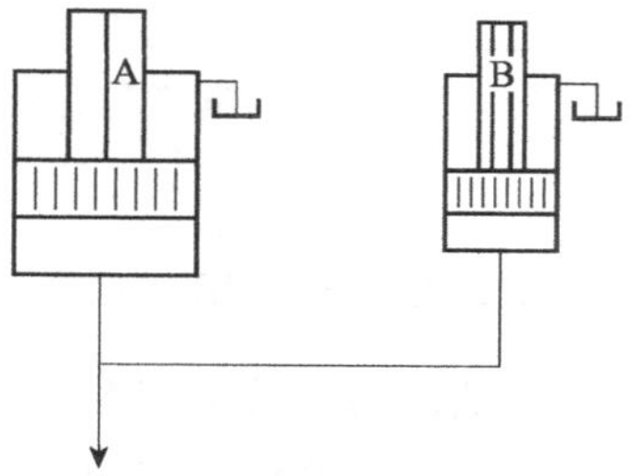

图 2.44　计算题 2

任务五：压力控制基本回路

任何液压系统都是由一些液压基本回路组成的。所谓液压基本回路是指能实现某种规定功能的液压元件的组合。液压基本回路按在液压系统中的功能可分：

- 压力控制回路——用于控制整个系统或局部油路的工作压力。
- 速度控制回路——用于控制和调节执行元件的速度。
- 方向控制回路——用于控制执行元件运动方向的变换和锁停。
- 多执行元件控制回路——用于控制几个执行元件间的工作循环。

压力控制基本回路是通过控制液压系统的压力以满足执行元件对力和力矩要求的回路。这类回路包括调压回路、减压回路、增压回路、卸荷回路、平衡回路。下面主要介绍以上这些回路的组成和功用。

知识点一：调压回路

调压回路包括单级调压、二级调压、三级调压、多级调压，分述如下。

1．单级调压

如图 2.45 所示，调压回路的功用是调定和限制液压系统的最高工作压力，或者使执行机构在工作过程不同阶段实现多级压力变换。一般用溢流阀来实现这一功能。

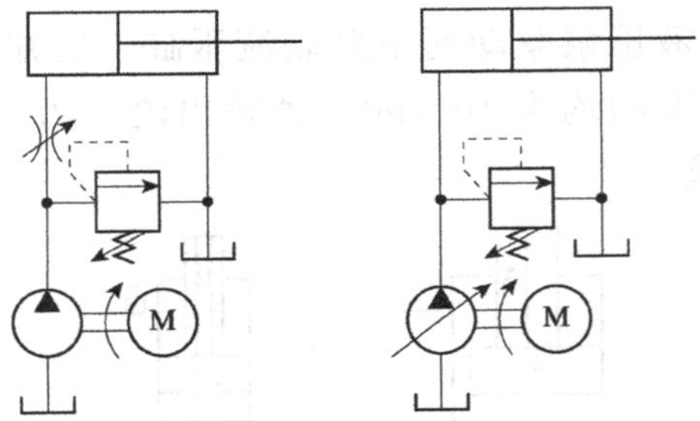

图 2.45　单级调压回路

调压回路使系统整体或某一部分的压力保持恒定数值。在定量泵系统中，溢流阀的作用是溢流稳压，它可以维持泵出油口压力的稳定。在变量泵系统中，溢流阀的作用是限压保护，它可以限定液压泵的最高工作压力。

当把调压回路中的溢流阀换为比例溢流阀时，这种调压回路称为比例调压回路。通过比例溢流阀的输入电流来实现回路的无级调压。它还可实现系统的远距离控制或程序控制。

2．二级及多级调压

在图 2.46 所示的液压调压回路中，液压泵出口处并联一个先导式溢流阀，其远程控制口串接二位二通电磁换向阀和远程调压阀。当先导式溢流阀的调定压 P_1 力和远程调压阀的调定

压力 P_2 符合 $P_1 > P_2$ 时，系统可通过电磁换向阀的上位和下位分别得到 P_1 和 P_2 两种系统调定压力。在溢流阀的远程控制口处通过接入多位换向阀的不同油口，并联多个调压阀，即可构成多级调压回路。

换向阀与溢流阀组成的三级调压回路，如图 2.47 所示这种回路中先导式溢流阀 1 的调定压力必须比直动式溢流阀 2、3 的调定压力大，才能保证实现三级压力。

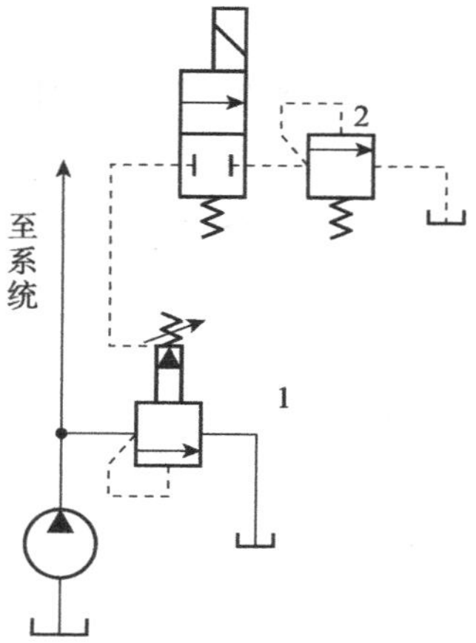

1—先导式溢流阀；2—直动式溢流阀

图 2.46　二级调压

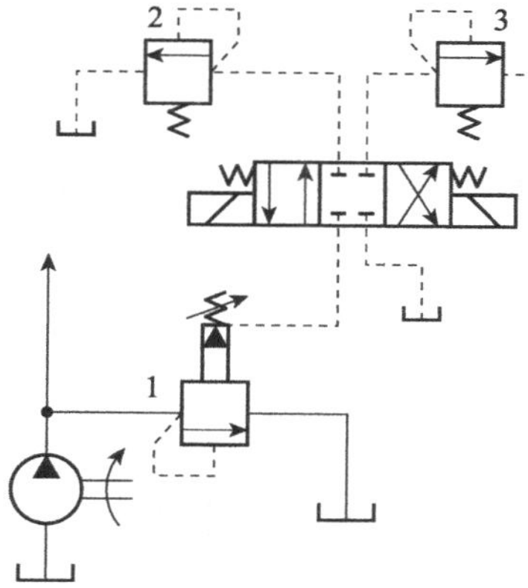

1—先导式溢流阀；2，3—直动式溢流阀

图 2.47　三级调压

知识点二：减压回路

当主油路的工作压力比分支油路的工作压力高，为使分支液压缸能够正常工作，在回路中串联了一个减压阀，使液压缸可以得到一个稳定的、比主油路液压缸压力低的压力。如图 2.48(a)所示减压阀如果采用前述溢流阀的类似安装方法，可得到两级或多级的减压回路。为使减压回路工作可靠，减压阀的最低调整压力不应低于 0.5 MPa，最高调整压力至少比系统压力低 0.5 MPa，如图 2.48(b)所示。

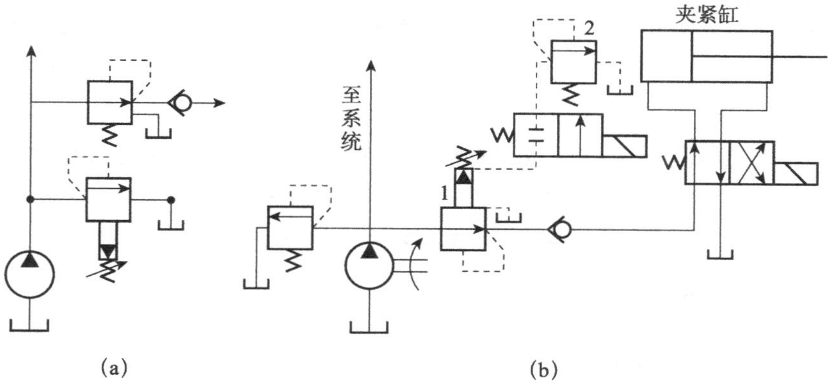

1—先导式溢流阀；2—直动式溢流阀

图 2.48　减压回路

当减压回路中的执行元件需要调速时，调速元件应放在减压阀的后面，以免因减压阀的泄漏影响调速。在回路中单向阀的作用是当系统压力小于减压阀调定的压力时阻止夹紧缸的压力油液倒流，以保持减压阀调定压力。

知识点三：卸荷回路

卸荷回路的作用是在液压系统执行元件短时间不工作时，不频繁启动原动机而使泵在很小的输出功率下运转。

其卸载方式有压力卸荷、流量卸荷（仅适用于变量泵）。下面介绍压力卸荷的方式。

1．利用中位机能卸荷

可借助 M 型、H 型或 K 型换向阀中位机能来实现降压卸荷如图 2.49（a）所示（详见换向阀中位机能）。

2．用先导型溢流阀的卸荷回路

采用二位二通电磁阀控制先导型溢流阀的遥控口来实现卸荷如图 2.50 所示。

3．利用卸荷阀卸荷

采用外控内卸顺序阀（卸荷阀）如图 2.49（b）所示。

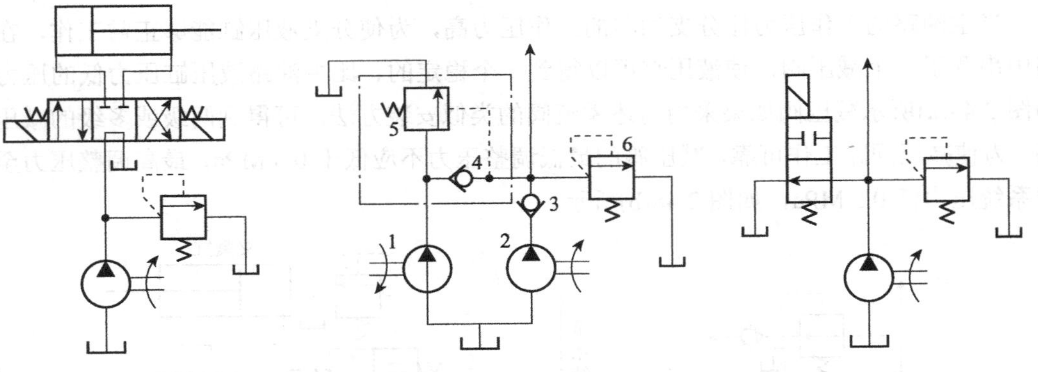

(a) 利用中位机能的卸荷　　(b) 利用卸荷阀的卸荷　　(c) 利用两位两通阀的卸荷

1，2—液压泵；3，4—单向阀；5—外控内泄顺序阀（卸荷阀）

图 2.49　卸荷的方法（一）

4．利用两位两通阀的卸荷

利用两位两通阀的卸荷如图 2.49（c）所示。

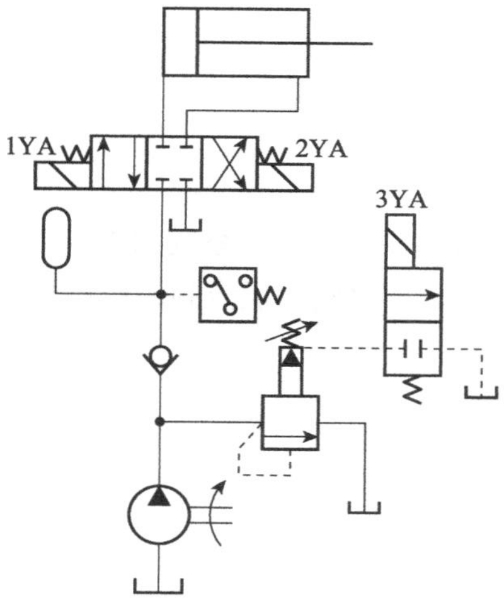

图 2.50　卸荷的方法——利用先导型溢流阀卸荷

知识点四：增压回路与平衡回路

1．增压回路

增压回路的目的是使系统中某一支路获得较系统压力高且流量不大的油液供应，可以通过增压元件——增压缸实现这一功能，如图 2.51 所示。

2．平衡回路

平衡回路的目的是使执行元件的回路上保持一定的背压值，以平衡重力负载，使之不会因自重而自行下落，单向顺序阀的平衡回路如图 2.52 所示。

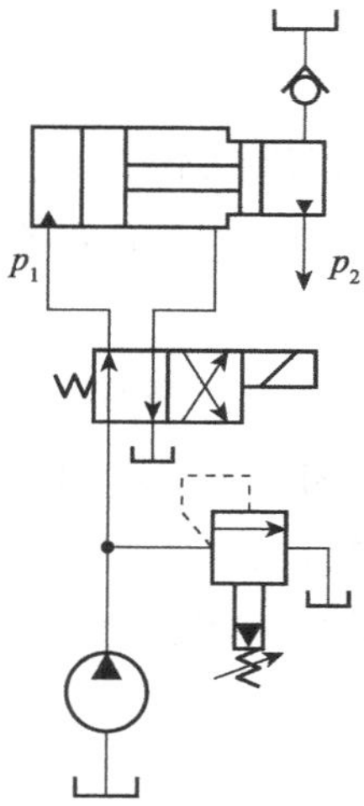

图 2.51　增压回路

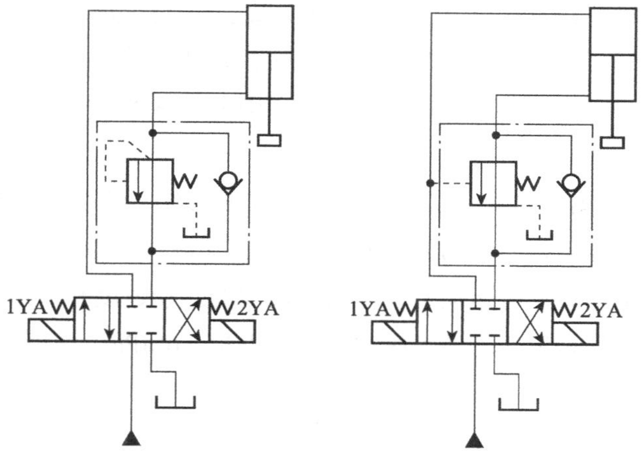

图 2.52　单向顺序阀的平衡回路

任务实施

建议学生仔细阅读动力滑台和注塑机液压系统图中压力控制的原理，并对压力控制的原理有个深刻的认识。对减压阀、顺序阀、溢流阀的应用加深理性认识。

思考与练习

1. 如图 2.53 所示的液压回路，若阀 1 的调定压力 p_y=4MPa，阀 2 的调定压力 p_j=2MPa，试回答下列问题：

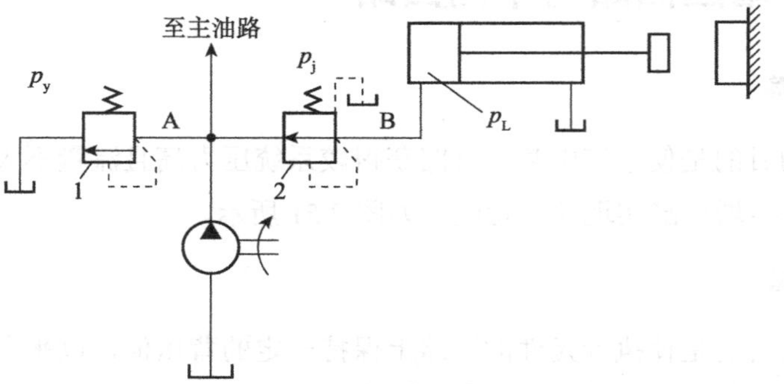

图 2.53　练习 1 图

（1）阀 1 是_________阀，阀 2 是_________阀。

（2）液压缸运动时(无负载)，A 点的压力值为________、B 点的压力值为________。

（3）当液压缸运动至终点碰到挡块时，A 点的压力值为____________、B 点的压力值为__________。

2. 如图 2.54 所示为两缸并联的液压系统，已知活塞 A 重 8 000N，活塞 B 重 4 000N，两缸无杆腔活塞面积均为 100cm^2，溢流阀调整压力为 1.5MPa，泵输出流量为 5L/min。试分析两缸是否同时运动？计算两缸活塞的运动速度和液压泵的工作压力。说明溢流阀的调整压力是否合理？若溢流阀的调整压力为 0.6MPa，系统将是怎样的工作状态？

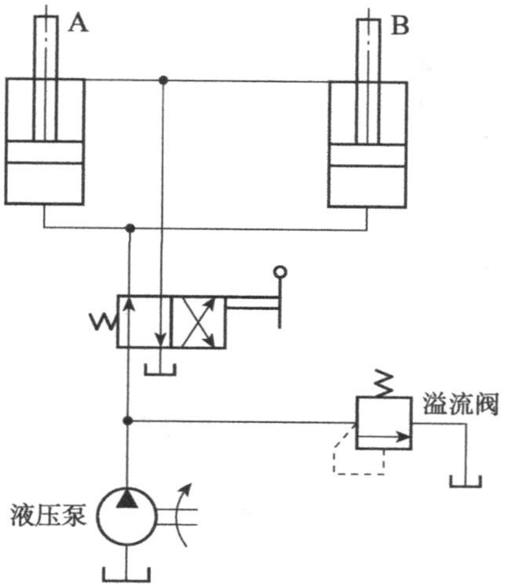

图 2.54　练习 2 图

3．如图 2.55 所示，已知溢流阀的调定压力 p_Y=4.5MPa，两个减压阀的调定压力分别为 p_{J1}=3MPa，p_{J2}=2MPa。液压缸的无杆腔有效作用面积 A＝15cm^2。作用在活塞杆上的负载力 F=1 200N，不计减压阀全开时的局部损失和管路损失。试确定：

（1）活塞在运动时，A、B、C 点的压力。

（2）活塞在抵达终点后，A、B、C 点的压力。

（3）若负载力增大为 F=4 200N，A、B、C 点的压力。

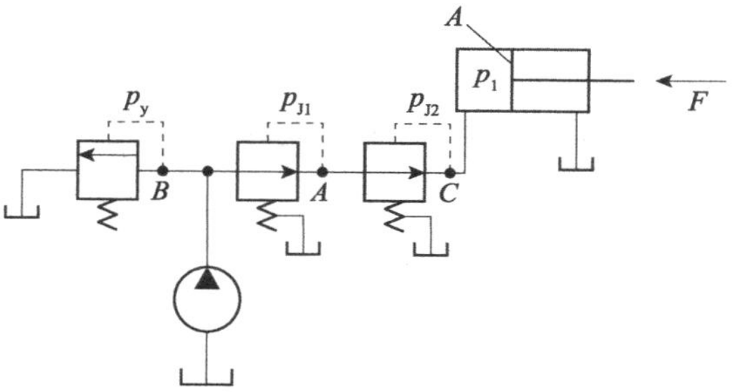

图 2.55　练习 3 图

任务六：压力控制基本回路调试与注塑机的压力控制回路分析

在任务一至任务五中，我们系统地学习了液压泵、溢流阀、减压阀、顺序阀、液压缸的工作原理、结构与组成，对液压元件的功能有了一些理性认识，下面加强对元件和回路的感性认识。

知识链接

实验一：压力阀拆装

一、实验目的

1．熟悉溢流阀、减压阀和顺序阀的结构和工作原理。

2．加强学生的动手能力。

二、实验器材

1．压力阀	6只
2．拆装工具	2套

三、实验步骤

1．拆卸

松开锁紧螺母→旋出手轮及螺母→松开并旋开螺盖→倒立取出先导阀阀芯松开并旋开主阀阀螺盖→倒立取出主阀阀阀芯。

2．观察

观察压力阀的结构和组成，画出溢流阀、减压阀和顺序阀的主阀芯和先导阀阀芯的草图。

3．装配

用汽油将零件清洗干净，按照拆卸的相反顺序，把个零件装入阀体。

四、注意事项

1．零件按拆卸的先后顺序摆放。

2．仔细观察各零件的结构和所在的位置。

3．切勿将零件表面，特别是阀体内孔、阀芯表面磕碰划伤。

4．装配时注意配合表面涂少许液压油。

实验二：单级调压回路

一、实验目的

1．了解直动式溢流阀的工作原理和结构。

2．学习掌握直动式溢流阀的工业应用领域。

3．学习换向阀的应用。

二、实验器材

1．液压传动教学实验台	1台
2．泵站	1套
3．液压缸	1只
4．直动式溢流阀	1只
5．手动式三位四通电磁换向阀	1只
6．油管、压力表	若干

三、实验液压原理图

溢流阀是依靠改变弹簧压缩量来改变压力的。溢流阀在本实验中起调节系统压力，为系统提供所需压力（<6MPa），如图2.56所示。

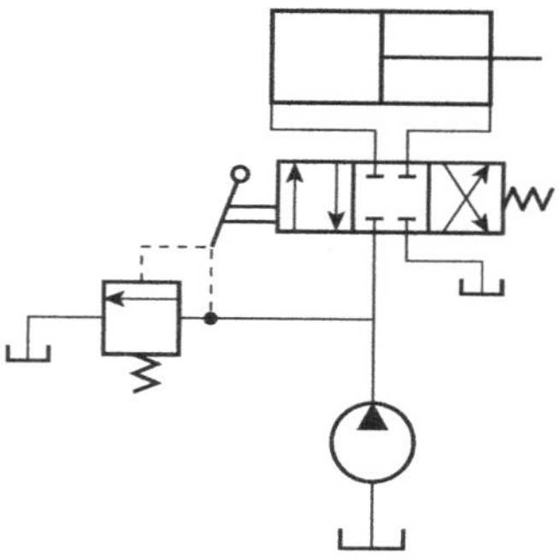

图2.56　溢流阀

四、实验步骤

1．依据液压实验回路准备好相关实验器材。

2．按照实验回路连接好液压回路。

3．检查无误，完全松开直动式溢流阀后，启动泵站，调节溢流阀的旋钮调节压力(控制在安全压力范围内<6MPa)。

4．移动换向阀手柄使三位四通电磁换向阀换向，调节溢流阀，在不同的压力下工作，了解溢流阀的调压方式。

5．实验完毕后完全松开溢流阀，拆卸液压系统，清理相关的实验器材保持清洁。

五、注意事项

1．检查油路搭接是否正确。

2．检查油管接头搭接是否牢固（搭接后，可以稍微用力拉一下）。

3．回路必须搭接安全阀（溢流阀）回路。启动泵站前，完全打开安全阀，实验完成，完全打开安全阀，停止泵站。

实验三：二级调压回路

一、实验目的

1．了解先导式溢流阀、直动式溢流阀的工作原理。

2．掌握并应用溢流阀的二级调压及多级调压工作原理。

3．了解电气元器件的使用方法和应用。

二、实验设备

1．液压传动实验台　　1台
2．泵站　　1套
3．先导溢流阀　　1只
4．直动式溢流阀　　1只
5．三位四通手动换向阀　　1只
6．液压缸　　1只
7．高压油管、导线、压力表　　若干

三、实验液压原理图

如图2.57所示，调节先导式溢流阀旋钮调定压力，二位三通电磁换向阀YA1得电换向，调节溢流阀，系统压力将随溢流阀变化，起远程调压作用。

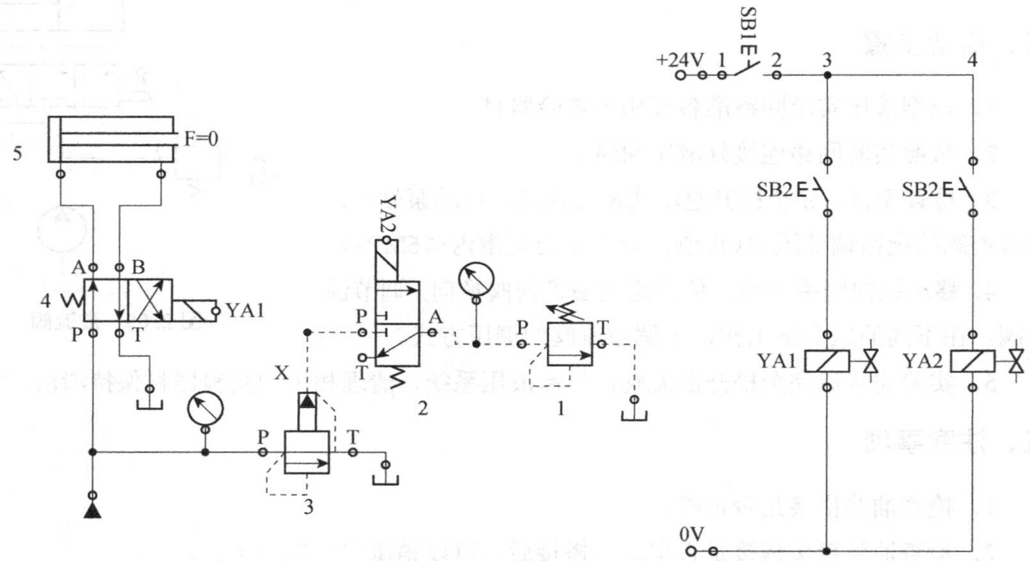

1—溢流阀；2—二位三通电磁换向阀；3—先导式溢流阀；4—二位四通电磁换向阀；5—液压缸

图2.57　二级调压回路

四、实验步骤

1．依据液压实验回路准备好相关实验器材。

2．按照实验回路连接好液压回路。

3．检查溢流阀是否全部打开和连接回路是否完全正确。

4．在确认无误的情况下开启系统。启动泵站前，先检查安全阀（溢流阀）是否打开，全打开先导式溢流阀3、直动式溢流阀1。

5．实验完毕后完全松开溢流阀，拆卸液压系统，清理相关的实验器材保持清洁和归位。

五、注意事项

1．检查油路是否搭接正确。

2．检查电路连接是否正确(PLC 输入电源是否要求电源)。

3．检查油管接头是否搭接牢固（搭接后，可以稍微用力拉一下）。

4．检查电路是否搭接错误，开始试验前需检查，再运行。如有错误，修正后再运行，直到错误排除，启动泵站，开始试验。

5．回路必须搭接安全（溢流阀）回路。启动泵站前，完全打开安全阀；实验完成后，完全打开安全阀，停止泵站。

实验四：注塑机的压力控制回路分析

注塑机结构如图 2.58 所示，注塑机在合模过程中，工况要求必须有高压和低压。在液压系统中如何实现呢？

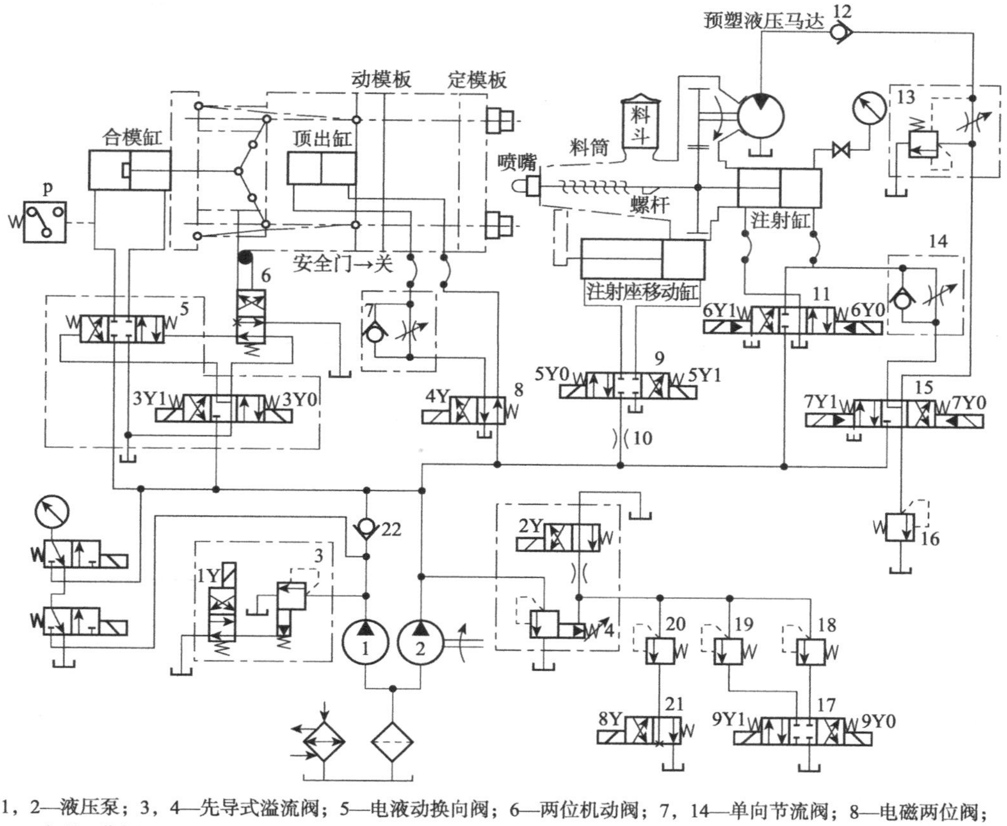

1，2—液压泵；3，4—先导式溢流阀；5—电液动换向阀；6—两位机动阀；7，14—单向节流阀；8—电磁两位阀；9—电磁三位阀；10—节流阀；11—电液动换向阀；12，22—单向阀；13—节流平衡阀；15—电液动换向阀；16，18，19，20—直动式溢流阀；17—电磁三位阀；21—电磁两位阀

图 2.58　注塑机结构

本系统采用双泵供油的压力控制回路，液压泵 1 为低压大流量泵，适用于快速合模，液压泵 2 为高压小流量泵，高压由先导式溢流阀 4 调节，低压由直动式溢流阀 18、19、20 来调节。

任务实施

建议学生对三种以上注塑机的液压系统原理进行分析，总结其压力控制的特点和规律。

思考与练习

完成以下任务：

实验报告	
实验名称	
实验原理	
实验步骤	
实验体会	
注塑机压力控制回路的特点	

技术实践

对于验证试验，由于条件的限制，有些学习者可能没有办法获得相应的体会，而技术实践部分能弥补此缺憾，我们可以通过仿真来获得相应的感受。

对于注塑机的压力控制模块的实验主要是先导式溢流阀的远程调压，不具备实体实验条件的学习者，可以通过 FluidSIM 软件来实现。有关软件的介绍参见模块六、七的相关部分。

模块小结

一、主要术语

1．齿轮泵

齿轮泵作为一种结构简单、价格低廉的动力元件，广泛应用于各种低压场合。齿轮泵作为容积泵的一种，其工作原理是利用密封工作腔的容积变化来产生压力能。

2．溢流阀

溢流阀是液压系统中十分重要的压力元件，使被控制系统或回路的压力维持恒定，实现调压稳压和限压等功能。

3．减压阀

减压阀是利用液流流过缝隙产生压力损失，使其出口压力低于进口压力的压力控制阀。

4．顺序阀

顺序阀是以压力为信号自动控制油路通断的压力阀，常用于控制系统中多个执行元件先后动作顺序。

5．压力继电器

压力继电器是一种将液压系统的压力信号转换为电信号的液电信号转换元件。

6．液压缸

液压缸是利用油液的压力能驱动机械对象实现直线往复运动的执行元件。

二、图形符号

应用场合	图形符号	
直动式溢流阀一般拥有低压小流量系统，先导式溢流阀一般用于高压大流量系统	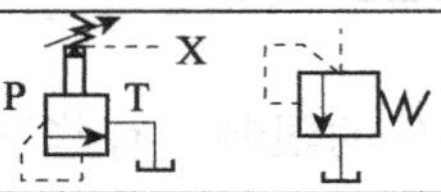	溢流阀
若某个执行元件所需的供油压力较液压泵供油压力低时，可在此分支油路中串联一个减压阀，所需压力由减压阀来调节控制。	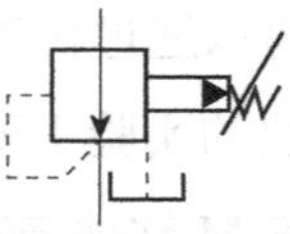	减压阀
顺序阀可以使两个以上的执行元件按预定的顺序动作。并可将顺序阀用作背压阀、平衡阀、卸荷阀，或用来保证油路最低工作压力。	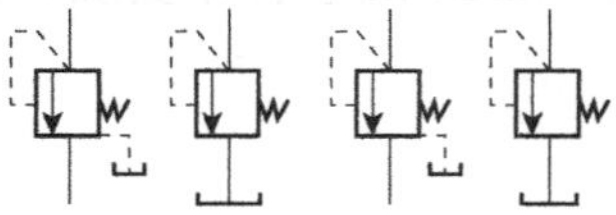	顺序阀
压力继电器作用是当进油口的油压力达到弹簧的调定值时，能通过压力继电器内的微动开关自动接通或断开电气线路，实现执行元件的顺序控制或安全保护。	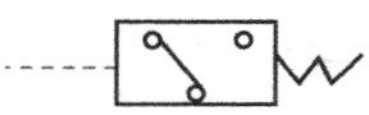	压力继电器

三、综合应用

如图 2.59 所示的平衡回路，平衡回路要求顺序阀有一定的调定压力，防止换向阀处于中位时活塞向下运动，起到锁紧作用。已知液压缸无杆腔面积 A_1=80cm^2，有杆腔面积 A_2=40cm^2，活塞与运动部分自重 G=6 000N，运动时活塞上的摩擦阻力 f=2 000N，向下运动时的负载阻力 F=24 000N，试求顺序阀和溢流阀的调定压力各为多少？

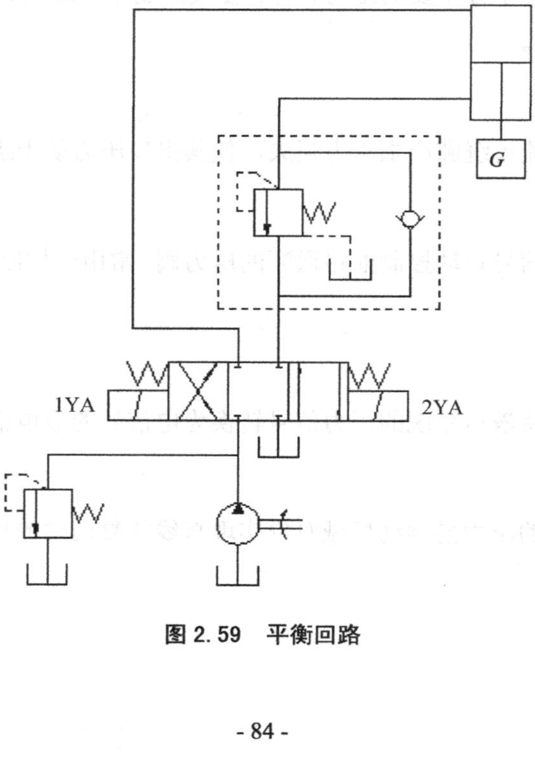

图 2.59　平衡回路

模块三　起重机的方向控制回路

汽车起重机（见图 3.1）是将起重机安装在汽车底盘上的一种起重运输设备。它主要由起升、回转、变幅、伸缩和支腿等工作机构组成，这些动作的完成由液压系统来实现。对于汽车起重机的液压系统，一般要求输出力大；动作要平稳；耐冲击；操作要灵活、方便、可靠、安全。起重机的起升、回转、变幅、伸缩和支腿等工作机构在工作时必须互不干涉，不然容易发生事故。故必须对各工作机构的方向实行方向控制。下面我们学习方向控制回路。

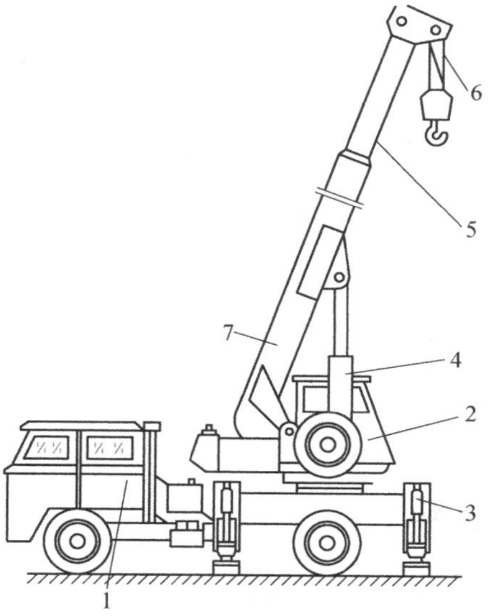

1—汽车驾驶室；2—起重机操纵室；3—支腿油缸；4—变幅油缸；5—大臂伸缩缸活塞；6—提升装置；　7—大臂伸缩缸缸体

图 3.1　汽车起重机

模块目标

1．掌握单向阀、换向阀和的工作原理、图形符号及应用场合。

2．明了液压马达的种类和具体结构，能够根据执行机构的情况选择合适的液压马达。

3．明了液压辅助元件的功用和工作原理，能识读液压辅助元件图形符号。

4．掌握方向控制基本回路的组成元件及回路的功能，并能正确组织方向控制回路。

5．能在试验台上正确选择液压元件，并能组合成具有适当功能的方向控制回路。能正确方向起重机方向控制回路。

模块点睛

通过对方向阀的学习，明了方向阀的工作原理和应用；通过对液压马达的学习掌握液压马达工作原理和具体应用；通过对液压辅助元件的学习掌握辅助元件的工作原理和功能；通过对方向控制回路的学习理解启停回路、换向回路和锁紧回路的工作原理；通过对起重机方向控制回路的分析明了方向阀的选择原则。

任务一：单向阀和辅助元件认知

液压系统的油液怎么能够只进不出，怎么能够自由进出，单向阀可以帮我们解决。

俗话说“巧妇难为无米之炊”，性能优越的动力元件、执行元件、控制元件没有油管和接头的配合，也联不成一个有用的系统。辅助元件在液压系统中也担当着重要的作用。下面介绍单向阀以及油箱、压力表、过滤器、蓄能器、热交换器和管件等辅助元件。

知识链接

知识点一：单向阀认知

单向阀包括普通单向阀和液控单向阀两种类型。其实物图如图 3.2 所示。

1．普通单向阀

只允许液流沿一个方向通过，如图 3.3 所示，即由 P_1 口流向 P_2 口；而反向截止，即不允许液流由 P_2 口流向 P_1 口。要求正向通过时压力损失小，反向截止时密封性能好。弹簧仅起复位作用，单向阀的开启压力一般为 0.03～0.05MPa。弹簧仅仅用于使阀芯在阀座上就位；若单向阀做背压阀使用则应采用刚度较大的弹簧，使阀的开启压力达到 0.3～0.6 MPa。普通单向阀有管式和板式两种类型。

(a) 单向阀

(b) 液控单向阀

图 3.2 单向阀实物图

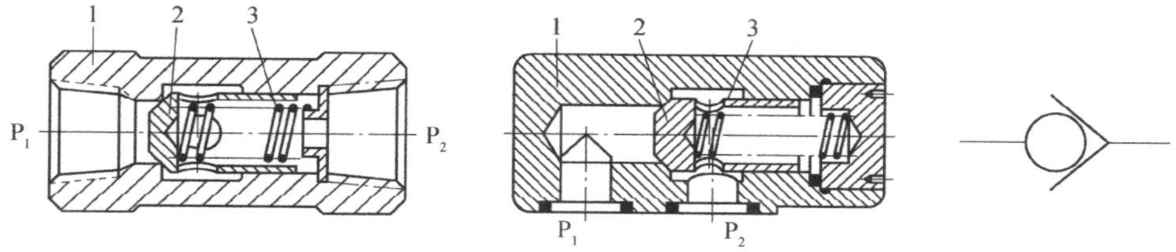

(a) 管式单向阀结构图　　(b) 板式单向阀结构图　　(c) 图形符号

1—阀体；2—阀芯；3—弹簧

图 3.3 普通单向阀的结构

其应用有：①分隔油路以防止干扰，如经常接在泵的出油口；②作背压阀用（采用硬弹簧使其开启压力达到 0.3～0.6 MPa）。

2. 液控单向阀

液控单向阀是一种通入控制油后即允许油液双向流动的单向阀，它由单向阀和控制装置两部分组成。如图 3.4 所示，当控制口 K 无压力(接油箱)时，其功能与普通单向阀相同。当控制口 K 通压力油时，单向阀阀芯被小活塞顶开，阀口开启，油口 P_1 和 P_2 接通，液流可正反向流通。

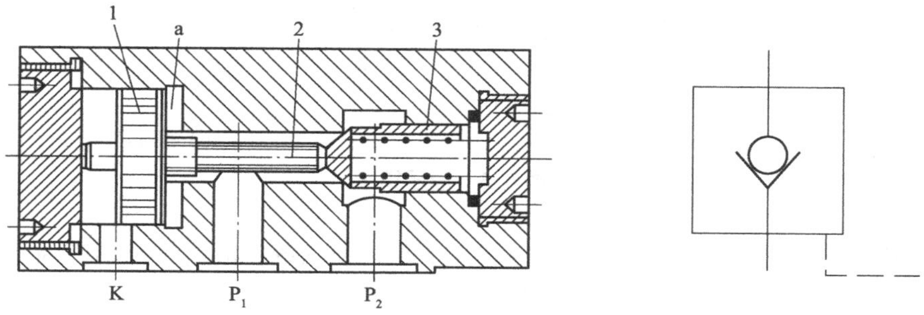

(a) 结构图　　(b) 图形符号

1—活塞；2—推杆；3—阀芯

图 3.4 液控单向阀

普通液控单向阀如图 3.5（a）所示，带卸荷阀芯液控单向阀如图 3.5（b）所示。在高压系统中，液控单向阀反向开启前，B 口的压力很高，要使单向阀反向开启的控制压力也很高。为了减小控制压力，可以采用带卸荷阀芯的液控单向阀，如图 3.5（b）所示。控制活塞首先打开卸荷阀芯使 A、B 腔连通，压力相等，然后再打开主阀芯。

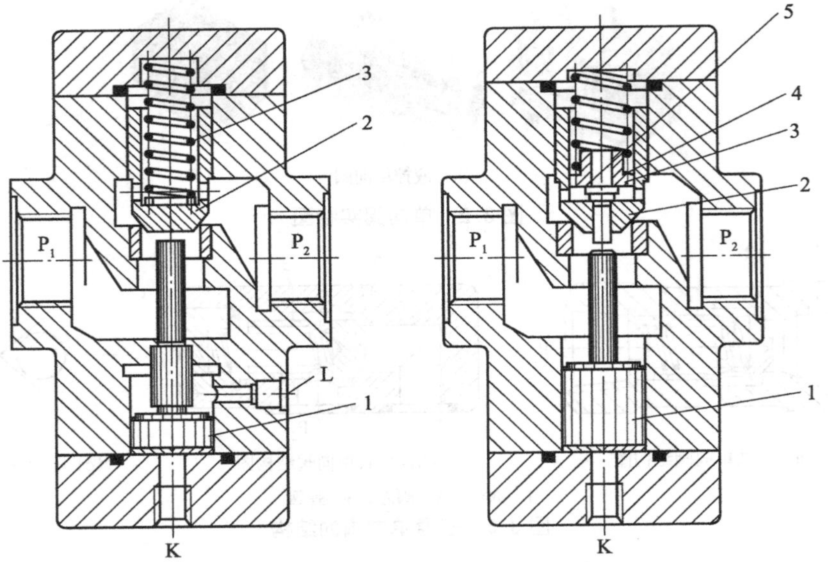

(a) 普通液控单向阀
1—活塞；2—阀芯；3—弹簧

(b) 带卸荷阀芯液控单向阀
1—活塞；2—阀芯；3—卸荷阀芯座；4—卸荷阀芯；5—弹簧

图 3.5　带卸荷阀芯液控单向阀

液控单向阀既具有普通单向阀的特点，又可以在一定条件下允许正反向液流自由通过，因此，通常用于液压系统的保压、锁紧（见图 3.6）和平衡回路。

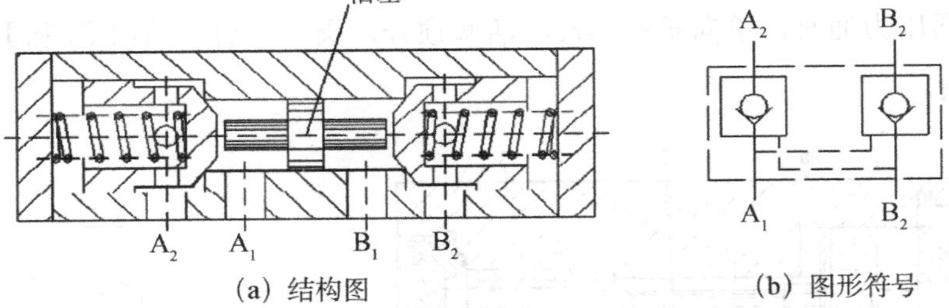

(a) 结构图　　(b) 图形符号

图 3.6　液压锁

(1) 液控单向阀用于保压回路。如图 3.7 所示，使系统在液压缸不动或因工件变形而产生微小位移的工况下保持稳定不变的压力。

(2) 液控单向阀用于锁紧回路。如图 3.8 所示状态，活塞只能向左运动，向右则由单向阀锁紧。当电磁阀切换后，活塞向右运动，向左则锁紧。当活塞运动到液压缸终端时则能双向锁紧。这里，油泵出口处的单向阀在泵停止运转时还有防止空气渗入液压体统的作用，并可防止执行元件和管路等处的冲击压力影响液压泵。

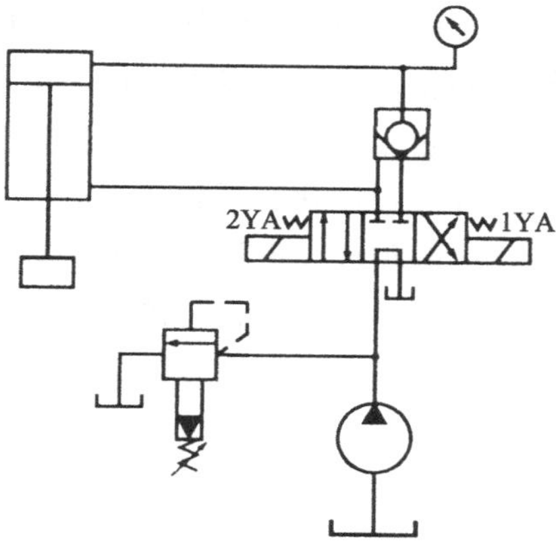

图 3.7　液控单向阀用于保压回路

（3）液控单向阀用于平衡回路。

详见模块二中的压力控制基本回路。

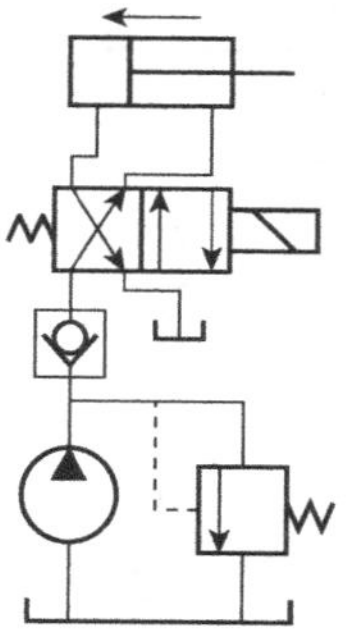

图 3.8　液控单向阀用于锁紧回路

知识点二：辅助元件认知

液压辅助元件包括滤油器、蓄能器、密封器、油管和接头、压力表、热交换器、加热器、油箱等。除油箱可根据需要自行设计外，其余均为标准元件。如果选择和使用不当，会严重影响液压系统的工作性能，甚至使液压系统不能正常工作。因此必须对辅助元件的正确使用给予足够的重视。

一、油箱和压力表

油箱的作用主要是储油、散热、逸气和沉淀；对中小型液压系统，往往把泵和一些控制元件安装在油箱顶板上使液压系统结构紧凑。

油箱有总体式和分离式两种。总体式油箱是与机械设备机体做在一起的，利用机体空腔部分作为油箱。此种形式结构紧凑，各种漏油易于回收，但散热性差，易使邻近构件发生热变形，从而影响机械设备精度，再则维修不方便，使机械设备复杂。分离式油箱是一个单独地与主机分开的装置，它布置灵活，维修保养方便，可减少油箱发热和液压振动对工作精度的影响，便于设计成通用化、系列化的产品，因而得到广泛应用。对一些小型液压设备，或为了节省占地面积或为了批量生产，常将液压泵—电动机装置及液压控制阀安装在分离式油箱的顶部组成一体，称为液压站。对大中型液压设备一般采用独立的分离式油箱，即油箱与液压泵—电动机装置及液压控制阀分开放置。当液压泵—电动机安装在油箱侧面时，称为旁置式油箱；当液压泵—电动机安装在油箱下面时，称为下置式油箱或高架油箱。图 3.9 所示为小型分离式油箱。通常油箱用 2.5～5mm 钢板焊接而成。

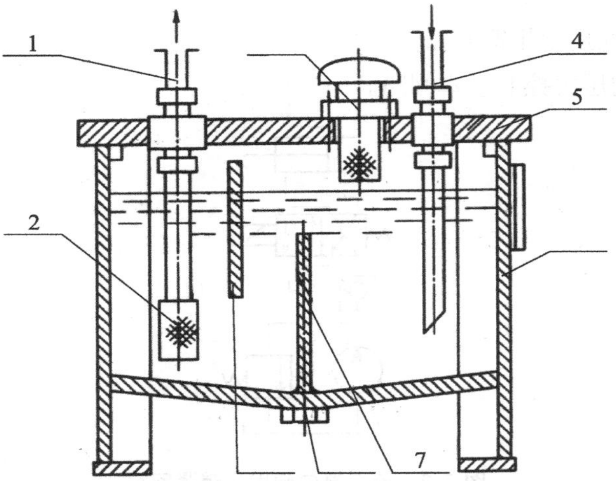

1—吸油管；2—网式过滤器；3—空气过滤器；4—回油管；
5—顶盖；6—油位指示器；7，9—隔板；8—放油塞

图 3.9 小型分离式油箱

压力表（见图 3.10）可观测液压系统中各工作点的压力，以便控制和调整系统压力。常用的压力表是弹簧弯管式压力表。弹簧弯管是一个弯成 C 字形，其横截面积呈扁圆形的空心金属管，它的封闭端通过传动机构与指针相连，另一端与进油管接头相连。测量压力时，压力油进入弹簧管 1 的内腔，使弹簧管产生弹性变形，导致它的封闭端向外扩张偏移，拉动杠杠 3，使扇形齿轮 2 摆动，与其啮合的中心齿轮 8 便可以带动指针 9 偏转，即可以从刻度盘上读出压力值。

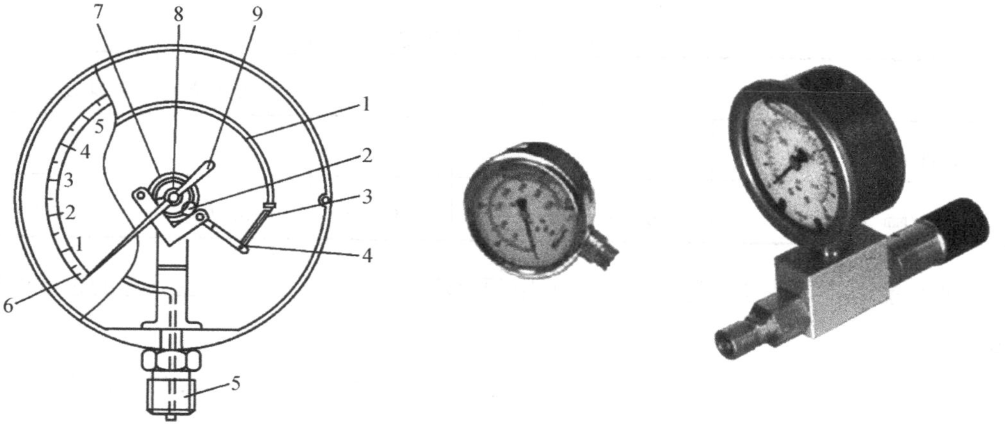

（a）结构图　　（b）实物图　　（c）测量应用

1—弹簧管；2—扇形齿轮；3—杠杆；4—调节螺钉；5—接头；6—刻度盘；7—游丝；8—中心齿轮；9—指针

图 3.10　压力表与压力表开关

二、过滤器和蓄能器

1．过滤器

（1）过滤器的功用。过滤器的功用是对液压油进行过滤，滤除液压油中的固体杂质，使液压油保持清洁，防止液压油被污染，保证液压系统正常地工作。当液压油被固体杂质污染时，会加速液压元件损坏，造成滑阀阀芯的卡死以及节流缝隙和其他微小截面油道的堵塞等事故，使液压元件和的可靠性下降、寿命缩短。据统计，液压系统中 70%～80%以上的故障是由于液压油被污染而引起的。因此，过滤器是液压系统不可缺少的重要组成部分。

过滤就是使液压油流过多孔的过滤介质，液压油中的固体杂质被截留在过滤介质上，从而达到从液压油中分离固体杂质的目的。

（2）过滤器的性能指标。过滤器的主要性能指标有过滤精度、通流能力、压力损失等，其中过滤精度为主要指标。

①过滤精度。过滤器的工作原理是用具有一定尺寸过滤孔的滤芯对污物进行过滤。

过滤精度是指过滤器对各种不同尺寸的固体颗粒的滤除能力，是选用过滤器时首先要考虑的一个参数，直接关系到液压系统中油液的清洁度等级。过滤精度常以能通过滤芯的杂质颗粒的最大直径 d 来衡量，d 越小则过滤精度越高。目前所使用的过滤器，按过滤精度可分为四级：粗（$d \geqslant 0.1$mm），普通($d \geqslant 0.01$ mm)，精($d \geqslant 0.001$ mm)和特精过滤器($d \geqslant 0.0001$ mm)。

过滤精度选用的原则是使所过滤污物颗粒的尺寸要小于液压元件密封间隙尺寸的一半。系统压力越高，液压元件内相对运动零件的配合间隙越小，需要过滤器的过滤精度也就越高。液压系统的过滤精度，主要取决于系统的压力。不同液压系统对过滤器的过滤精度要求见表 3.1。

表 3.1　各种液压系统的过滤精度要求

系统类别	润滑系统	传动系统			伺服系统	特殊要求系统
压力/MPa	0～2.5	≤7	>7	≤35	≤21	≤35
过滤精度/mm	≤0.1	≤0.05	≤0.025	≤0.025	≤0.005	≤0.001

②通流能力。过滤器的通流能力一般用额定流量表示，它与过滤器滤芯的过滤面积成正比。

③压力损失。过滤器的压力损失指过滤器在额定流量下的进、出油口间的压差。一般过滤器的通流能力越好，压力损失也越小。

④其他性能。过滤器的其他性能主要指滤芯强度、滤芯寿命、滤芯耐腐蚀性等定性指标。不同过滤器这些性能会有较大的差异，可以通过比较确定各自的优劣。

（3）过滤器的典型结构。按过滤精度，过滤器可分为精过滤器和粗过滤器两种；按滤芯结构分，过滤器可分为网式、线隙式和烧结式等；按过滤材料的过滤原理来分，可分为表面型过滤器、深度型过滤器和磁性滤油器。

①表面型过滤器。表面型过滤器的滤芯表面上分布有均匀的通孔，滤芯表面直接与液压油接触，可以将大于通孔的微粒污物截留在滤芯油液上游一面。由于污物杂质积聚在滤芯表面，所以表面型过滤极易堵塞。最常用的有网式过滤器和线隙式过滤器两种。

图 3.11 为网式过滤器结构图。它由上端盖 1、下端盖 4 之间连接有若干孔的筒形塑料骨架 3（或金属骨架）组成，在骨架外包裹一层或几层过滤网 2。过滤器工作时，液压油从过滤器外通过过滤网进入过滤器内部，再从上盖管口处进入系统。此过滤器属于粗过滤器，其过滤精度为 0.13～0.04mm，压力损失不超过 0.025MPa。这种过滤器的过滤精度与铜丝网的网孔大小、铜网的层数有关。网式过滤器的特点是：结构简单，通油能力强，压力损失小，清洗方便，但是过滤精度低。一般安装在液压泵的吸油管口上用以保护液压泵。

图 3.12 为线隙式过滤器结构图。它由端盖 1、壳体 3、带孔眼的筒形骨架 4 和绕在骨架外部的金属绕线 2 组成。工作时，油液从右端孔进入过滤器内，经线间的间隙，骨架上的孔眼进入滤芯中再由左端孔流出。这种过滤器利用金属绕线间的间隙过滤，其过滤精度取决于间隙的大小。过滤精度有 30μm、50μm 和 80μm 三种精度等级，其额定流量为 6～25L/min，在额定流量下压力损失为 0.03～0.06 MPa。线隙式过滤器分为吸油管用和压油管用两种。前者安装在液压泵的吸油管道上，其过滤精度为 50～100μm，通过额定流量时压力损失小于 0.02MPa；后者用于液压系统的压力管道上，过滤精度为 0.03～0.08mm，压力损失小于 0.06 MPa。这种过滤器的特点是，结构简单，

通油性能好，过滤精度较高，所以应用较普遍；缺点是不易清洗，滤芯强度低，其多用于中、低压系统。

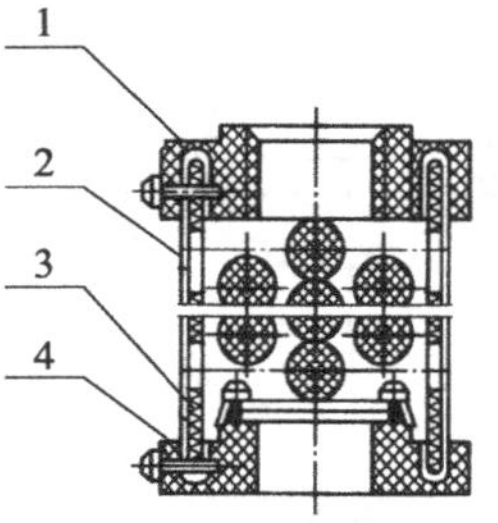

1—上端盖；2—过滤网；3—筒形塑料骨架；4—下端盖

图 3.11　网式过滤器图

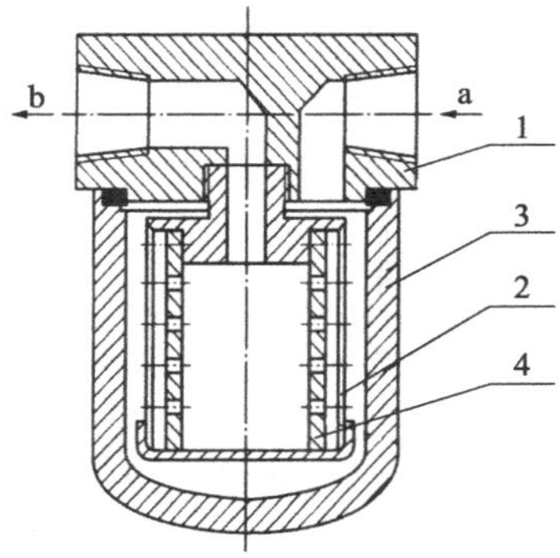

1—端盖；2—金属绕线；3—壳体；4—筒形骨架

图 3.12　线隙式过滤器

②深度型过滤器。深度型过滤器的滤芯材料为多孔可透性材料，内部具有曲折迂回的通道，如滤纸、烧结金属、化纤和毛毡等。大于表面孔径的污染物颗粒直接被拦截在靠油液上游的外表面，再利用内部曲折迂回的通道吸附、沉淀、阻截进入过滤材料内部的较小污染物颗粒。深度型过滤器的过滤精度高，但是压力损失大，只能安装在排油管路和回油管路上。图 3.13 所示为纸芯式过滤器，以滤纸为过滤材料，纸芯一般都做成折叠式。这种过滤器过滤精度有 0.0lmm 和 0.02mm 两种规格，压力损失为 0.0l～0.04MPa。其优点是过滤精度高；缺点是堵塞后无法清洗，需定期更换纸芯，强度低。一般用于精过滤系统。图 3.14 所示为烧结式过滤器结构图。此过滤器是由端盖 1、壳体 2、滤芯 3 组成，滤芯由颗粒状铜粉烧结而成。其过滤过程是，压力油从 a 孔进入，经铜颗粒之间的微孔进入滤芯内部，从 b 孔流出。烧结式过滤器的过滤精度与滤芯上铜颗粒之间的微孔的尺寸有关，选择不同颗粒的粉末，制成厚度不同的滤芯，就可获得不同的过滤精度。烧结式过滤器的过滤精度为 0.01～0.001mm 之间，压力损失为 0.03～0.2MPa。这种过滤器的特点是强度大，可制成各种形状，制造简单，过滤精度高。缺点是难清洗，金属颗粒易脱落。常用于需要精过滤的场合。

这种过滤器的制造简单，耐腐蚀，强度高，金属颗粒有时脱落，堵塞后清洗困难。

③磁性过滤器。磁性过滤器的滤芯采用永磁性材料制作，将油液中对磁性敏感的金属颗粒吸附到滤芯上。它一般与深度型过滤器和表面型过滤器结合使用，形成复合式滤油器，对加工金属的机床液压系统特别适用。

（4）过滤器的安装

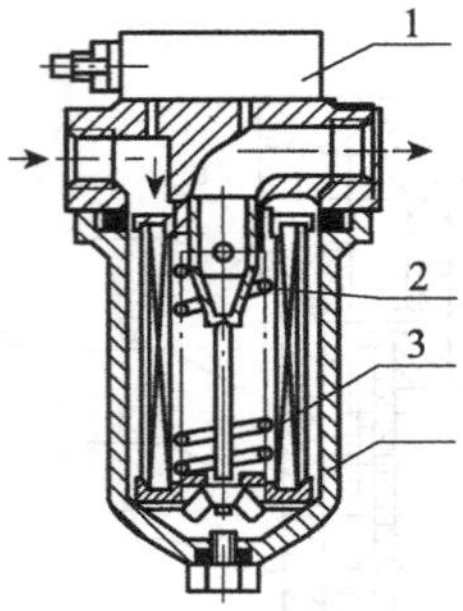

1—污染指示器；2—滤芯里层；3—滤芯外层；4—壳体

图 3.13 纸芯式过滤器

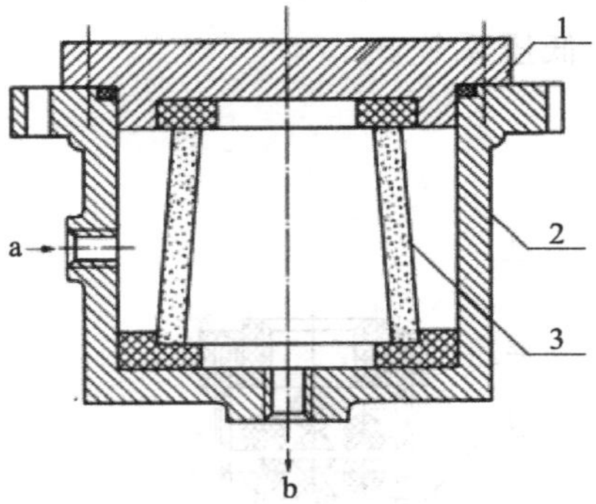

1—端盖；2—壳体；3—滤芯

图 3.14 烧结式过滤器结构图

过滤器在液压系统中有以下几种安装位置：

①安装在泵的吸油口，在泵的吸油口安装网式或线隙式过滤器，防止大颗粒杂质进入泵内，同时其有较大通流能力，防止空穴现象，如图 3.15（a）所示。

②安装在泵的出口，如图 3.15（b）所示，安装在泵的出口可保护除泵以外的元件，但须选择过滤精度高，能承受油路上工作压力和冲击压力的过滤器，压力损失一般小于 0.35MPa。此种方式常用于过滤精度要求高的系统及伺服阀和调速阀前，以确保它们的正常工作。为保护过滤器本身，应选用带堵塞发信装置的过滤器。

③安装在系统的回油路上，安装在回油路可滤去油液回油箱前侵入系统或系统生成的污物。由于回油压力低，可采用滤芯强度低的过滤器。其压力降对系统影响不大，为了防止过滤器阻塞，一般与过滤器并联一安全阀或安装堵塞发信装置，如图 3.15（c）所示。

④安装在独立的过滤系统如图 3.15（d）所示，在大型液压系统中，可专设由液压泵和器组成的独立过滤系统，专门滤去液压系统油箱中的污物，通过不断循环，提高油液清洁度。专用过滤车也是一种独立的过滤系统。

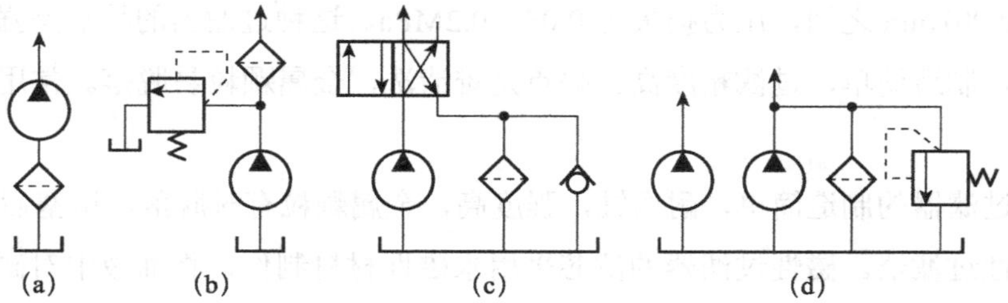

图 3.15 过滤器的安装位置

在使用过滤器时还应注意过滤器只能单向使用，按规定液流方向安装，以利于滤芯清洗和安全。清洗或更换滤芯时，要防止外界污染物侵入液压系统。

2. 蓄能器

（1）蓄能器的分类及其特征。蓄能器是液压系统中一种储存和释放油液压力能的装置。目前在液压系统中被广泛使用的是充气式蓄能器，其利用气体的压缩和膨胀来储存和释放能量。充气式蓄能器中目前常用的是气瓶式、活塞式、气囊式、隔膜式蓄能器。

①气瓶式蓄能器。气瓶式蓄能器是一种液压油和气体在壳体内直接接触的非隔离式蓄能器，如图 3.16 所示。壳体上半部充以压缩气体，下半部盛油液。其优点是结构简单、容量大、质性小、反应灵敏、没有摩擦损失。缺点是气体容易混入油中，使气体的可压缩性增加，从而影响系统工作的平稳性，气体消耗量大，需要经常补充，还要有附属设备（气体压缩机、油面计等）。它仅适用于要求不高的大流量低压系统。

②活塞式蓄能器。活塞式蓄能器是一种隔离式蓄能器如图 3.17 所示。它利用活塞使气体与油液隔离，以阻止气体进入油液，活塞随着油压的增减在缸筒内上下移动。这种蓄能器的特点是结构简单，气、油隔离，油液不易氧化，工作可靠，安装维护方便，寿命长。但缸筒和活塞制造精度高，而且活塞惯性大，与缸筒有摩擦，故反应不灵敏，容量小。该蓄能器主要用来蓄能，但有逐渐被性能更完美的气囊式蓄能器所代替的趋势。

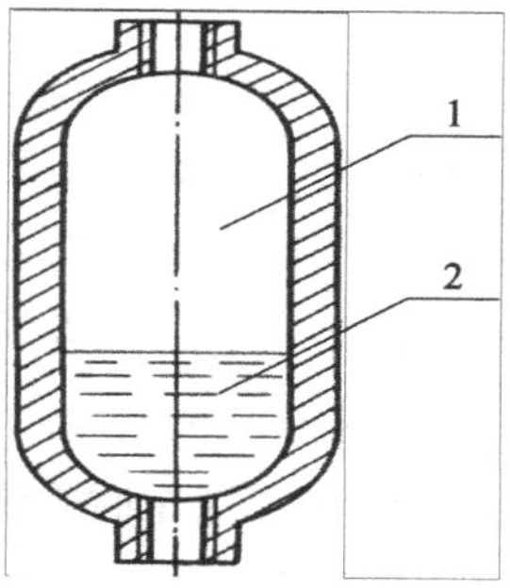

1—气体；2—液压油

图 3.16 气瓶式蓄能

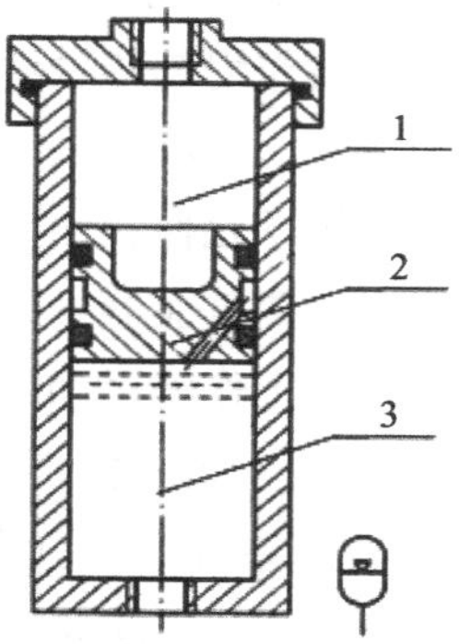

1—气体；2—活塞；3—液压油

图 3.17 活塞式蓄能器

③气囊式蓄能器。气囊式蓄能器也是一种隔离式蓄能器，结构如图 3.18 所示。壳体 2 是两端成球形的圆柱体。壳体上部装有一个充气阀 1，充气阀的下端与固定于壳体顶部完全封闭的气囊 3 相连。气囊由具有伸缩性的耐油橡胶制成。蓄能器工作前，充气阀打开，向气囊充气。蓄能器工作时，充气阀则始终关闭。

壳体下部有一个受弹簧作用的菌形提升阀 4，其作用是防止油液全部排出时，气囊受气压的作用而被挤出壳体之外。这种蓄能器的特点是气体与油液完全隔离，不存在漏气问题，而且气囊的惯性小，因此反应灵敏、容易维护、重量轻、尺寸小、工作可靠、安装容易，是目前使用最为广泛的一种蓄能器。它的缺点是气囊和壳体制造困难。气囊有折合型和波纹型两种。前者容量较大，适用于蓄能，后者则适合于吸收冲击压力。

④隔膜式蓄能器。隔膜式蓄能器的工作原理与气囊式基本相同，如图 3.19 所示。耐油橡胶隔膜把油和气分开。其优点是容器为球形，重量与体积之比值最小。缺点是容量很小（一般为 0.95～11.4L），只适用于吸收冲击，在航空机械中应用最为广泛。

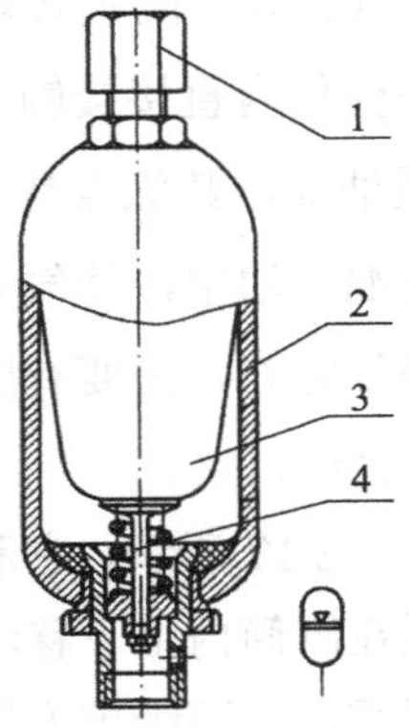

1—充气阀；2—壳体；3—气囊；4—提升阀

图 3.18　气囊式蓄能器

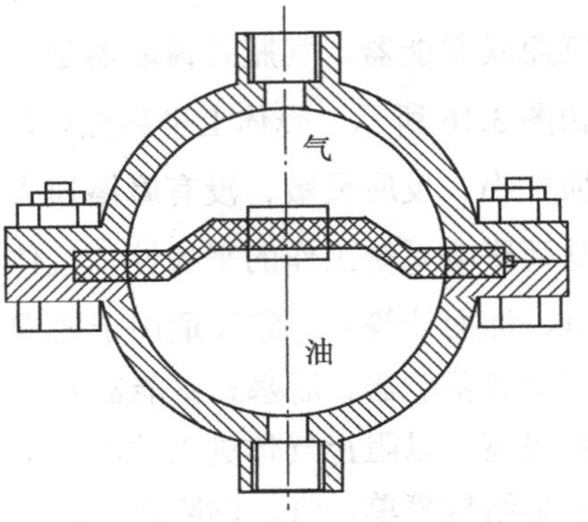

图 3.19　隔膜式蓄能器

（2）蓄能器的功用。蓄能器的功用是将液压系统中液压油的压力能储存起来，在需要时重新放出。其主要作用具体表现在以下几个方面。

①作辅助动力源。若液压系统的执行元件间歇性工作，且与停顿时间相比工作时间较短，若液压系统的执行元件在一个工作循环内运动速度相差较大，为节省液压系统的动力消耗，可在系统中设置蓄能器作为辅助动力源。这样系统可采用一个功率较小的液压泵来实现。当执行元件不工作或运动速度很低时，蓄能器储存液压泵的全部或部分能量；当执行元件工作或运动速度较高时，蓄能器释放能量独立工作或与液压泵一同向执行元件供油。在图 3.20 所示的液压系统中，当液压缸的活塞杆接触工件慢进和保压时，泵的部分流量进入蓄能器 1 被储存起来达到设定压力后，卸荷阀 2 打开，泵卸荷。此时，单向阀 3 使压力油路密封保压。当液压缸活塞快进或快退时，蓄能器与泵一起向缸供油，使液压缸得到快速运动，蓄能器起到补充动力的作用。

②保压补漏。若液压系统的执行元件需长时间保持某一工作状态，如夹紧工件或举顶重物，为节省动力消耗，要求液压泵停机或卸载。此时可在执行元件的进口处并联蓄能器，由蓄能器补偿泄漏、保持恒压，以保证执行元件的工作可靠性。如图 3.21 所示液压系统处于压紧工件状态(机床液压夹具夹紧工件)，这时可令泵卸荷，由蓄能器保持系统压力并补充系统泄漏。

③作紧急动力源。某些液压系统要求在液压泵发生故障或失去动力时，执行元件应能继续完成必要的动作以紧急避险，保证安全。为此可在系统中设置适当容量的蓄能器作为紧急动力源，避免事故发生。

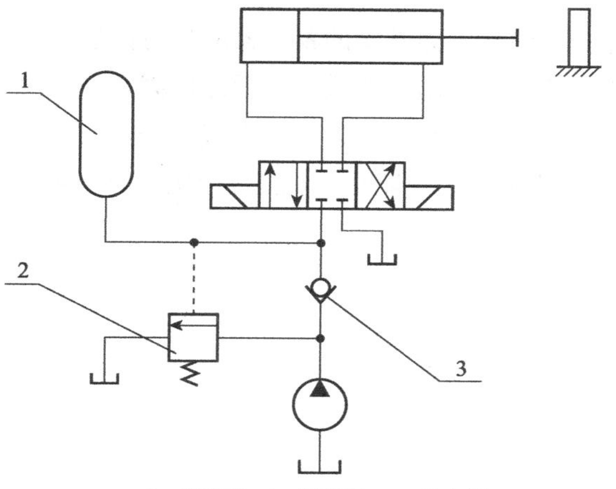

1—蓄能器；2—卸荷阀；3—单向阀

图 3.20　蓄能器作辅助动力源

④吸收脉动，降低噪声。当液压系统采用齿轮泵和柱塞泵时，因其瞬时流量脉动将导致系统的压力脉动，从而引起振动和噪声。此时可在液压泵的出口安装蓄能器吸收脉动，降低噪声，减小因振动损坏仪表和管接头等元件的可能性。

⑤吸收液压冲击。由于换向阀的突然换向，液压泵的突然停止工作，执行元件运动的突然停止等原因，液压系统管路内的液体流动会发生急剧变化，产生液压冲击。这类液压冲击大多瞬间发生，系统的安全阀从而来不及开启，这样会造成系统中的仪表、密封损坏或管道破裂。若在冲击源的前端管路上安装蓄能器，则可以吸收或缓和这种压力冲击。

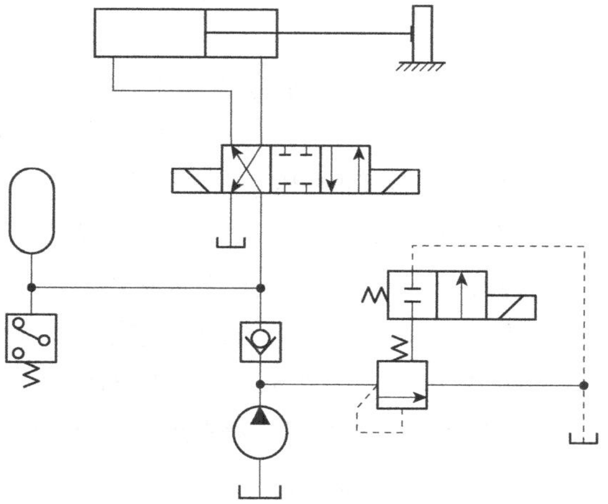

图 3.21　蓄能器用于保压补漏

（3）蓄能器的安装和使用。蓄能器在液氮压系统中安装位置与其功能有关，安装蓄能时主要应注意以下几点：

①气囊式蓄能器应垂直安放，油口向下，否则会影响气囊的正常伸缩。

②重力式蓄能器的重物应均匀安置，活塞运动的极限位置应设位置指示器。

③用于吸收压力冲击和消除压力脉动的蓄能器应尽可能安装在振源附近。

④安装在管路中的蓄能器必须用支架或支承板加以固定。

⑤蓄能器与管路之间应安装截止阀，以便于充气检修。

⑥蓄能器与液压泵之间应安装单向阀，以防止液压泵停车或卸荷时，蓄能器内储存的压油倒流而使液压泵反转。

三、热交换器和管件

1．热交换器

液压系统的能量损失，如阀节流口局部压力损失、管路沿程压力损失、泵和液压马达容积损失和机械损失等，大部分会转化为热量。这些热量，除部分通过油箱和装置的表面散发到周围空间外，大部分会使油液温度升高。油温长时间过高，则会导致油液黏度下降、泄漏增加、密封材料老化，严重影响液压系统正常工作。设备在冬季启动时，如油温过低，则油液黏度过大，设备启动困难，压力损失加大并引起过大的振动。因此，为了保证系统的正常工作，当依靠油箱本身的自然调节无法满足油温控制的需要时，就必须在系统中安装冷却器和加热器进行强制冷却或预热，将油液温度控制在合适的范围内。液压系统的最佳油温范围为 30～50℃，最高不超过 75℃，最低不应低于 15℃。热交换器是冷却器和加热器的总称，下面分别予以介绍。

（1）冷却器。对冷却器的基本要求是在保证散热面积足够大，散热效率高和压力损失小的前提下，要求其结构紧凑、坚固、体积小和重量轻，最好有自动控温装置以保证油温控制的准确性。

根据冷却介质不同，冷却器有风冷式、水冷式和冷媒式三种。风冷式利用自然通风来冷却，常用在行走设备上。冷媒式是利用冷媒介质如氟利昂在压缩机中作绝热压缩、散热器放热、蒸发器吸热的原理，把热油的热量带走，使油冷却。此种方式冷却效果最好，但价格昂贵，常用于精密机床等设备上。水冷式是一般液压系统常用的冷却方式。

水冷式冷却器利用水进行冷却，它分为有板式、多管式和翅片式。图 3.22 所示为多管式冷却器。油从壳体左端进油口流入，由于挡板 2 的作用，使热油循环路线加长，这样有利于和水管进行热量交换。最后从右端出油口排出。水从右端盖的进水口流入，经上部水管流到左端后，再经下部水管从右端盖出水口流出，由水将油液中热量带出。此种方法冷却效果较好。

冷却器一般安装在回油管路或低压管路上。

（2）加热器。油液加热的方法有用热水或蒸汽加热和电加热两种方式。由于电加热器使用方便，易于自动控制温度，故应用较广泛，如图 3.23 所示，电加热器 2 用法兰固定在油箱 1 的内壁上。

发热部分全浸在油液的流动处，便于热量交换。由于液压油是热的不良导体，单个加热器的功率容量不能太大。电加热器表面功率密度不得超过 $3W/cm^2$，以免油液局部温度过高而变质。为此，应设置联锁保护装置，在没有足够的油液经过加热循环时，或者在加热元件没有被系统油液完全包围时，阻止加热器工作。

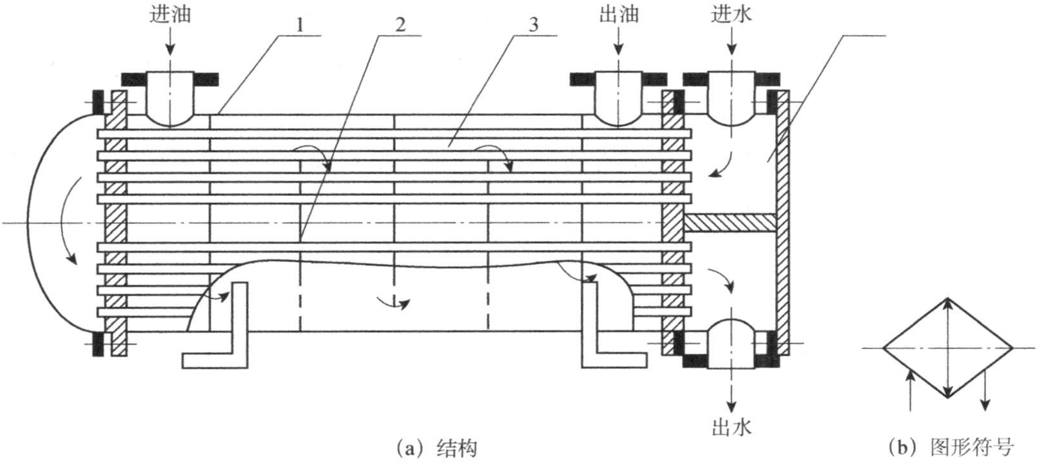

1—壳体；2—挡板；3—散热管

图 3.22　多管式冷却器

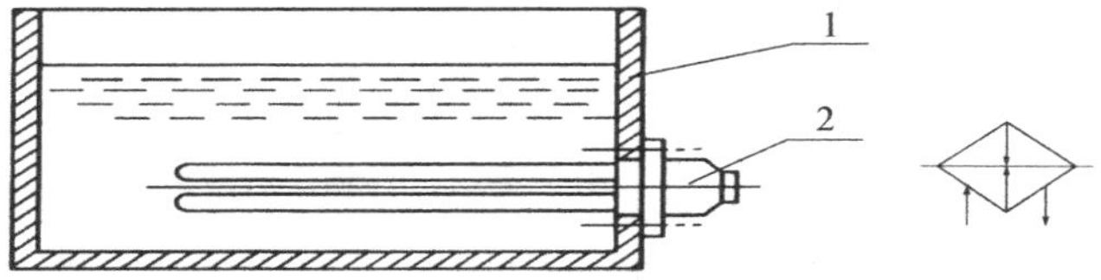

1—油箱；2—电加热器

图 3.23　电加热器

2. 管件

管件是用来连接液压元件、输送液压油液的连接件，包括油管和管接头。管件要有足够的强度，密封性能要好，绝对不允许有外泄漏存在。油液流经管件时的压力损失要小，且拆装方便。

（1）油管的种类。液压系统常用油管有钢管、紫铜管、塑料管、尼龙管等。设计时，主要根据液压装置的工作条件、压力大小和安装位置等因素来选择油管。

①钢管。钢管有无缝钢管和焊接钢管两种。前者一般用于高压系统，后者用于中低压系统。钢管的特点是：耐油、耐高温、强度高、工作可靠、价格低廉，但装配时不便弯曲。

②铜管。一般为紫铜管，易弯曲成形，安装方便，其内壁光滑，摩擦阻力小，但耐压低（6.5～10MPa），抗冲击和振动能力弱，易使油液氧化，且铜管价格较高，所以尽量不用或少用。通常只限于仪表等小直径油管。

③橡胶软管。橡胶软管分高压和低压两种。高压软管由夹有几层钢丝编织网的耐油橡胶制成，钢丝编织网的层数越多，油管的耐压能力越高；高压软管的价格比较高，常用于

高压管路。低压软管的编织网为帆布或棉线，一般用于低压的回油管路。橡胶软管安装连接方便，适用于连接两个相对运动部件。

④尼龙管。尼龙管是一种乳白色半透明的新型管道，可观察油液流动情况，价格低廉，加热后可随意弯曲，安装方便，承压能力与材料有关（$p \leqslant 2.5$MPa，一般最大不超过 8MPa）。但寿命短，多用于低压系统替代铜管使用。

⑤塑料管。塑料管价格低，安装方便，但承压能力低，长期使用易老化。只适用于压力低于 0.5MPa 的回油管或泄油管。

（2）管接头。管接头是油管与油管，油管与液压元件之间的连接，其安装、拆卸方便、抗振动、冲击，密封性能好，外形尺寸小、加工工艺性好。

目前，用于硬管连接的管接头形式主要有扩口式、卡套式、焊接式，橡胶软管接头有可拆式和扣压式两种。当被连接件之间存在摆动或转动时，应选用铰接式管接头或中心回转接头。管接头种类繁多，具体规格品种可查阅有关手册。下面介绍在液压系统中常用的几种管接头，如表 3.2 所示。

表 3.2 常用管接头性能特点

类型	结构图	特点
扩口式 管接头	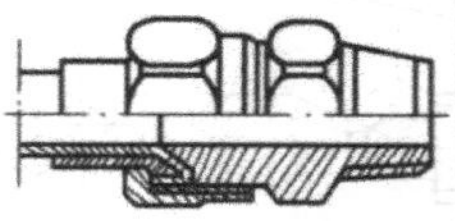	利用管子端部扩口进行密封，不需其他密封件。适用于薄壁管件和压力较低的场合
焊接式 管接头	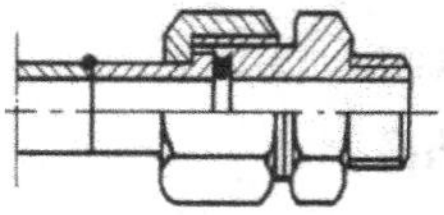	把接头与钢管焊接在一起，端面用 O 形密封圈密封。对管子尺寸精度要求不高。工作压力可达 31.5MPa
卡套式 管接头	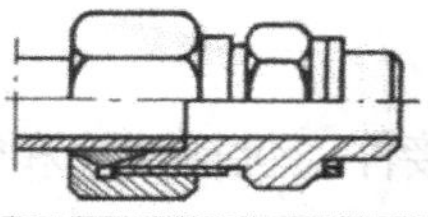	利用卡套的变形卡住管子并进行密封。轴向尺寸控制不产格，易于安装。工作压力可达 31.5MPa ，但对管子外径及卡套制作精度要求较高
球形管接头	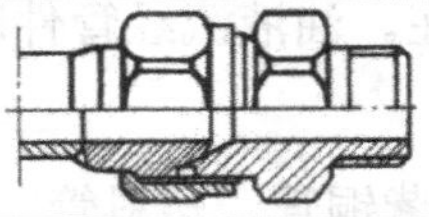	利用球面进行密封，不需要其他密封件，但对球面和锥面加工精度有一定要求
扣压式管接头 （软管）	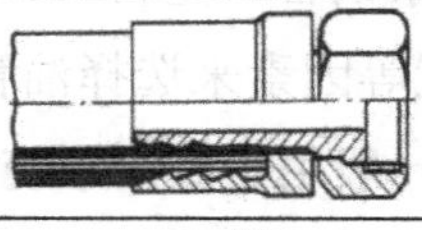	管接头由接头外套和接头芯组成，软管装好后再用模具扣压，使软管得到一定的压缩量。此种结构具有较好的抗拔脱和密封性能
可拆式管接头 （软管）	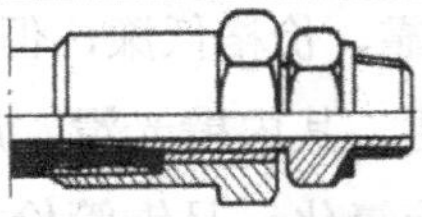	在外套和接头芯上做成六角形，便于经常拆装软管。适于维修和小批量生产。这种结构装配比较费力，只用于小管径连接
伸缩管接头	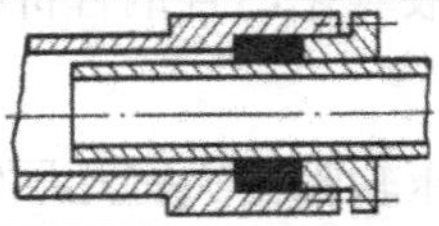	接头由内管和外管组成，内管可在外管内自由滑动，并用密封圈密封。内管外径必须进行精密加工。适于连接两元件有相对直线运动时的管道

任务实施

建议学生通过对单向阀和辅助元件的拆装连接其结构明确其工作原理。

思考与练习

一、填空题

1．普通单向阀的作用是___________________。对普通单向阀的性能要求是：油液通过时，____________；反向截止时，____________。

2．液控单向阀控制油的压力不应低于油路压力的____________。

3．单向阀分为____________和____________两种。

4．液压锁由____________和____________两个组成。

5．____________的功用是不断净化油液。

6．____________是用来储存压力能的装置。

7．液压系统的元件一般是利用____________和____________进行连接的。

8．当液压系统的原动机发生故障时，____________可作为液压缸的应急油源。

9．油箱的作用是____________、____________和____________。

二、选择题

1．下图所示的液控单向阀，控制口 K 接通时，油液（　　）。

A．仅能从 A 口流向 B 口

B．不能在 A 口和 B 口间双向自由流通

C．不能从 A 口流向 B 口

D．能在 A 口和 B 口间双向自由流通

2．普通单向阀一般串联在液压泵的（　　）。

A．出油口　　　　B．进油口　　　　C．哪里无所谓

3．选择过滤器应主要根据（　　）来选择。

A．滤油能力　　B．外形尺寸

C．滤芯的材料　　D．滤芯的结构形式

4．蓄能器的主要功用是（　　）。

A．差动连接　　B．短期大量供油

C．净化油液　　D．使泵卸荷

5．液压泵吸油口通常安装过滤器，其额定流量应为液压泵流量的（　　）倍。

A．1　　B．0.5　　C．2

三、判断题

1. 过滤器的滤孔尺寸越大，精度越高。（　　）

2. 装在液压泵吸油口处的过滤器通常比装在压油口处的过滤器的过滤精度高。（　　）

3. 一个压力计可以通过压力计开关测量多处的压力。（　　）

4. 纸芯式过滤器比烧结式过滤器的耐压高。（　　）

5．某液压系统的工作压力为14MPa，可选用量程为16MPa的压力计来测量压力。（　　）

6．使用量程为6MPa，精度等级为2.5级的压力计来测压，在正常使用范围内，其最大误差是0.025MPa。（　　）

7. 单向阀的作用是变换液流流动的方向，接通或关闭油路。（　　）

8. 普通单向阀可以用来作背压阀。（　　）

任务二：换向阀认知

换向阀是利用阀芯在阀体中的相对位置的变化，使各流体通路之间（与该阀体相连接的流体通路）实现接通或断开以改变流动方向，从而控制执行机构的运动。本知识点重点讲解换向阀的工作原理和图形符号以及三位换向阀的中位机能。

知识链接

知识点一：换向阀工作原理

液压换向阀由阀体和阀芯组成。阀体的内孔开有 5 个沉割槽，对应外接 5 个油口，称为五通阀。阀芯上有 3 个台肩与阀体内孔配合。

在液压系统中，一般情况设 P、T 为压力油口和回油口；A、B 为接负载的工作油口（下同）。在图 3.24(b)所示位置（中间位置），各油口互不相通；如果使阀芯右移一段距离（见图 3.24(a)），则 P、A 相通，B、T 相通，液压缸活塞右移；如果使阀芯左移（见图 3.24(b)），则 P、B 相通，A、T 相通，液压缸活塞左移。

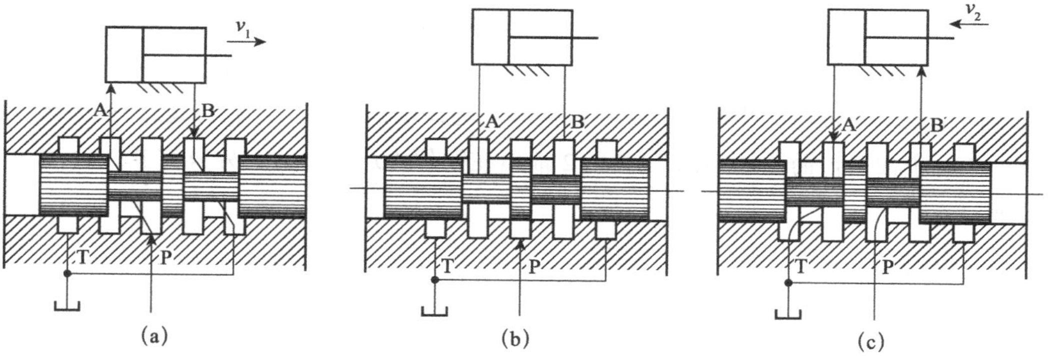

图 3.24　换向阀工作原理

综上所述，换向阀基本工作原理是依靠阀芯与阀体的相对运动切换液流的方向或油路通、断，实现控制液压系统相应的工作状态。

换向阀可以按以下几种来分类。

按阀芯结构分，可以分为：滑阀式、球阀式、锥阀式。
按阀芯工作位置分，可以分为：二位、三位、四位等。
按通路分，可以分为：二通、三通、四通、五通等。
按操纵方式分，可以分为：手动、机动、液动、电磁动、电液动。

知识点二：换向阀图形符号的画法

一个完整的图形符号包括工作位置通路数在各个位置油口的连通情况、操纵方式复位方式和定位方式等。

1．位置数

位置数（位）是指阀芯在阀体孔中的位置，阀芯有几个位置就称之为几位；比如有两个位置即称之为 “两位”，有三个位置就称之为“三位”，依此类推。图形符号图中“位”是用粗实线方格（或长方格）表示，有几位即画几个方格来表示。

2．通路数及连通情况

通路数（通）是指换向阀控制的外连工作油口的数目。一个阀体上有几个进、出油口就是几通。将位和通的符号组合在一起就形成了阀体整体符号。在图形符号中，用“┬”和“┴”表示油路被阀芯封闭，用“|”或“/”表示油路连通，方格内的箭头表示两油口相通，但不表示液流方向。一个方格内油路与方格的交点数即为通路数，几个交点就是几通。

二位二通阀相当于一个开关，用于控制油口 **P**、A 的通断；二位三通阀有三个油口，一个位置上 P 与 A 相通，另一个位置上 A 与 T 相通，用于油路切换；二位四通、三位四通、二位五通和三位五通阀用于控制执行元件换向。二位阀与三位阀的区别在于：三位阀有中间位置而二位阀无中间位置。四通阀和五通阀的区别在于：五通阀具有 P、A、B、T1 和 T2 五个油口，而四通阀的 T1 和 T2 油口在阀体内连通，故对外只有 P、A、B 和 T 四个油口。

3．控制符号

常见的滑阀操纵方式如图 3.25 所示。

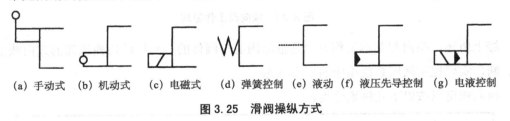

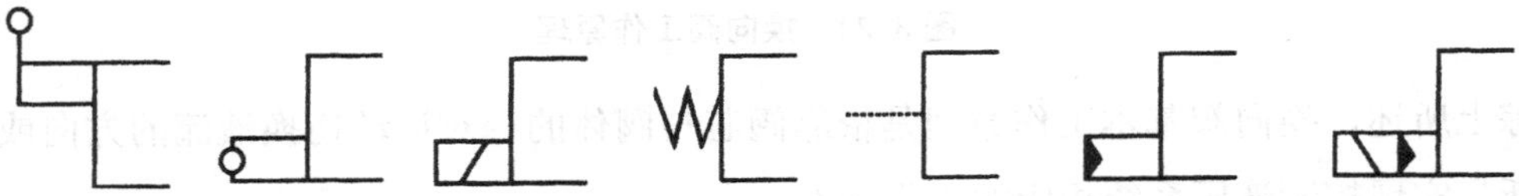
(a) 手动式 (b) 机动式 (c) 电磁式 (d) 弹簧控制 (e) 液动 (f) 液压先导控制 (g) 电液控制

图 3.25 滑阀操纵方式

4．常态位

换向阀都有两个或两个以上工作位置，其中未受到外部操纵作用时所处的位置为常态位。在液压原理图中，一般按换向阀图形符号的常态位置绘制(对于三位阀，图形符号的中间位置为常态位)。三位换向阀的中格和二位换向阀靠近弹簧的一格为常态位置(或称静止位置或零位置)，即阀芯未受到控制力作用时所处的位置；靠近控制符号的一格为控制力作用下所处的位置。

在绘制液压系统图时，油路一般接在换向阀的常态位置。

5．油口标识

因为液压阀是连接动力元件和执行元件的，一般情况下，换向阀的入口接液压泵，出口接液压马达或液压缸。各油口的表示符号是统一的，P 表示进油口，T、O 表示出油口，L 表示泄油口，A、B 表示与执行元件连接的油口。

6．复位方式

复位方式是指换向阀从工作位置转换至常态位置的实现方式，即外部操纵力从有到无时，阀芯如何回到常态位置。滑阀式换向阀一般采用弹簧复位，所以换向阀图形符号中必须有弹簧，两位阀只有一个弹簧，三位阀一般有两个弹簧（手动式除外）。两位阀的弹簧一般画在常态位置一边，三位阀的弹簧两边都有（手动式除外）。滑阀式换向阀的主体结构和图形符号如表 3.3 所示，其操纵方法如表 3.4 所示。

表 3.3　滑阀式换向阀的主体结构和图形符号

名称	结构原理图	图形符号
二位二通	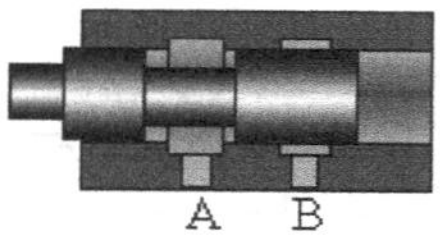	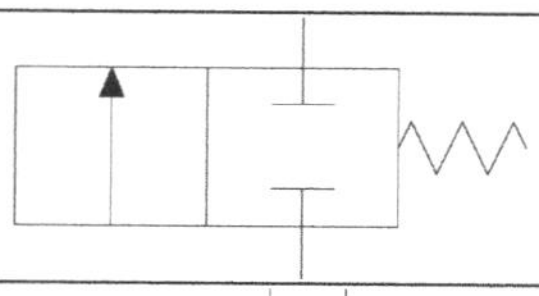
二位三通	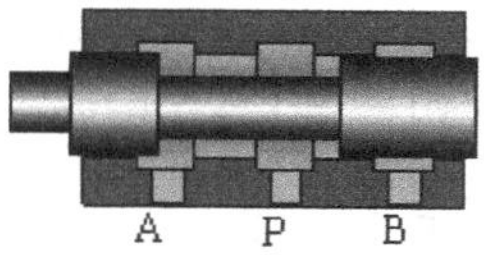	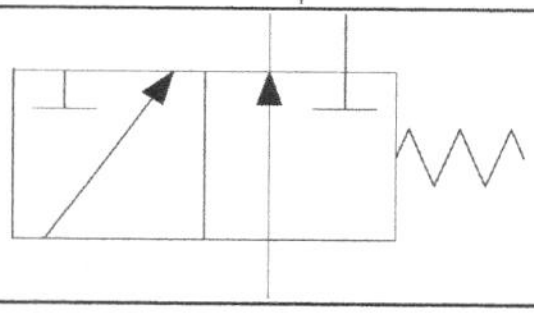
二位四通	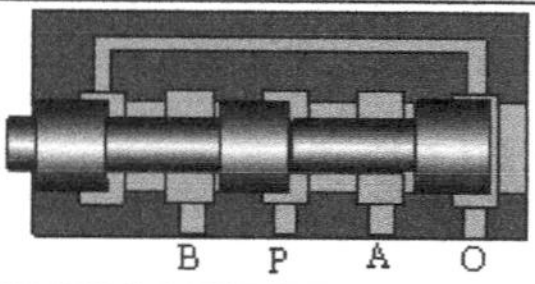	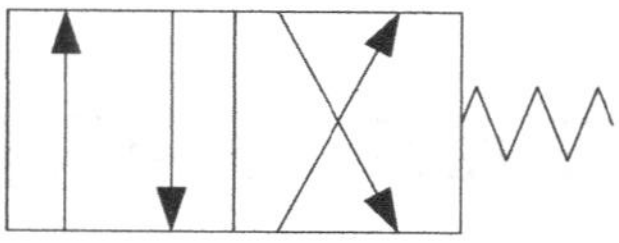
二位五通	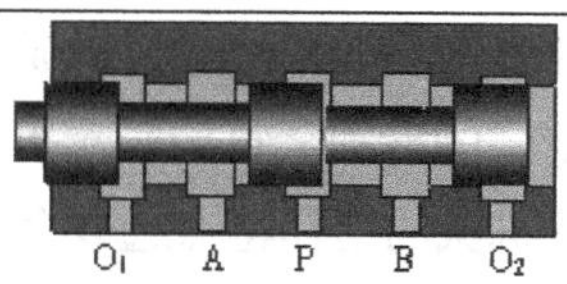	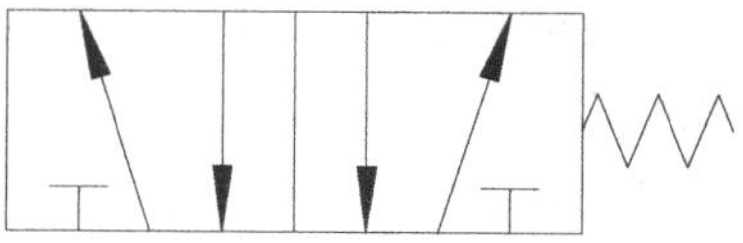
三位四通	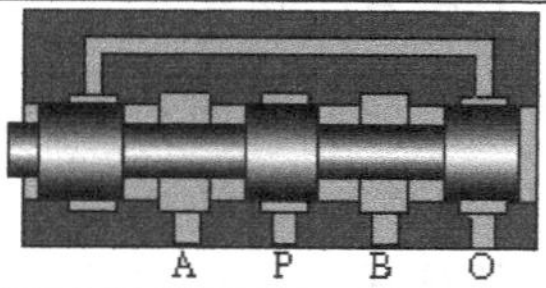	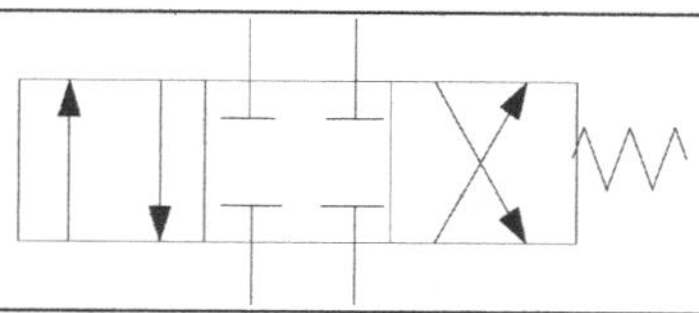
三位五通	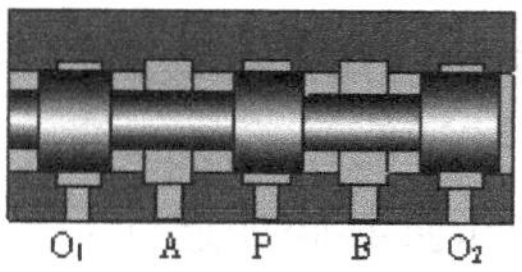	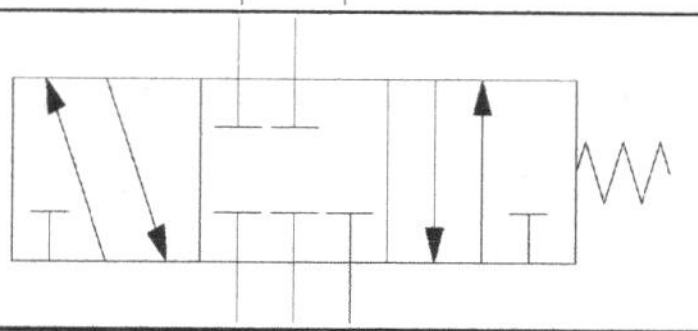

表 3.4　滑阀式换向阀的操纵方法

操纵方法	图形符号	符号说明
手动控制	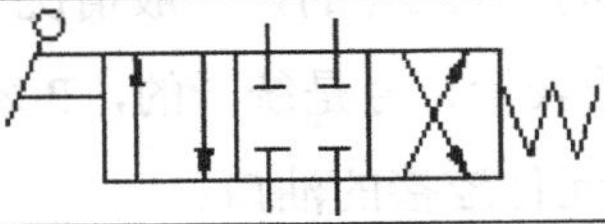	三位四通手动换向阀，左端表示手动把手，右端表示复位弹簧
机动控制	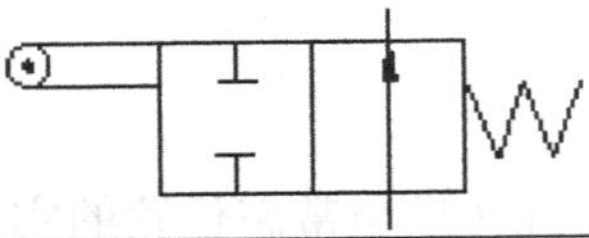	二位二通机动换向阀，左端表示可伸缩压杆，右端表示复位弹簧
电磁控制	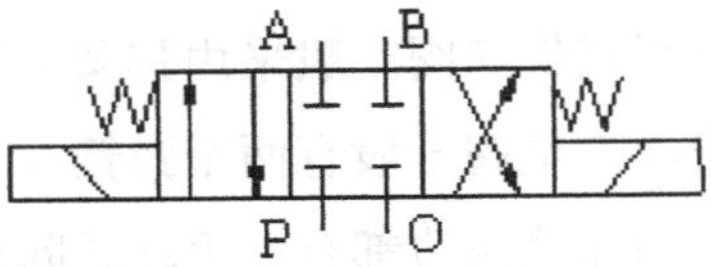	三位四通电磁换向阀，左、右两端都有驱动阀芯动作的电磁铁和对中位弹簧
液压控制	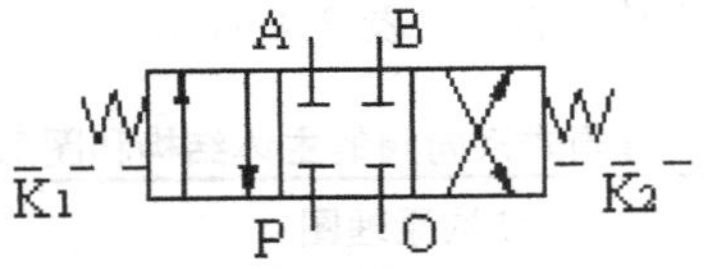	三位四通液动换向阀，K_1、K_2为控制阀芯动作的液压油进、出口，当 K_1、K_2 无压时，靠左、右复位弹簧复中位
电液控制	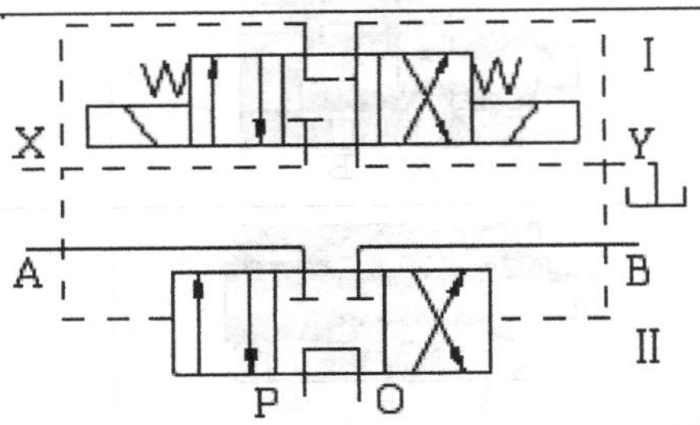	I 为三位四通先导阀，双电磁铁驱动弹簧对中位，II 为三位四通主阀，由液压驱动。X 为控制压力油口，Y 为控制回油口

知识点三：换向阀的中位机能

换向阀的中位机能是指换向阀中的滑阀处在中间位置或原始位置时阀中各油口的连通形式，体现了换向阀的控制机能。采用不同形式的滑阀会直接影响执行元件的工作状况。因此，在进行工程机械液压系统设计时，必须根据该机械的工作特点选取合适的中位机能的换向阀。中位机能有O、H、X、M、Y、P、J、C、K等多种形式。

分析液压阀在中位时或与其他工作位置转换时对液压泵和液压执行元件工作性能的影响，通常考虑以下几点：

①系统保压。当 P 口被堵塞，系统保压，液压泵能用于多缸系统。当 P 口不太通畅地与 T 口接通时（如 X 型），系统能保持一定的压力供控制油路使用。

②系统卸荷。P 口通畅地与 T 口接通时，系统卸荷。

③启动平稳性。阀在中位时，液压缸某腔如通油箱，则启动时该腔内因无油液起缓冲作用，启动不太平稳。

④液压缸“浮动”和在任意位置上的停止，阀在中位，当A、B两口互通时，卧式液压缸呈“浮动”状态，可利用其他机构移动工作台，调整其位置。当A、B两口堵塞或与P口连接（在非差动情况下），则可使液压缸在任意位置处停下来。

三位五通换向阀的机能与上述相仿。常用中位机能分析如下。

1．O型

符号为：

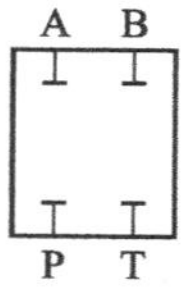

其中，P表示进油口，T表示回油口，A、B表示工作油口。

结构特点为：在中位时，各油口全封闭，油不流通。

机能特点为：①工作装置的进、回油口都封闭，工作机构可以固定在任何位置静止不动，即使有外力作用也不能使工作机构移动或转动，因而不能用于带手摇的机构。②从停止到启动比较平稳，因为工作机构回油腔中充满油液，可以起缓冲作用，当压力油推动工作机构开始运动时，因油阻力的影响而使其速度不会太快，制动时运动惯性引起液压冲击较大。③油泵不能卸载。④换向位置精度高。

2．H型

符号为：

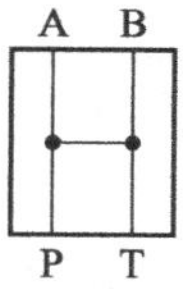

结构特点为：在中位时，各油口全开，系统没有油压。

机能特点为：①进油口P、回油口T与工作油口A、B全部连通，使工作机构成浮动状态，可在外力作用下运动，能用于带手摇的机构。②液压泵可以卸荷。③从停止到启动有冲击。因为工作机构停止时回油腔的油液已流回油箱，没有油液起缓冲作用。制动时油口互通，故制动较O型平稳。④对于单杆双作用油缸，由于活塞两边有效作用面积不等，因而用这种机能的滑阀不能完全保证活塞处于停止状态。

3．M型

符号为：

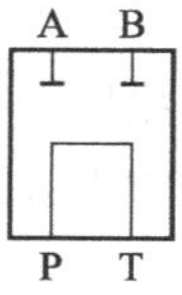

结构特点为：在中位时，工作油口A、B关闭，进油口P、回油口T直接相连。

机能特点为：①由于工作油口A、B封闭，工作机构可以保持静止。②液压泵可以卸荷。③不能用于带手摇装置的机构。④从停止到启动比较平稳。⑤制动时运动惯性引起液压冲击较大。⑥可用于油泵卸荷而液压缸锁紧的液压回路中。

4．Y型

符号为：

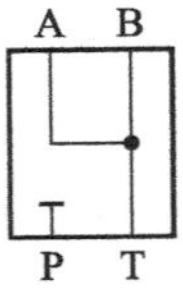

结构特点为：在中位时，进油口P封闭，工作油口A、B与回油口T相通。

机能特点为：①因为工作油口A、B与回油口T相通，工作机构处于浮动状态，可随外力的作用而运动，能用于带手摇的机构。②从停止到启动有些冲击，该冲击、制动性能介于O型与H型之间。③油泵不能卸荷。

5．P型

符号为：

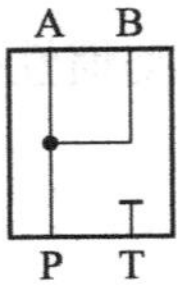

结构特点为：在中位时，回油口T封闭，进油口P与工作油口A、B相通。

机能特点为：①对于直径相等的双杆双作用油缸，活塞两端所受的液压力彼此平衡，工作机构可以停止不动，也可以用于带手摇装置的机构。但是对于单杆或直径不等的双杆双作用油缸，工作机构不能处于静止状态而组成差动回路。②从停止到启动比较平稳，制动时缸两腔均通压力油故制动平稳。③油泵不能卸荷。④换向位置变动比H型的小，应用广泛。

6．X型

符号为：

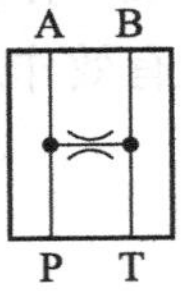

结构特点为：在中位时，A、B、P油口都与T回油口相通。

机能特点为：①各油口与回油口T连通，处于半开启状态，因节流口的存在，P油口还保持一定的压力。②在滑阀移动到中位的瞬间使P、A、B与T油口半开启的接通，这样可以避免在换向过程中由于压力油口P突然封堵而引起的换向冲击。③油泵不能卸荷。④换向性能介于O型和H型之间。

7．U 型

符号为：

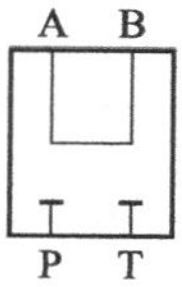

结构特点为：A、B工作油口接通，进油口P、回油口T封闭。

机能特点为：①由于工作油口A、B连通，工作装置处于浮动状态，可在外力作用下运动，可用于带手摇装置的机构。②从停止到启动比较平稳。③制动时也比较平稳。④油泵不能卸荷。

8．K 型

符号为：

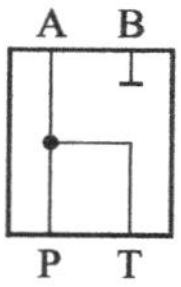

结构特点为：在中位时，进油口P与工作油口A与回油口T连通，而另一工作油口B封闭。

机能特点为：①油泵可以卸荷。②两个方向换向时性能不同。

9．J 型

符号为：

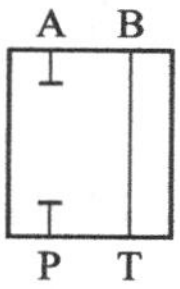

结构特点为：进油口P和工作油口A封闭，另一工作油口B与回油口T相连。

机能特点为：①油泵不能卸荷。②两个方向换向时性能不同。

10．C 型

符号为：

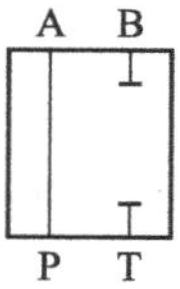

结构特点为：进油口P与工作油口A连通，而另一工作油口B与回油口T封闭。

机能特点为：①油泵不能卸荷。②从停止到启动比较平稳，制动时有较大冲击。

总结以上所述，得出常用中位机能符号、特点及应用如表3.5所示。

表 3.5 常用中位机能列表

型式	符号	中位油口状况、特点及应用
O 型	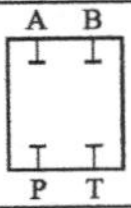	P、A、B、T 四口全封闭，液压缸闭锁，可用于多个换向阀并联工作
H 型	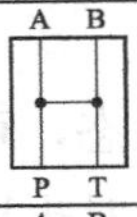	P、A、B、T 口全通；活塞浮动，在外力作用下可移动，泵卸荷
Y 型	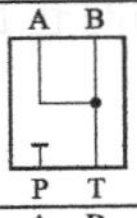	P 封闭，A、B、T 口相通；活塞浮动，在外力下可移动，泵不卸荷
M 型	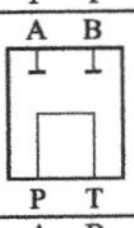	P、T 口相通，A 与 B 口均封闭；活塞闭锁不动，泵卸荷
P 型	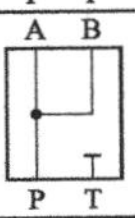	P、A、B 口相通，T 封闭；泵与缸两腔相通，可组成差动回路

通过以上分析我们可以得到以下两点：

（1）利用滑阀的中位机能设计成卸荷回路，实现节能。当滑阀中位机能为 H、K 或 M 型的三位换向阀处于中位时，泵输出的油液直接回油箱，构成卸荷回路，可使泵在空载或者输出功率很小的工况下运动，从而实现节能。这种方法比较简单，但是不适用于一泵驱动两个或两个以上执行元件的系统。

（2）利用滑阀的中位机能设计成制动回路或锁紧回路。为了使运动着的工作机构在任意需要的位置上停下来，并防止其停止后因外界影响而发生移动，可以采用制动回路。最简单的方法是利用换向阀进行制动，例如滑阀机能为 M 型或 O 型的换向阀，在它恢复中位时，可切断它的进回油路，使执行元件迅速停止运动。

知识点四：换向阀的结构

在液压传动系统中广泛采用的是滑阀式换向阀。在这里主要介绍这种换向阀的几种典型结构。

1. 手动换向阀

图 3.26(a)为自动复位式手动换向阀。放开手柄 1、阀芯 3 在复位弹簧 4 的作用下自动回复中位。该阀适用于动作频繁、工作持续时间短的场合，操作比较完全，常用于工程机械的液压传动系统中。如果将该阀阀芯右端复位弹簧 4 的部位改为可自动定位的结构形式即成为可在三个位置定位的手动换向阀，如图 3.26（c）所示。

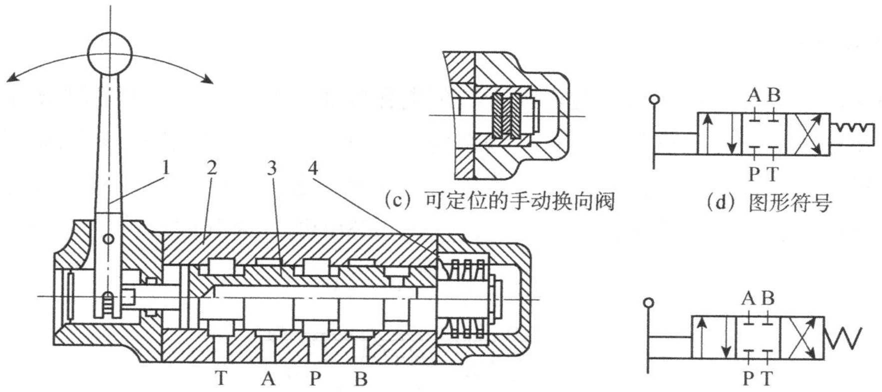

(c) 可定位的手动换向阀　(d) 图形符号

(a) 自动复位式手动换向阀　(b) 图形符号

1—手柄；2—阀体；3—阀芯；4—复位弹簧

图 3.26　手动换向阀

2．机动换向阀

机动换向阀又称行程阀，它主要用来控制机械运动部件的行程。它是借助于安装在工作台上的挡铁或凸轮来迫使阀芯移动，从而控制油液的流动方向。机动换向阀通常是二位的，有二通、三通、四通和五通几种，其中二位二通机动换向阀又分常闭和常开两种。

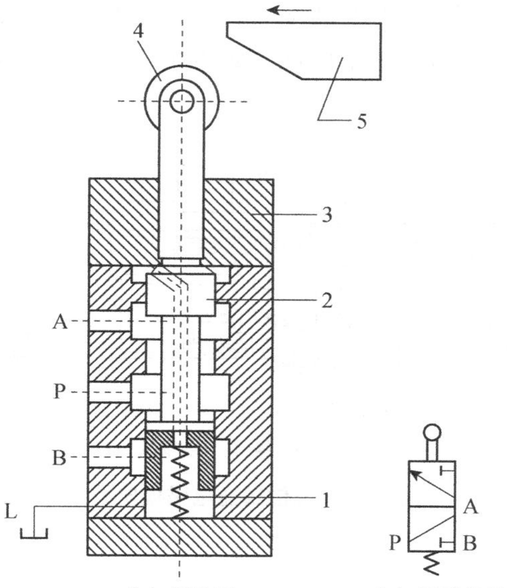

(a) 结构图　(b) 图形符号

1—弹簧；2—阀芯；3—上阀盖；4—滚轮；5—挡铁

图 3.27　滚轮式二位三通常闭式机动换向阀

在图 3.27（a）所示位置阀芯 2 被弹簧 1 压向上端，油腔 P 和 A 通，B 口封闭。当挡铁或凸轮压住滚轮 4，使阀芯 2 移动到下端时，就使油腔 P 和 A 断开，P 和 B 接通，A 口封闭。图 3.27（b）所示为其图形符号。

3．电磁换向阀

电磁换向阀是利用电磁铁的通电吸合与断电释放而直接推动阀芯来控制液流方向的。图 3.28(a)所示为二位三通交流电磁换向阀结构。在图示位置，油口 P 和 A 相通，油口 B 断开。当电磁铁通电吸合时，推杆 1 将阀芯 2 推向右端，这时油口 P 和 A 断开而与 B 相通。而当磁铁断电释放时，弹簧 3 推动阀芯复位。图 3.28(b)所示为其图形符号。

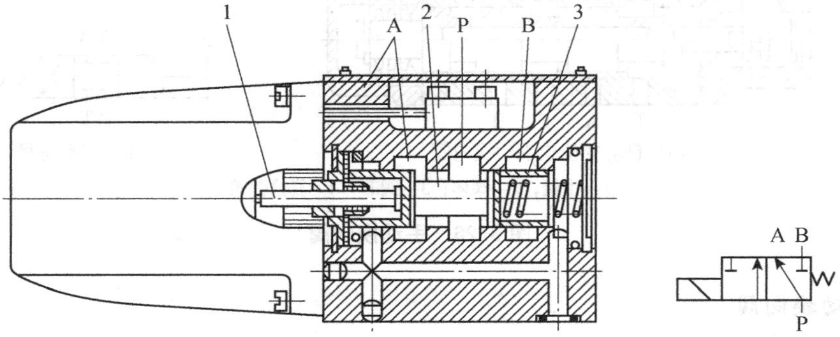

(a) 结构图　　(b) 图形符号

1—推杆；2—阀芯；3—弹簧

图 3.28　二位三通电磁换向阀

如前所述，电磁换向阀就其工作位置来说，有二位和三位等。二位电磁阀有一个电磁铁，靠弹簧复位。三位电磁阀有两个电磁铁，如图 3.29 所示为一种三位四通电磁换向阀的结构和职能符号。

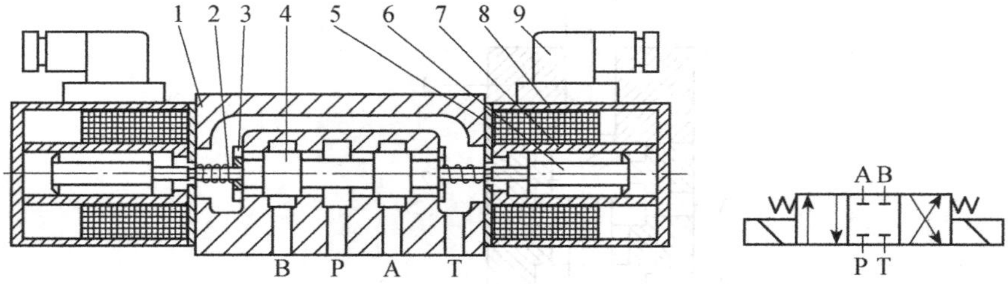

(a) 结构图　　(b) 图形符号

1—阀体；2—弹簧；3—弹簧座；4—阀芯；5—线圈；6—衔铁；7—隔套；8—壳体；9—插头组件

图 3.29　三位四通电磁换向阀

4．液动换向阀

液动换向阀是利用控制油路的压力油来改变阀芯位置的换向阀。图 3.30 所示为三位四通液动换向阀的结构和图形符号。阀芯是由其两端密封腔中油液的压差来移动的。当控制油路的压力油从阀右边的控制油口 K_2 进入滑阀右腔时，K_1 接通回油，阀芯向左移动，使压力油口 P 与 B 相通，A 与 T 相通。当 K_1 接通压力油，K_2 接通回油时，阀芯向右移动，使得 P 与 A 相通，B 与 T 相通。当 K_1、K_2 都通回油时，阀芯在两端弹簧和定位套作用下回到中间位置。

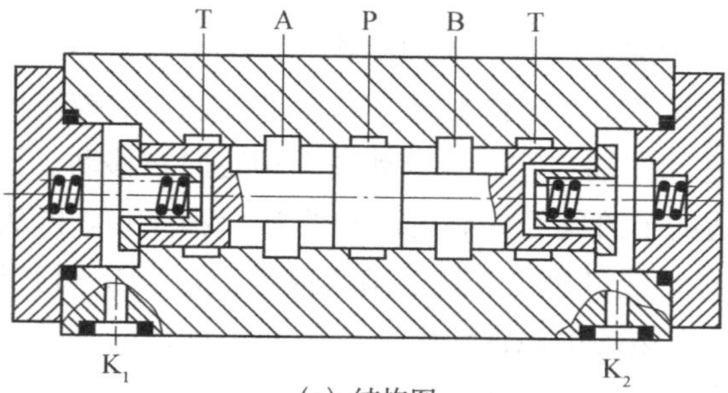

(a) 结构图

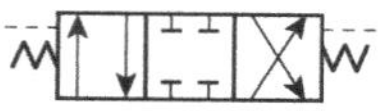

(b) 图形符号

图 3.30 三位四通液动换向阀

5．电液换向阀

在大中型液压设备中，当通过阀的流量较大时，作用在滑阀上的摩擦力和液动力较大，此时电磁换向阀的电磁铁推力相对地显得太小，需要用电液换向阀来代替电磁换向阀。电液换向阀是由电磁滑阀和液动滑阀组合而成的。电磁滑阀起先导作用，它可以改变控制液流的方向，从而改变液动滑阀阀芯的位置。由于操纵液动滑阀的液压推力可以很大，所以主阀芯的尺寸可以做得很大，同时允许有较大的油液流量通过。这样用较小的电磁铁就能控制较大的液流。

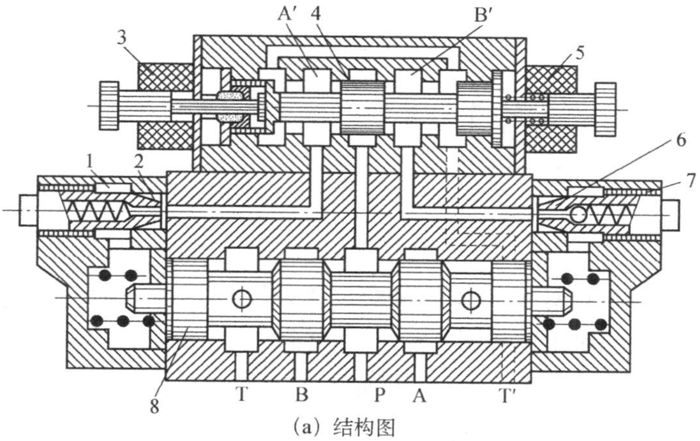

(a) 结构图

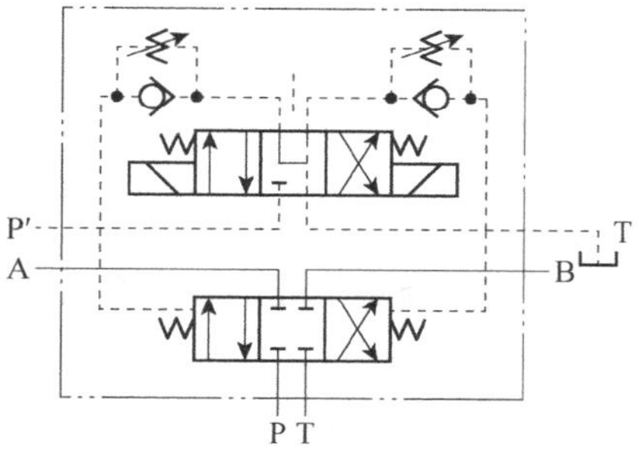

(b) 图形符号

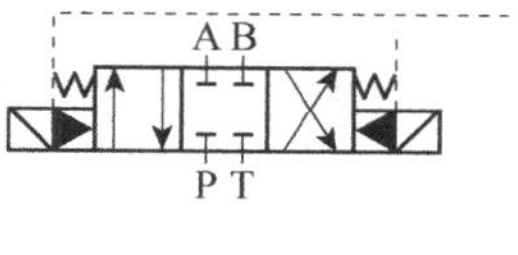

(c) 简化图形符号

1，6—节流阀；2，7—单向阀；3，5—电磁铁；4—电磁阀阀芯；8—主阀阀芯

图 3.31 电液换向阀

图 3.31 所示为弹簧对中型三位四通电液换向阀的结构和图形符号。当先导电磁阀左边的电磁铁通电后使其阀芯向右边位置移动，来自主阀 P 口或外接油口的控制压力油可经先导电磁阀的 A′口和左单向阀进入主阀左端容腔，并推动主阀阀芯向右移动。这时主阀阀芯右端容腔中的控制油液可通过右边的节流阀经先导电磁阀的 B′口和 T′口，再从主阀的 T 口或外接油口流回油箱(主阀阀芯的移动速度可由右边的节流阀调节)，使主阀 P 与 A、B 和 T 的油路相通。反之，由先导电磁阀右边的电磁铁通电，可使 P 与 B、A 与 T 的油路相通。当先导电磁阀的两个电磁铁均不带电时，先导电磁阀阀芯在其对中弹簧作用下回到中位，此时来自主阀 P 口或外接油口的控制压力油不再进入主阀芯的左、右两容腔，主阀芯左右两腔的油液通过先导电磁阀中间位置的 A′、B′两油口与先导电磁阀 T′口相通(如图 3.30（b）所示)，再从主阀的 T 口或外接油口流回油箱。主阀阀芯在两端对中弹簧的预压力的推动下，依靠阀体定位，准确地回到中位，此时主阀的 P、A、B 和 T 油口均不通。

任务实施

建议学生通过对两位换向阀和三位换向阀的拆装了解其结构，明确其工作原理。

思考与练习

一、填空题

1．换向阀按阀芯相对于阀体的可变位置数不同，可分为__________、__________、__________换向阀，绘图时用位数用__________表示。

2．按油路进、出口数目的不同，又可分为__________、__________、__________、__________换向阀，绘图时用通数用__________表示。

3．中位机能是____。

4．具有卸荷功能的中位机能符号为__________、__________、__________。

二、选择题

1．在液压系统原理图中，与三位换向阀连接的油路一般应画在换向阀符号的（　　）位置上。

A．左格　　　　B．右格　　　　C．中格

2．当运动部件上的挡块压下阀芯，使原来不通的油路相连通的机动换向阀应为（　　）。

A．常闭型二位二通机动换向阀　　　　B．常开型二位二通机动换向阀

3．大流量系统的主油路换向，应选用（　　）。

A．手动换向阀　　B．电磁换向阀　　C．电液换向阀　　D．机动换向阀

4．电液动换向阀中的电磁阀，应确保其在中位时的液动阀两端的控制油流回油箱，那么电磁阀的中位应是（　　）。

A．H 型　　B．Y 型　　C．M 型　　D．P 型

5．若某三位换向阀的阀芯在中间位置时，压力油与油缸两腔连通、回油封闭，则此阀的滑阀机能为（　　）。

A．P 型　　B．Y 型　　C．K 型　　D．C 型

6．使三位四通换向阀在中位工作时泵能卸荷，应采用（　　）。

A．P 型阀　　B．Y 型阀　　C．M 型阀

7．为使三位四通阀在中位工作时能使液压缸闭锁，应采用（　　）型阀。

A．O　　B．P　　C．Y

8．一水平放置的双伸出杆液压缸，采用三位四通电磁换向阀，要求阀处于中位时，液压泵卸荷，且液压缸浮动，其中位机能应选用（　　）。

A．H 型　　B．M 型　　C．Y 型　　D．O 型

三、判断题

1．因电磁吸力有限，对液动力较大的大流量换向阀应选用液动换向阀或电液换向阀。（　　）

2．常开式两位两通阀的弹簧应画在闭端。（　　）

3．与两位换向阀连接的油路接入的位置随意确定。（　　）

四、试画下列图形符号

电磁式两位四通阀　　机动式两位四通阀

手动式三位四通阀　　手动式三位四通阀（钢球定位）

电磁式三位四通阀（中位 P 型）　　液动式三位四通阀（中位 O 型）

电磁式常闭两位两通阀　　液动式常开两位两通阀

任务三：液压马达

液压马达是把液体的压力能转换为机械能的装置，从原理上讲，液压泵可以做液压马达用，液压马达也可做液压泵用。但事实上同类型的液压泵和液压马达虽然在结构上相似，但由于两者的工作情况不同，使得两者在结构上也有某些差异：

（1）液压马达一般需要正反转，所以在内部结构上应具有对称性，而液压泵一般是单方向旋转的，没有这一要求。

（2）为了减小吸油阻力，减小径向力，一般液压泵的吸油口比出油口的尺寸大。而液压马达低压腔的压力稍高于大气压力，所以没有上述要求。

（3）液压马达要求能在很宽的转速范围内正常工作，因此，应采用液动轴承或静压轴承。因为当马达速度很低时，若采用动压轴承，就不易形成润滑滑膜。

（4）叶片泵依靠叶片跟转子一起高速旋转而产生的离心力使叶片始终贴紧定子的内表面，起封油作用，形成工作容积。若将其当液压马达用，必须在液压马达的叶片根部装上弹簧，以保证叶片始终贴紧定子内表面，以便液压马达能正常启动。

（5）液压泵在结构上需保证具有自吸能力，而液压马达就没有这一要求。

（6）液压马达必须具有较大的启动扭矩。所谓启动扭矩，就是马达由静止状态启动时，马达轴上所能输出的扭矩，该扭矩通常大于在同一工作压差时处于运行状态下的扭矩，所以，为了使起动扭矩尽可能接近工作状态下的扭矩，要求马达扭矩的脉动小，内部摩擦小。

由于液压马达与液压泵具有上述不同的特点，使得很多类型的液压马达和液压泵不能互逆使用。

液压马达按其额定转速分为高速和低速两大类，额定转速高于 500r/min 的属于高速液压马达，额定转速低于 500r/min 的属于低速液压马达。

高速液压马达的基本型式有齿轮式、螺杆式、叶片式和轴向柱塞式等。它们的主要特点是①转速较高、转动惯量小，便于启动和制动；②调速和换向的灵敏度高。通常高速液压马达的输出转矩不大（仅几十牛·米到几百牛·米），所以又称为高速小转矩液压马达。

高速液压马达的基本形式是径向柱塞式，例如单作用曲轴连杆式、液压平衡式和多作用内曲线式等。此外在轴向柱塞式、叶片式和齿轮式中也有低速的结构型式。低速液压马达的主要特点是排量大、体积大、转速低（有时可达每分种几转甚至零点几转），因此可直接与工作机构连接，不需要减速装置，使传动机构大为简化，通常低速液压马达输出转矩较大（可达几千牛顿·米到几万牛顿·米），所以又称为低速大转矩液压马达。

知识链接

液压马达也可按其结构类型来分，可以分为齿轮式、叶片式、柱塞式和其他形式。本任务主要介绍齿轮液压马达、叶片液压马达、轴向柱塞液压马达等高速液压马达和多作用内曲线径向柱塞液压马达等低速液压马达。

知识点一：齿轮液压马达

齿轮液压马达工作原理如图 3.32 所示。图中 c 点为两个齿轮的啮合点，设齿轮齿高为 h，啮合点 p 到两个齿根的距离分别为 a 和 b。由于 a 和 b 均小于 h，当压力油作用于齿面上时，两齿轮就各有一个使它们产生转矩的作用力 $p(h\text{-}a)B$ 和 $p(h\text{-}b)B$，其中 p 为输入压力，B 为齿宽。不断地输入压力油，齿轮连续回转，并将油液带到排油侧排出。

齿轮液压马达与齿轮泵一样，因其容积效率低，输入压力不能过高，产生的转矩不大。故齿轮液压马达多用于高转速、低转矩的场合。

该结构特点有:

①齿轮液压马达进出油口相等，有单独的泄油口。

②为减小摩擦力矩，齿轮液压马达均采用滚动轴承。

③为减小转矩脉动，齿轮液压马达齿数均较齿轮泵的齿数多。

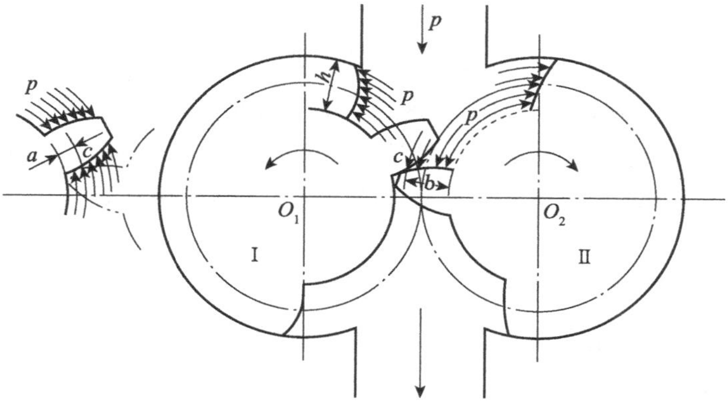

图 3.32　齿轮液压马达工作原理

由于齿轮液压马达密封性能差，容积效率较低，不能产生较大的转矩，且瞬时转速和转矩随啮合点而变化，因此仅用于高速小转矩的场合，如工程机械、农业机械及对转矩均匀性要求不高的设备。

知识点二：叶片液压马达

叶片液压马达分为单作用和双作用两种类型。

单作用叶片液压马达如图 3.33 所示，位于进油腔的叶片两侧，所受液压力相同，其作用力相互平衡。位于过渡密封区的叶片 1，一侧受高压液体作用，另一侧受低压液体作用，牙侧产生转矩，同时叶片 2 也将产生反向转矩。但由于叶片 1 的承压面积大，所以使转子逆时针方向转动，输出转矩和转速。

双作用叶片液压马达如图 3.34 所示，其工作原理与单作用叶片液压马达相同。单作用叶片液压马达可以做成变量液压马达，而双作用叶片液压马达只能为定量液压马达。

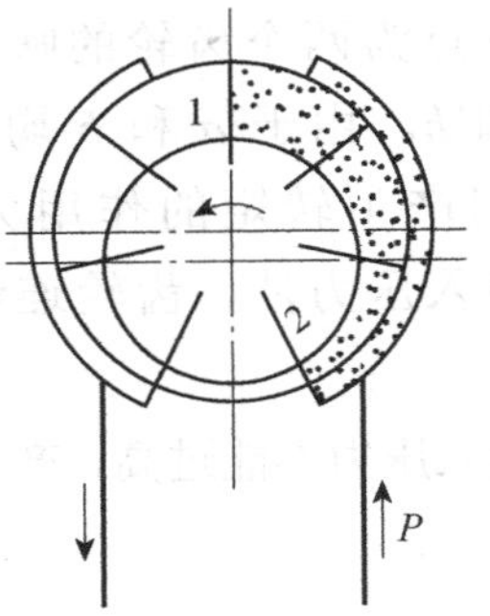

1，2—叶片

图 3.33　单作用叶片液压马达

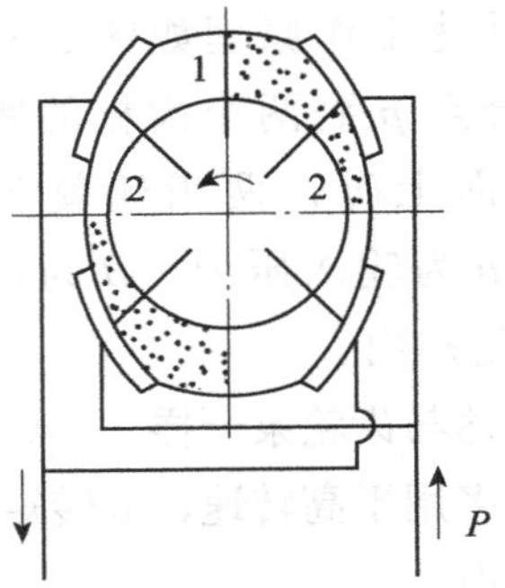

1，2—叶片

图 3.34　双作用叶片液压马达

叶片液压马达的结构特点为：

（1）进出油口相等，有单独的泄油口。

（2）叶片径向放置，叶片底部设置有燕式弹簧。

（3）在高低压油腔通入叶片底部的通路上装有梭阀。

叶片马达转动惯量小，反应灵敏，能适应较高频率的换向，但其泄漏大，低速时不够稳定，因此适用于转矩小、转速高、力学性能要求不严格的场合。

知识点三：柱塞液压马达

柱塞液压马达按照柱塞和排列方向可以分为径向柱塞式和轴向柱液压塞式。

1．轴向柱塞马达

轴向柱塞液压马达如图 3.35 所示。当压力油输入液压马达时处于压油腔的柱塞被顶出，压在斜盘上。斜盘作用在某一柱塞的作用力为 F，F 垂直于斜盘；F 可分解为两个方向的分力 F_x、F_y。其中轴向分力 F_x 和作用于柱塞后端的液压力相平衡，垂直于轴向的分力 F_y 使缸体产生转矩。液压马达的输出转矩等于处于压力腔半周内各柱塞瞬时转矩的总和。由于柱塞的瞬时方位角是变量，所以轴向柱塞马达输出的转矩是变化的。

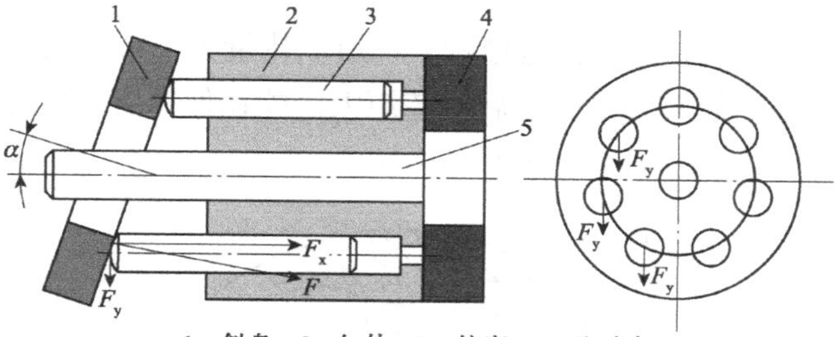

1—斜盘；2—缸体；3—柱塞；4—配油盘

图 3.35　轴向柱塞液压马达

轴向柱塞液压马达的结构特点为：轴向柱塞液压泵和轴向柱塞液压马达是互逆的，配流盘为对称结构。

轴向柱塞液压马达可作变量马达。改变斜盘倾角，不仅影响液压马达的转矩，而且影响它的转速和转向。斜盘倾角越大，产生的转矩越大，转速越低。

2．单作用连杆型径向柱塞液压马达——低速大转矩液压马达

低速液压马达的基本形式是径向柱塞式，通常分为两种类型，即单作用曲轴型和多作用内曲线型。低速液压马达的主要特点是排量大、稳定性好（一般可在 10r/min 以下平稳运转，有的可达 0.5r/min），因此可以直接和工作机构连接，不需要减速装置，使传动机构大为简化。通常，低速液压马达的输出转矩较大（可达数千至数万牛顿·米），所以又称为低速大扭矩液压马达。这种液压马达广泛应用于工程、运输、建筑、矿山和船舶等机械上。

多作用内曲线径向柱塞式液压马达具有尺寸小、径向受力平衡、转矩脉动小、转动效率高，并能在很低的转速下稳定工作的特点，因此得到了广泛的应用。

图 3.36 为多作用内曲线径向柱塞液压马达工作原理图。定子 3 的内表面由 x 段形状相同作均匀分布的曲面组成，曲面的数目 x 就是液压马达的作用次数（本例 x=6）。每一个曲面凹部的顶点处分为对称的两半，一半为进油区段，另一半为回油区段。转子 4 有 z 个（本例为 8 个）径向柱塞孔沿圆周均布，柱塞 1 装在柱塞孔中，柱塞球面头部顶在滚轮组横梁上，使之在缸体径向槽内滑动。在缸体内，每个柱塞孔底部都有一个配油孔与配油轴 5 相通。配油轴是固定不动的，其上有 2x 个配油窗孔沿圆周均匀分布，其中有 x 个窗孔与轴中心的进油孔相通，另外 x 个窗孔与轴中心的回油孔相通，这 2x 个配油窗孔位置又分别和定子内表面的进、回油区段位置一一对应。当压力油输入液压马达后，通过配油盘上的进油窗孔分配到处于进油区段的柱塞底部油腔。油压使滚轮顶紧在定子内表面上，滚轮所受到的法向力 F 可以分解为两个方向的分力，其中径向分力 F_r 和作用在柱塞后端的液压力相平衡，切向分力 F_t 通过横梁对缸体产生转矩。同时处于回油区段的柱塞受压缩，把低压油从回油窗孔排出。

缸体每转一周，每个柱塞往复移动 x 次。由于 x 和 z 不等，所以任一瞬时总有一部分柱塞处于进油区段，使缸体转动。

多作用内曲线液压马达多为定量液压马达，由于液压马达的作用次数多，并可设置较

多的柱塞（还可以制成双排、三排柱塞结构），所以排量大，尺寸紧凑。

由于其转矩脉动小，径向力平衡，启动转矩大，能在低速下稳定运转，普遍应用于工程、建筑、起重运输、煤矿、船舶、农业等机械中。

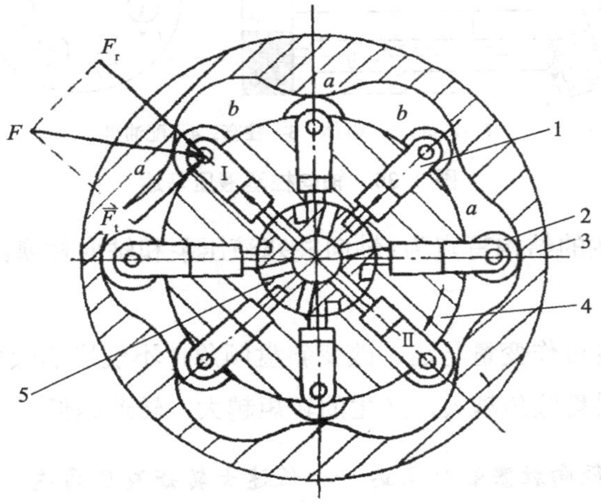

1—壳体（定子）；2—缸体；3—输出轴；4—柱塞；5—滚轮轴；6—配油轴

图 3.36　多作用内曲线径向柱塞液压马达

知识点四：液压马达的性能参数

液压马达的各项性能参数中，压力、排量、流量等参数与液压泵同类含义系统，其原则差别在于：在泵中它们是输出参数，在液压马达中它们是输入参数。下面对液压马达的输出转速、转矩和效率等参数作必要的介绍。

1．液压马达的容积效率和转速

马达的排量：马达轴转一圈，按几何尺寸计算所进入的液体体积，称为马达的排量，即不考虑泄漏损失时的排量，用 V_M 表示。

马达的理论流量：不考虑泄漏的情况下，液压马达单位时间内所进入（排出）液体的体积，用 q_{mt} 表示：

$$q_{mt} = V_M n$$

为了满足转速要求，液压马达实际输入流量 q_m 大于浏览输入流量 q_{mt}：

$$q_m = q_{mt} + \Delta q$$

式中，Δq 为泄漏量。

液压马达的容积效率：马达的理论流量与实际流量之比，用 q_{mv} 表示：

$$\eta_{mv} = \frac{q_{mt}}{q_m} = \frac{q_m}{q_m} - \frac{\Delta q}{q_m} = 1 - \frac{\Delta q}{q_m}$$

液压马达的转速 n：

$$n=\frac{q_{mt}}{V}=\frac{q_m\eta_{mv}}{V}$$

2．液压马达的机械效率和转速

液压马达的机械效率：

$$\eta_{mm}=\frac{T_m}{T_{mt}}$$

液压马达进出口间的压力差为 ΔP，则液压马达的理论功率 p_{mv} 的表达式为：

$$p_{mv}=2\pi nT_{mt}=\Delta PVn$$

因而有 $T_{mt}=\dfrac{\Delta pV}{2\pi}$ 代入式 $\eta_{mm}=\dfrac{T_m}{T_{mt}}$ 可得液压马达的输出转矩公式为：

$$T_m=\frac{\Delta pV}{2\pi}\eta_{mm}$$

3．液压马达的功率和总效率

液压马达的输入功率为 p_i，输出功率为 p_o，则

$$p_i=\Delta Pq_m p_o=2\pi nT_m$$

液压马达的总效率为液压马达的输出功率与输入功率之比为：

$$\eta=\frac{p_o}{p_i}=\frac{2\pi nT_m}{\Delta pq_m}=\frac{2\pi nT_m}{\Delta p\dfrac{V_M n}{\eta_{mV}}}=\frac{T_m}{\dfrac{\Delta PV_M}{2\pi}}\eta_{mV}=\eta_{mm}\eta_{mV}$$

4．液压马达的工作压力和额定压力

马达输入油液的实际压力称为马达的工作压力，其压力大小取决于液压马达的负载液压马达进口压力与出口压力的差值，称为液压马达的压差。

额定压力是指按实验标准规定，能使液压马达连续正常运转的最高压力。

任务实施

建议学生通过对注塑机、起重机以及甲板机械的观察，明了液压马达的作用和工作原理。

思考与练习

一、填空题

1．液压马达是__________元件，输入的是压力油，输出的是__________和__________。

2．液压马达的最低稳定转速是指______________________________。

3．液压马达按转速高低可分为__________和__________，其分界值为__________。

二、选择题

1．由于液压马达工作时存在泄漏，因此液压马达的理论流量（　　）输入流量。

A．大于　　B．小于　　C．等于

2．下列关于液压马达的容积效率的表达中正确的是（　　）。

A．等于理论流量除实际流量

B．等于实际流量除理论流量

C．与液压泵的容积效率互为倒数

D．它可能大于1

3．下列有关轴向柱塞式液压马达工作原理的描述中正确的是（　　）。

A．产生转矩的力就是液压力

B．产生转矩的力就是斜盘对柱塞的反作用力

C．产生转矩的力就是液压力和柱塞的反作用力的合力

D．依具体位置定

4．下列有关内曲线液压马达工作原理的描述中正确的是（　　）。

A．产生转矩的力就是液压力

B．产生转矩的力就是定子内表面对柱塞的反作用力

C．产生转矩的力就是液压力和定子内表面对柱塞的反作用力的合力

D．依具体位置定

三、判断题

1．液压马达与液压泵从能量转换观点上看是互逆的，因此所有的液压泵均可以用来做液压马达使用。（　　）

2．轴向柱塞式液压马达存在死点。（　　）

3．径向内曲线液压马达存在死点。（　　）

4．液压马达在死点位置时必须有外加的驱动力才能保证连续运转。（　　）

任务四：方向控制回路调试与起重机方向控制回路分析

方向控制回路的作用是利用方向阀控制液流的通断和变向，以使执行元件启动、停止（包括锁紧）或换向。

知识链接

知识点一：启停回路

当执行元件需要频繁地启动或停止时，系统中经常采用启、停回路来实现这一要求，如图 3.37 所示。

知识点二：换向回路

换向回路用于控制液压系统中油流方向，从而改变执行元件的运动方向。工程中常采用二位四通、三位四通（五通）电磁换向阀进行换向。 采用电磁换向阀的换向回路适用于低速、轻载和换向精度要求不高的场合，如图 3.38 所示。

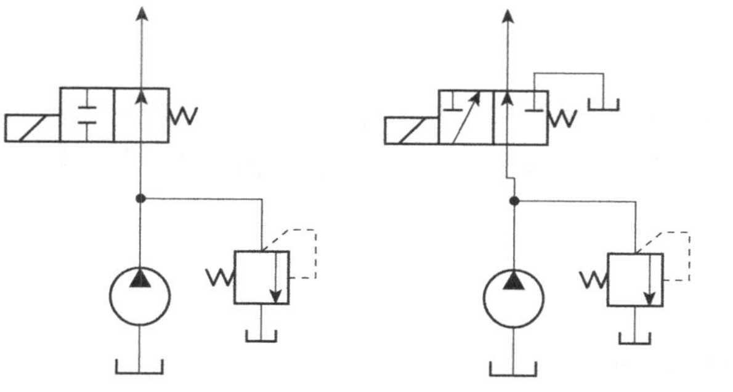

（a）启回路　　（b）停回路

图 3. 37　启停回路

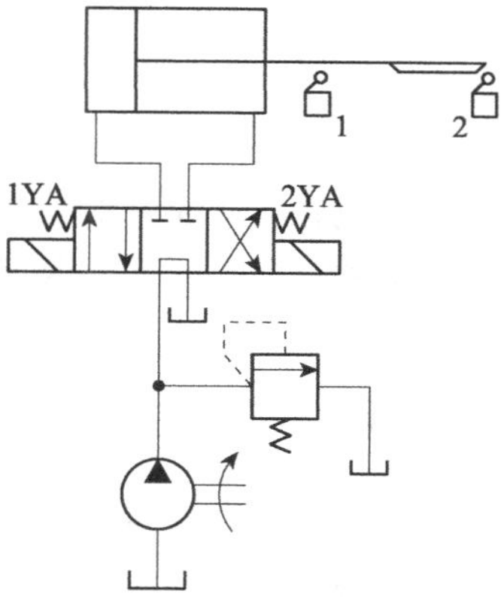

图 3. 38　换向回路

知识点三：锁紧回路

锁紧回路的作用是防止执行元件在停止运动时因外界因素而发生漂移或窜动。为了保证锁紧效果，采用液控单向阀的锁紧回路，换向阀应选择 H 型或 Y 型中位机能，使液压缸停止时，液压泵缸荷，液控单向阀才能迅速起锁紧作用，如图 3.39 所示。

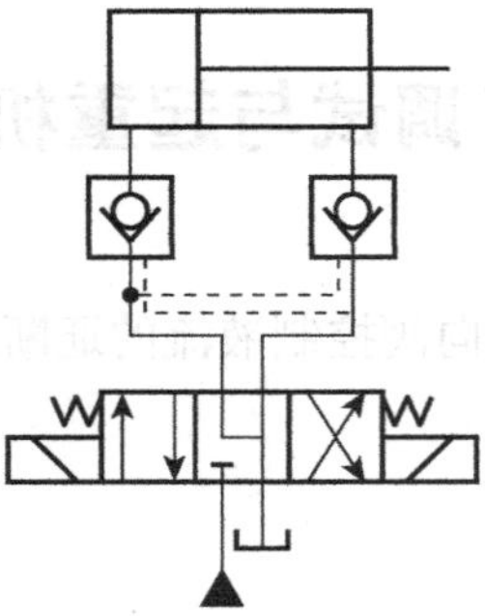

图 3.39　锁紧回路

知识点四：方向控制回路调试

实验一：电磁换向阀阀拆装

一、实验目的

1．熟悉方向阀阀的结构和工作原理。

2．加强学生的动手能力。

二、实验器材

1．电磁换向阀	6 只
2．拆装工具	2 套

三、实验步骤

1．拆卸

松开电磁换向阀一端的螺钉→取出螺钉和电磁铁→松开电磁换向阀另一端的螺钉→取出另一端螺钉和电磁铁→取下方向阀两端的密封圈→取出弹簧→取出弹簧座→拿出推杆→取出阀芯。

2．观察

观察换向阀的结构和组成，画出换向阀阀芯的草图。

3．装配

用汽油将零件清洗干净，按照拆卸的相反顺序，把个零件装入阀体。

四、注意事项

1．零件按拆卸的先后顺序摆放。

2．仔细观察各零件的结构和所在的位置。

3．切勿将零件表面，特别是阀体内孔、阀芯表面磕碰划伤。

4．装配时注意配合表面涂少许液压油。

实验二：基本换向阀换向回路

一、实验目的

1．熟悉换向阀工作原理及图形符号。

2．了解换向阀的工业应用领域。

3．培养学习液压传动课程的兴趣，以及进行实际工程设计的积极性，为调动学生进行创新设计，拓宽知识面，打好一定的知识基础。

4．通过该实验，可利用不同类型的换向阀设计类似的换向回路。

5．了解电气元器件工作方式和应用。

二、实验器材

1．实验台	1 台
2．三位四通电磁换向阀	1 只
3．液压缸	1 只
4．直动式溢流阀	1 只
5．油管	若干
6．压力表（量程：10MPa）	1 只
7．油泵	1 只

三、实验原理和实验原理图

学生可根据个人兴趣，安装运行一个或多个液压换向回路，查看缸的运动状态。现以 O 型的三位四通电磁换向阀为例介绍相关状态，如图 3.40 所示。三位四通电磁换向阀 YA1 得电，液压缸伸出；三位四通电磁换向阀 YA2 得电，液压缸缩回。

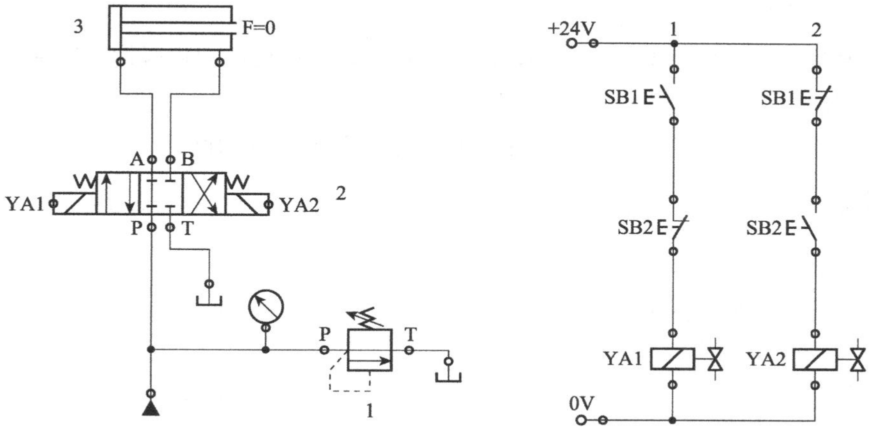

1—溢流阀；2—三位四通电磁换向阀；3—液压缸

图 3.40　O 型三位四通电磁换向阀

四、实验步骤

1．根据试验内容，设计实验所需回路，所设计的回路必须经过认真检查，确保正确无误。

2．按照检查无误的回路要求，选择液压元件，并且检查其性能的完好性。

3．将检验好的液压元件安装在插件板的适当位置，通过快速接头按照回路要求，把各个元件连接起来（包括压力表）。

4．按照回路图，确认安装连接正确后，旋松泵出口处的溢流阀。经过检查确认正确无误后，再启动油泵，按要求调压；调整系统压力，使系统工作压力在系统额定压力范围（＜6MPa）。

5．按钮 SB1 闭合，三位四通电磁换向阀 YA1 得电换向，液压缸伸出。

6．按钮 SB2 闭合，三位四通电磁换向阀 YA2 得电换向，液压缸缩回。

7．实验完毕后，应先旋松溢流阀 1 手柄，然后停止油泵工作。经确认回路中压力为零后，取下连接油管和元件，归类放入规定的抽屉中或规定地方，并保持系统的清洁。

五、注意事项

1．检查油路是否搭接正确。

2．检查电路连接是否正确。

3．检查油管接头是否搭接牢固（搭接后，可以稍微用力拉一下）。

4．检查电路是否搭接错误，开始试验前需检查，运行。如有错误，修正后在运行，直到错误排除，启动泵站，开始试验。

实验三：三位换向阀中位机能体验

一、实验目的

1．熟悉换向阀中位机能的内涵。

2．了解换向阀的工业应用领域。

3．培养学习液压传动课程的兴趣，以及进行实际工程设计的积极性，为调动学生进行创新设计，拓宽知识面，打好一定的知识基础。

4．通过该实验，可利用不同类型的换向阀设计类似的换向回路。

二、实验器材

1．实验台	1 台
2．三位四通电磁换向阀	1 只
3．三位四通手动换向阀	1 只
4．液压缸	1 只
5．直动式溢流阀	1 只
6．油管	若干

7．压力表（量程：6MPa）　　1只

8．油泵　　1只

三、实验原理和实验原理图

学生可根据个人兴趣，安装运行一个或多个液压换向回路，体会不同中位机能的特性。

知识点五：起重机方向控制回路分析

起重机主要由起升、回转、变幅、伸缩和支腿等工作机构组成，如图3.41所示。

起升、回转、变幅、伸缩和支腿等油缸的方向控制均采用手动式三位四通M型中位换向阀，M型中位具有A、B封闭P、T连通的功能，既能保证执行机构的位置不动，又不影响其他的执行机构运动。支腿油缸在M型中位的基础上，为保证支腿的稳固，前支腿油缸和后支腿油缸又加了由两个液控单向阀组成的闭锁回路，以保证起重作业时底盘的稳固。

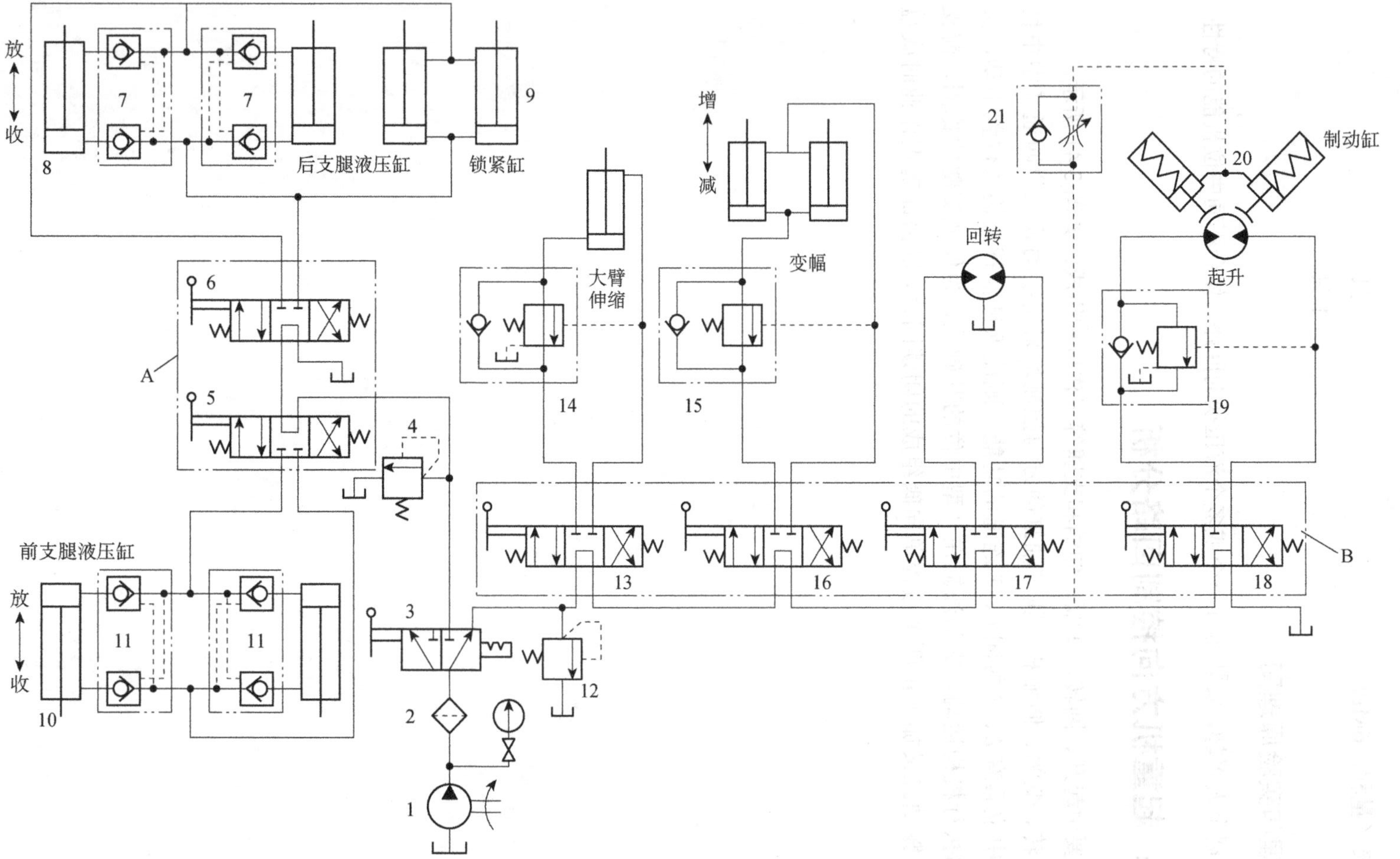

1—液压泵；2—滤油器； 3—手动两位三通阀（带定位钢球）；4，12—溢流阀； 5，6，13，16，17，18—手动三位四通换向阀（M 型中位）；7，11—液压锁；8—后支腿液压缸；9—锁紧缸；10—前支腿液压缸； 14，15—平衡阀；19—液控单向顺序阀；20—制动缸； 21—单向节流阀

图 3.41 汽车起重机液压系统图

任务实施

建议学生对三种以上起重机的液压系统原理进行分析，总结其方向控制的特点和规律。

思考与练习

完成以下任务：

实验报告	
实验名称	
实验原理	
实验步骤	
实验体会	
起重机方向控制的特点	

技术实践

FluidSIM软件安装盘中含有许多回路图，作为演示和学习资料，学生做实验之前可以先对自己设计的回路进行检验，这样做对回路的功能有个直观的认识，不仅提高了学生学习的兴趣，而且达到了很好的教学效果。

对于起重机的方向控制模块的实验主要是中位机能和换向，不具备实验条件的学习者可以通过 FluidSIM 软件来实现。通过仿真不仅能够体会实验的感性认识，也能体会设计的乐趣。

模块小结

一、主要术语

1．普通单向阀

只允许液流沿一个方向通过，正向导通，反向截止。

2．液控单向阀

液控单向阀是一种通入控制油后即允许油液双向流动的单向阀。

3．换向阀

换向阀是依靠阀芯与阀体的相对运动切换液流的方向或油路通、断，以实现控制液压系统相应的工作状态。

4．中位机能

换向阀的中位机能是指换向阀里的滑阀处在中间位置或原始位置时阀中各油口的连通形式，体现了换向阀的控制机能。

5．液压马达

液压马达是利用油液的压力能驱动机械对象实现连续旋转运动的执行元件。

二、图形符号

单向阀	换向阀	液压马达
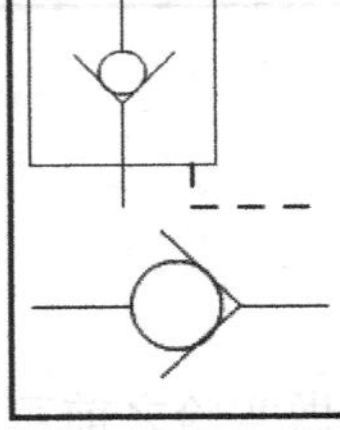	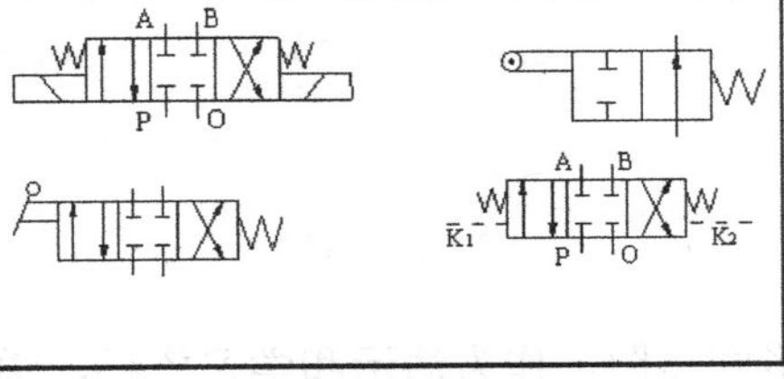	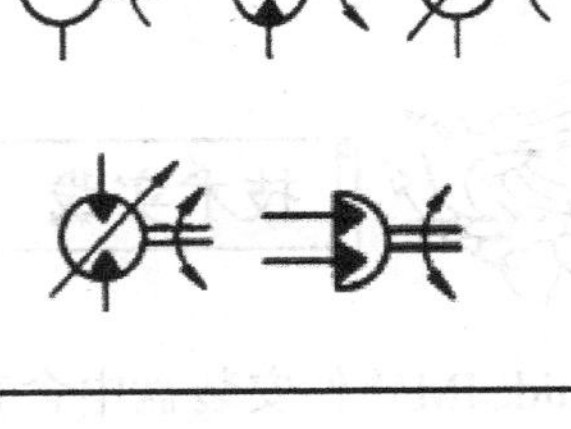

三、综合应用

如图 3.42 所示液压回路，动作循环为快进→工进→快退→停止。试读懂液压系统图，并完成液压系统电磁铁动作顺序表。（电磁铁通电时，在空格中记“＋”号；反之，断电记“－”号）

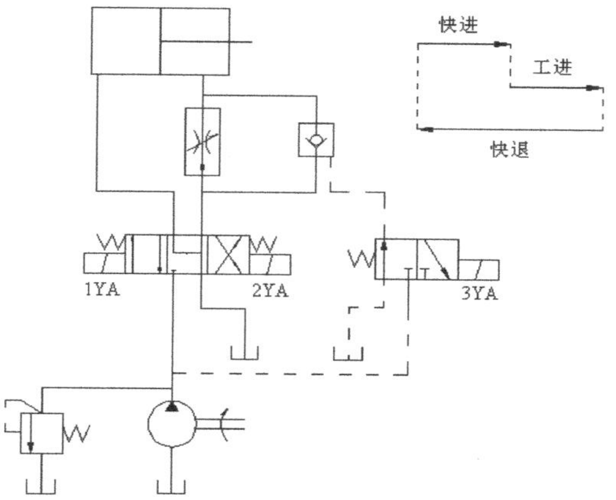

图 3.42　液压回路

电磁铁 / 动作	1YA	2YA	3YA
快进			
工进			
快退			—
停止			—

模块四　动力滑台的速度控制回路

液压动力滑台是组合机床上用以实现进给运动的一种通用部件，其运动是靠液压缸驱动的。滑台台面上可以装动力箱、多轴箱及各种专用切削头等工作部件。滑台与床身、中间底座等通用部件可以组成各种组合机床，完成钻、扩、铰、镗、铣、车、功螺纹等工序的机械加工，并能按多种进给方式实现半自动工作循环。

组合机床一般为多刀加工，切削负荷变化大，快慢速差异大。要求切削速度低而平稳，空行程进退速度快，快慢速度转换平稳；系统效率高，发热少，功率利用合理。

模块目标

1．掌握叶片泵及柱塞泵工作原理；了解容积泵的变量原理；明了容积泵的特点及应用场合。

2．明了流量阀的共同点，掌握流量阀的工作原理、图形符号、类型及应用。

3．明了新型阀工作原理和性能特点，以及与前沿学科的接近程度。

4．明了速度控制的原理，理解节流调速、容积调速和节流容积调速的调速原理和应用场合。

5．掌握执行元件快进和速度换接的原理，能进行简单的速度换接的设计。

6．能在试验台上正确选择液压元件，并能组合成具有适当功能的速度控制回路。理解动力滑台速度换接的原理。

模块点睛

通过节流阀、调速阀和新型阀工作原理的学习明了流量阀和新型阀工作原理；通过对叶片泵和柱塞泵的学习加深对容积泵工作原理认识；明了变量泵变量原理；通过对节流调速回路的学习明了节流阀的具体应用。通过对容积调速回路的学习明了变量泵和变量马达的工作原理和具体应用领域；通过对调速回路的搭接试验使学生对调速的原理有个感性认识。

任务一：流量阀认知

液压系统中执行元件的运动速度，由输入执行元件的液压油的流量大小来确定，流量控制阀就是依靠改变阀口的通流面积（节流口局部压力）的大小或通流通道的长短来控制流量的液压阀。

知识链接

知识点一：节流阀的基本形式

节流阀节流口通常有三种基本形式：薄壁小孔（m=0.5）、细长小孔（0.5<m<1）和厚壁小孔（m=1），但无论节流口采用何种形式，通过节流口的流量 q 及其前后压力差 Δp 的关系均可用式 $q=KA\Delta p^m$ 来表示，三种节流口的流量特性曲线如图 4.1 所示。

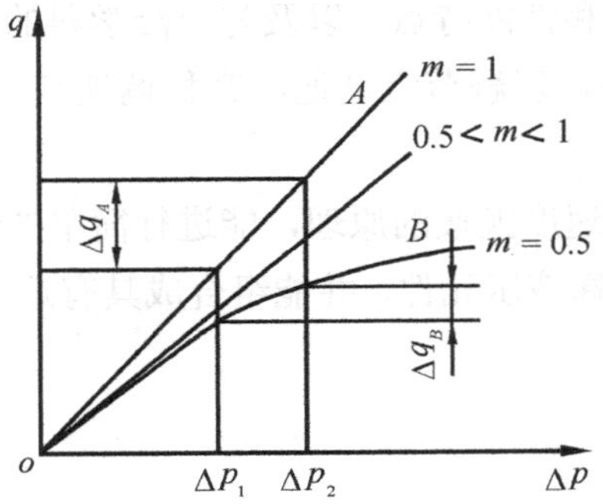

图 4.1　节流口的流量特性

1．压差对流量的影响。

节流阀两端压差 Δp 变化时，通过它的流量要发生变化，三种结构形式的节流口中，通过薄壁小孔的流量受到压差改变的影响最小。

2．温度对流量的影响。

油温影响到油液黏度，对于细长小孔，油温变化时，流量也会随之改变，对于薄壁小孔黏度对流量几乎没有影响，故油温变化时，流量基本不变。

3．节流口的堵塞。

节流阀的节流口可能因油液中的杂质或由于油液氧化后析出的胶质、沥青等而局部堵塞，这就改变了原来节流口通流面积的大小，使流量发生变化，尤其是当开口较小时，这一影响更为突出，严重时会完全堵塞而出现断流现象。因此节流口的抗堵塞性能也是影响流量稳定性的重要因素，尤其会影响流量阀的最小稳定流量。一般节流口通流面积越大，节流通道越短和水力直径越大，越不容易堵塞，当然油液的清洁度也对堵塞产生影响。一般流量控制阀的最小稳定流量为 0.05L/min。

综上所述，为保证流量稳定，节流口的形式以薄壁小孔较为理想。

图 4.2 所示为几种常用的节流口形式。

图 4.2(a)所示为针阀式节流口，其节流口的截面形式为环形缝隙，当改变阀芯轴的轴向位置时通流截面积会发生变化。它结构简单易于制作，但水力半径小，流量稳定性差，易堵塞，流量受油温影响较大，一般用于对性能要求不高的场合。

图 4.2(b)所示为偏心槽式节流口，在阀芯上开有周向三角槽，转动阀芯，可改变通流截面积大小。其性能与针阀式节流口相同，但容易制造，其缺点是阀芯上的径向力不平衡，旋转阀芯时较费力，一般用于压力较低、流量较大和流量稳定性要求不高的低压场合。

图 4.2(c)所示为轴向三角槽式节流口，在阀芯截面轴上开有两个轴向三角槽，当轴向移动阀芯时，三角槽与阀体间形成的节流口面积发生变化。其结构简单，水力直径中等，可得到较小的稳定流量，且调节范围较大，但节流通道有一定的长度，油温变化对流量有一定的影响，目前被广泛应用。

图 4.2(d)所示为周向缝隙式节流口，沿阀芯周向开有一条宽度不等的狭槽，转动阀芯就可改变开口大小。阀口做成薄刃形，通道短，水力直径大，不易堵塞，油温变化对流量影响小，因此其性能接近于薄壁小孔，适用于低压小流量场合。

图 4.2(e)所示为轴向缝隙式节流口，在阀孔的衬套上加工出图示薄壁阀口，阀芯作轴向移动即可改变开口大小，其性能与图 4.2(d)所示节流口相似。为保证流量稳定，节流口的形式以薄壁小孔较为理想。

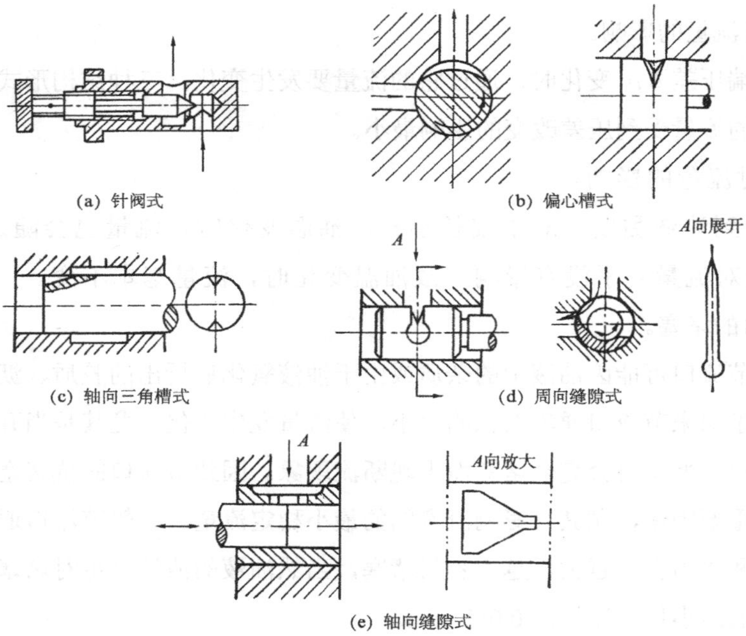

图 4.2　典型节流口的结构形式

液压传动系统对流量控制阀的主要要求有：

（1）较大的流量调节范围，且流量调节要均匀。

（2）当阀前、后压力差发生变化时，通过阀的流量变化要小，以保证负载运动的稳定。

（3）油温变化对通过阀的流量影响要小。

（4）液流通过全开阀时的压力损失要小。

（5）当阀口关闭时，阀的泄漏量要小。

知识点二：节流阀工作原理

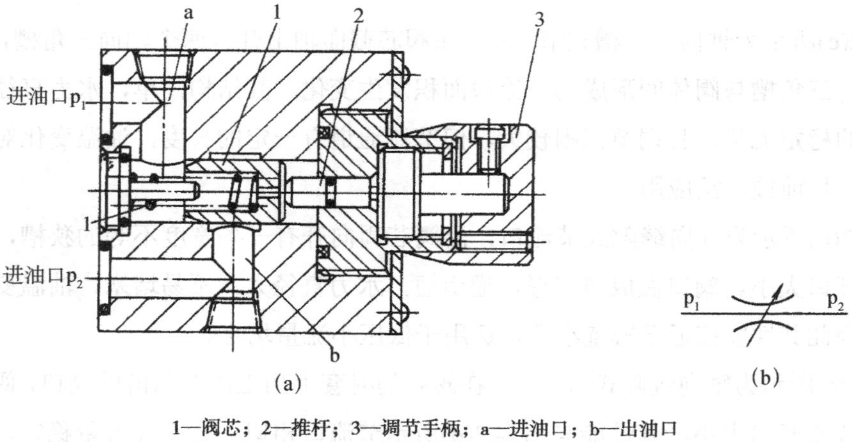

1—阀芯；2—推杆；3—调节手柄；a—进油口；b—出油口

图 4.3　普通节流阀

图 4.3 所示为一种普通节流阀的结构和图形符号。这种节流阀的节流通道呈轴向三角槽式。压力油从进油口 P_1 流入孔道 a 和阀芯 1 左端的三角槽进入孔道 b，再从出油口 P_2 流出。调节手柄 3，可通过推杆 2 使阀芯作轴向移动，以改变节流口的通流截面积来调节流量。

一、节流阀的相关概念

1．节流阀的堵塞

当节流阀的通流截面较小时，通过节流口的流量会出现周期性的脉动，甚至出现断流的现象。节流阀的节流口可能因油液中的杂质或由于油液氧化后析出的胶质、沥青等而局部堵塞，这就改变了原来节流口通流面积的大小，使流量发生变化，尤其是当开口较小时，这一影响更为突出，严重时会完全堵塞而出现断流现象。因此，节流口的抗堵塞性能也是影响流量稳定性的重要因素，尤其会影响流量阀的最小稳定流量。

2．最小稳定流量

能使节流阀正常工作（无断流，且流量变化率不大于 10%）的最小流量。一般节流口通流面积越大，节流通道越短和水力直径越大，越不容易堵塞，当然油液的清洁度也对堵塞产生影响。一般流量控制阀的最小稳定流量为 0.05L/min。

二、节流阀流量稳定性的影响因素

1．压差对流量的影响

当节流阀两端压差改变时，通过节流阀的流量就会发生变化。当用节流阀给执行元件调速时，节流阀的出口压力受负载变化影响，随负载的变化而变化。在定量泵系统中，溢流阀可以调定节流阀前的压力。节流阀前后的压力差受到负载的影响会发生变化，流量就会发生变化。因而节流阀的流量稳定性较差。

2．温度对流量的影响

薄壁小孔的流量与黏度无关，因而温度对薄壁小孔的流量没有影响。

三、节流阀的特点

节流阀结构简单，制造容易，体积小，使用方便，造价低，但负载和温度的变化对理论稳定性的影响较大，因此只适用于负载和温度变化不大，或速度稳定性要求不高的场合。

四、单向节流阀

在液压系统中，如果要求单方向控制油液流量一般采用单向节流阀。图 4.4 所示为单向节流阀。该阀在正向通油时，即油液从 P_1 口进入，从 P_2 口输出。其工作原理如同普通节流阀，但油液反向流动，即从 P_2 口进入，则推动阀芯压缩弹簧全部打开阀口，实现单方向控制油液的目的。

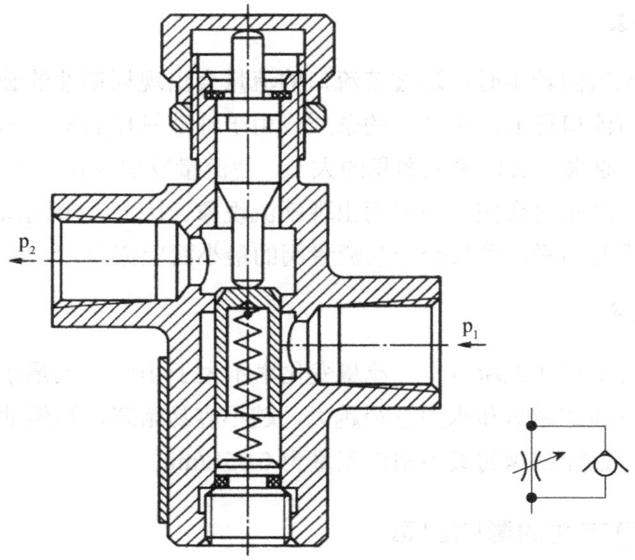

(a) 结构　　(b) 图形符号

图 4.4　单向节流阀

在节流阀中，即使采用节流指数较小的开口形式，由于节流阀流量是其压差的函数，故负载变化时，还是不能保证流量的稳定。要获得稳定的流量，就必须保证节流口两端压差不随负载变化，按照这个思想设计的阀就是调速阀。

知识点三：调速阀工作原理

一、调速阀

普通节流阀由于刚性差，在节流开口一定的条件下通过它的工作流量受工作负载（亦即其出口压力）变化的影响，不能保持执行元件运动速度的稳定，因此只适用于工作负载变化不大和速度稳定性要求不高的场合，由于工作负载的变化很难避免，为了改善调速系统的性能，通常是对节流阀进行补偿，即采取措施使节流阀前后压力差在负载变化时始终保持不变。由 $q=KA\Delta p^m$ 可知，当 Δp 基本不变时，通过节流阀的流量只由其开口量大小来决定，使 Δp 基本保持不变的方式有两种：一种是将定压差式减压阀与节流阀并联起来构成调速阀，另一种是把维持节流阀两端压力差稳定的任务交给溢流阀的溢流节流阀。下面先介绍第一种。

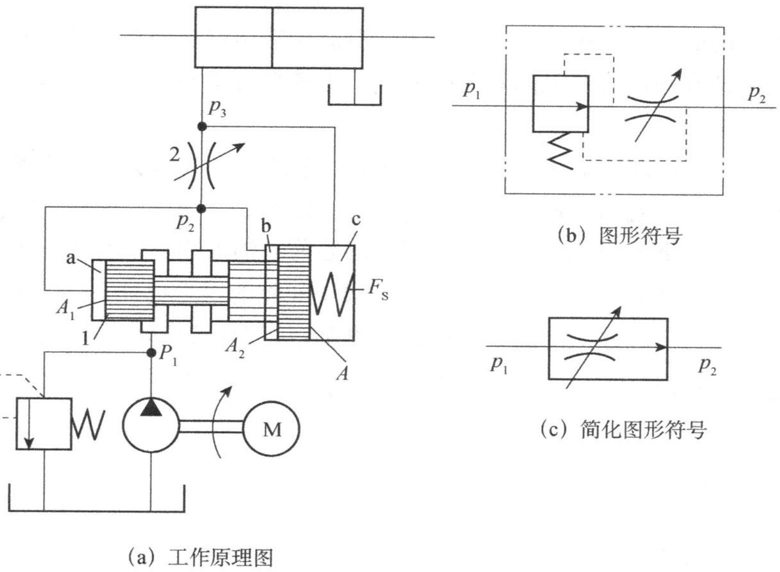

1—减压阀；2—节流阀

图 4.5 调速阀

如图 4.5 所示，调速阀是在节流阀 2 前面串接一个定差减压阀 1 组合而成的。图 4.5(a)为其工作原理图。液压泵的出口（即调速阀的进口）压力 p_1 由溢流阀调整基本不变，而调速阀的出口压力 p_3 则由液压缸负载 F 决定。油液先经减压阀产生一次压力降，将压力降到 p_2，p_2 经反馈通道作用到减压阀的 a 和 b 腔，节流阀的出口压力 p_3 又经反馈通道作用到减压阀的 c 腔，当减压阀的阀芯在弹簧力 F_s、油液压力 p_2 和 p_3 作用下处于某一平衡位置时（忽略摩擦力和液动力等），则有：

$$p_2A_1+p_2A_2=p_3A+F_s$$

式中，A、A_1 和 A_2 分别为 b 腔、c 腔和 d 腔内压力油作用于阀芯的有效面积，且 $A=A_1+A_2$。

故
$$p_2-p_3=\Delta p=F_s/A$$

因为弹簧刚度较低，且工作过程中减压阀阀芯位移很小，可以认为 F_s 基本保持不变。故节流阀两端压力差（p_2-p_3）也基本保持不变，这就保证了通过节流阀的流量稳定。

调速阀适用于负载变化较大、速度稳定性要求较高的系统。各类组合机床、车、铣床等设备常用调速阀调速。

二、溢流节流阀（旁通型调速阀）

将稳压溢流阀与节流阀并联起来构成溢流节流阀。这种阀是利用流量的变化所引起的油路压力的变化，再通过阀芯的负反馈动作来自动调节节流部分的压力差，使其保持不变。溢流节流阀是差压式溢流阀与节流阀并联而成的组合阀，它也能补偿因负载变化而引起的流量变化。节流阀的出口接执行元件，差压式溢流阀的出口接油箱。节流阀的前后压力经阀体内反馈孔反馈到差压式溢流阀阀芯的两端。当其受力平衡时，压差基本不变，即流经节流阀的流量基本稳定。

如图 4.6 所示，从液压泵输出的油液一部分从节流阀 4 进入液压缸左腔推动活塞向右运动，另一部分经溢流阀的溢流口流回油箱，溢流阀 3 阀芯的上端 a 腔同节流阀 4 上腔相通，其压力为 p_2；腔 b 和下端腔 c 同溢流阀 3 阀芯前的油液相通，其压即为泵的压力 p_1，当液压缸活塞上的负载力 F 增大时，压力 p_2 升高，a 腔的压力也升高，使溢流阀阀芯 3 下移，关小溢流口，这样就使液压泵的供油压力 p_1 增加，从而使节流阀 4 的前、后压力差（p_1-p_2）基本保持不变。这种溢流阀一般附带一个安全阀 2，以避免系统过载。

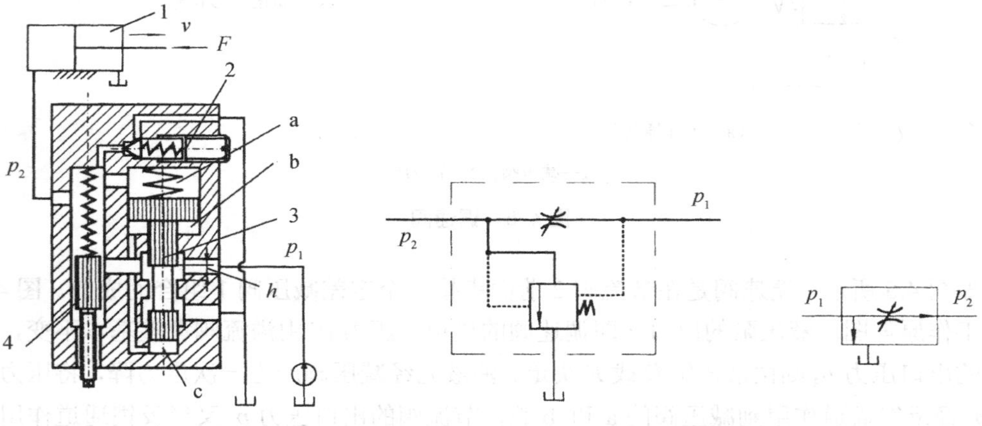

（a）工作原理图　　（b）图形符号

1—液压缸；2—安全阀；3—溢流阀；4—节流阀

图 4.6　溢流节流阀

溢流节流阀是通过 p_1 随 p_2 的变化来使流量基本上保持恒定的，它与调速阀虽都具有压力补偿的作用，但它们组成调速系统时是有区别的，调速阀无论在执行元件的进油路上或回油路上，执行元件上负载变化时，泵出口处压力都由溢流阀保持不变，而溢流节流阀是通过 p_1 随 p_2（负载的压力）的变化来使流量基本上保持恒定的。因而溢流节流阀具有功率损耗低，发热量小的优点。但是，溢流节流阀中流过的流量比调速阀大（一般是系统的全部流量），阀芯运动时阻力较大，弹簧较硬，其结果使节流阀前后压差 Δp 加大（需达 0.3～0.5MPa），因此它的稳定性稍差。

三、温度补偿调速阀

普通调速阀的流量虽然已能基本上不受外部负载变化的影响，但是当流量较小时，节流口的通流面积较小，这时节流口的长度与通流截面水力直径的比值相对地增大，因而油液的黏度变化对流量的影响也增大，所以当油温升高后油的黏度变小时，流量仍会增大，为了减小温度对流量的影响，可以采用温度补偿调速阀。

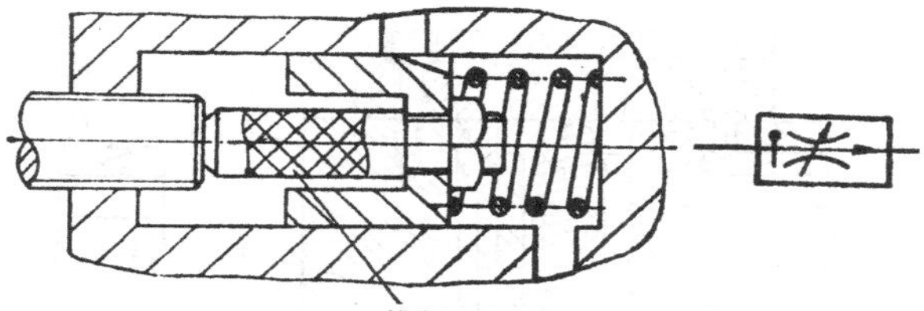

图 4.7 温度补偿原理图

温度补偿调速阀的压力补偿原理部分与普通调速阀相同，据 $q=KA\Delta p^m$ 可知，当 Δp 不变时，由于黏度下降，K 值（$m\neq0.5$ 的孔口）上升，此时只有适当减小节流阀的开口面积，方能保证 q 不变。图 4.7 所示为温度补偿原理图，在节流阀阀芯和调节螺钉之间放置一个温度膨胀系数较大的聚氯乙烯推杆，当油温升高时，流量增加，这时温度补偿杆伸长使节流口变小，从而补偿了油温对流量的影响。在 20～60℃的温度范围内，流量的变化率超过 10%，最小稳定流量可达 20mL/min ($3.3\times10^{-7}m^3/s$)。

知识点四：新型液压阀认知

上述液压阀（溢流阀、减压阀、顺序阀、方向阀、节流阀、调速阀等）只适应于小流量中低压系统，大流量高压系统要采用怎么样的控制阀呢？为了满足自动化设备的要求，液压设备必须能够实现自动化自动控制循环，鉴于此，我们介绍新型液压阀，包括插装阀、电液比例阀、电液伺服阀、叠加阀等。

一、插装阀

插装阀又称逻辑阀，是一种较新型的液压阀，具有通流能力大、密封性能好、动作灵敏、结构简单的特点。它的通流量可达到 1000L/min，通径可达 200～250mm；但是它的功能比较单一，主要实现液路的通或断，只有与普通液压控制阀组合使用时，才能实现对系统油液方向、压力和流量的控制。

插装阀由控制盖板、阀芯、阀套、弹簧和插装块体组建组成，如图 4.8 所示。根据用途不同分为方向阀组件、压力阀组件和流量阀组件。同一通径的三种组件安装尺寸相同，但阀芯的结构形式和阀套座直径不同。三种组件均有两个主油口 A 和 B、一个控制口 K。当 K 口接油箱卸荷时，阀芯下部的液压力克服弹簧力将阀芯顶开，至于液流的方向，视 A、B 口油液的压力而定。当 P_A 大于 P_B 时，油液由 A 流到 B， 当 P_A 小于 P_B 时，油液由 B 流到 A；当控制口 K 接压力油且 $P_C\geqslant P_A$、$P_C\geqslant P_B$ 时，阀芯在上下端压力和弹簧力作用下关闭，油口 A 和 B 不通。此时的插装阀相当于一个液控两位两通阀。

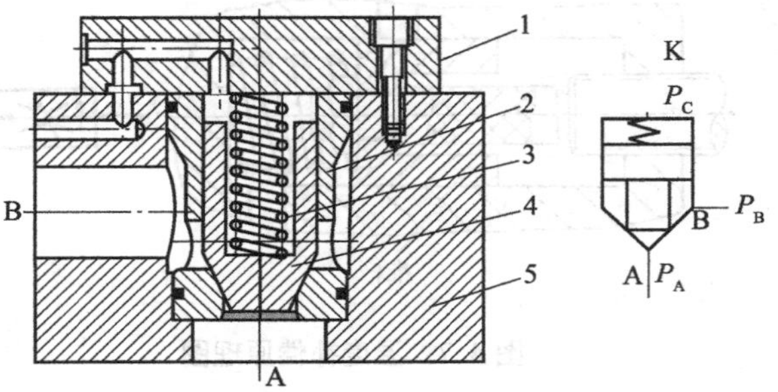

1—控制盖板；2—阀套；3—弹簧；4—阀芯；5—插装块体

图 4.8 二通插装阀

插装阀一般不单独使用，可以与其他的液压阀配合使用，例如，与方向阀配合组成方向控制阀，与压力阀配合组成压力控制阀，与流量阀配合组成流量控制阀。

1. 插装阀与小流量的电磁换向阀组成换向阀

（1）作单向阀和液控单向阀，如图 4.9 所示。

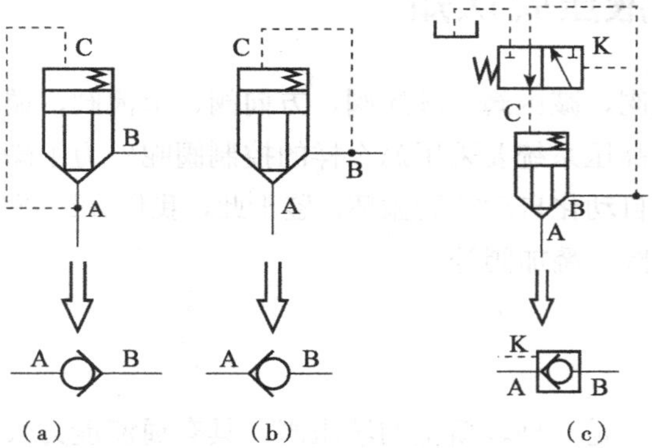

图 4.9 插装阀作单向阀和液控单向阀

如图 4.9（a）所示，当 $p_A > p_B$ 时，阀芯关闭，A，B 不通；而当 $p_A < p_B$ 时阀芯开启，油液从 B 流向 A，此时的功能相当于 B 流向 A 普通单向阀。

如图 4.9（b）所示，当 $p_A > p_B$ 时，阀芯开启，油液从 A 流向 B；而当 $p_A < p_B$ 时阀芯关闭，A，B 不通，此时的功能相当于 A 流向 B 普通单向阀。

如图 4.9（c）所示，当控制口 K 不通压力油时，其功能与图 4.9（b）相同；当控制口 K 通压力油时，C 口与油箱接通，即 C 口通的是低压油，阀的流动方向取决于 A，B 两口油压力的大小，如果 A 口压力比 B 口压力大，油液就由 A 流向 B；如果 A 口压力比 B 口压力小，油液就由 B 流向 A。此时的功能与液控单向阀相同。

（2）作二位二通换向阀，如图 4.10 所示。

如图 4.10（a）所示，两位三通阀电磁铁断电时，A，C 两口互通，其功能相当于由 B 通向 A 的普通单向阀；两位三通阀电磁通电时，C 口通油箱，其功能相当于 A，B 互通的液控单向阀。如图 4.10（b）所示，两位三通阀电磁铁断电时，由于梭阀的作用当 $p_A>p_B$ 时，A，C 两口互通，由于 B 口压力比 A 口压力小，因而 A 不通 B，$p_A<p_B$ 时，B，C 两口互通，由于 B 口压力比 A 口压力大，因而 A 不通 B，也就是说两位三通阀电磁铁断电时，A、B 两口不通。当两位三通阀电磁铁通电时，C 口通油箱，阀的流动方向取决于 A，B 两口油压力的大小，如果 A 口压力比 B 口压力大，油液就由 A 流向 B；如果 A 口压力比 B 口压力小，油液就由 B 流向 A。也就是说两位三通阀电磁铁断电时，A，B 两口导通。

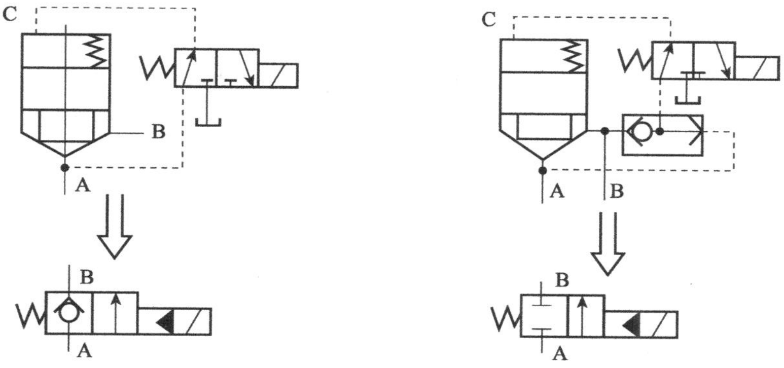

（a）　　　　（b）

图 4.10　插装阀二位二通换向阀

（3）作二位四通换向阀，如图 4.11 所示。

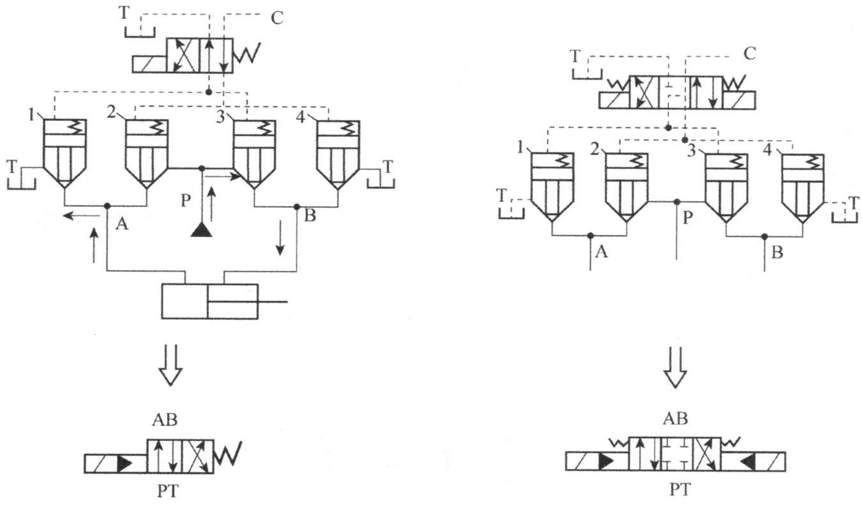

（a）　　　　（b）

1，2，3，4—插装阀

图 4.11　插装阀二位（三位）四通换向阀

当两位四通电磁换向阀断电时如图 4.11（a）所示，阀 1 和阀 3 的 C 口通油箱，油液的流动方向取决于 A，B 两个油口压力的高低，A 口通压力油，由 A 流向 B；B 口通压力油，由B流向A；此时油液流动方向为：液压泵提供的高压油通过阀3的B通A渠道首先进入液压缸有杆腔，无杆腔的回油通过阀1的A通B渠道回油箱。

当两位四通电磁换向阀通电时如图4.11（b）所示，阀2和阀4的C口通油箱，油液的流动方向取决于A，B两个油口压力的高低，A口通压力油，由A流向B；B口通压力油，由B流向A；此时油液流动方向为：液压泵提供得高压油通过阀2的B通A渠道首先进入液压缸无杆腔，有杆腔的回油通过阀4的A通B渠道回油箱。

2．用做压力阀

利用压力阀对两通插装阀的控制口进行阀芯的开启压力控制，便可构成压力阀，如图4.12所示。若B口通油箱时为压力阀，B口不通油箱时为顺序阀，当控制口通过两位两通通油箱时就是卸荷阀。

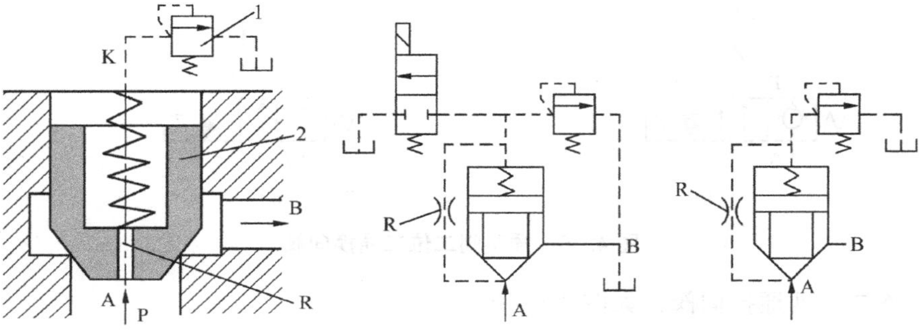

（a）结构图　　（b）用做溢流阀或卸荷阀　　（c）用做顺序阀

1—溢流阀；2—插装阀

图4.12　插装阀用做压力阀

3．插装阀用做流量阀

如图4.13所示，在插装阀的控制盖板上有阀芯限位器，用来调节阀芯开度，从而起到流量控制阀的作用。若在两通插装阀前串联一个定差减压阀，就可以组成两通插装调速阀。

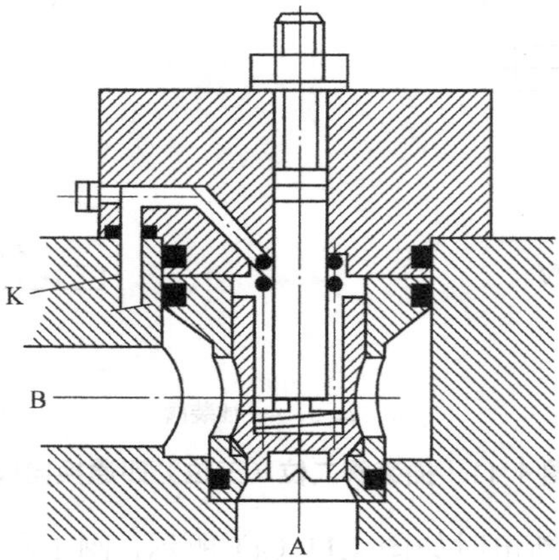

图4.13　插装阀用于流量阀

一般说来，这种阀芯不带阻尼孔的逻辑组件构成的流量控制阀常做进油口节流用如图 4.14 所示，而阀芯带阻尼孔的逻辑组件构成的流量控制阀常做回油口节流用。

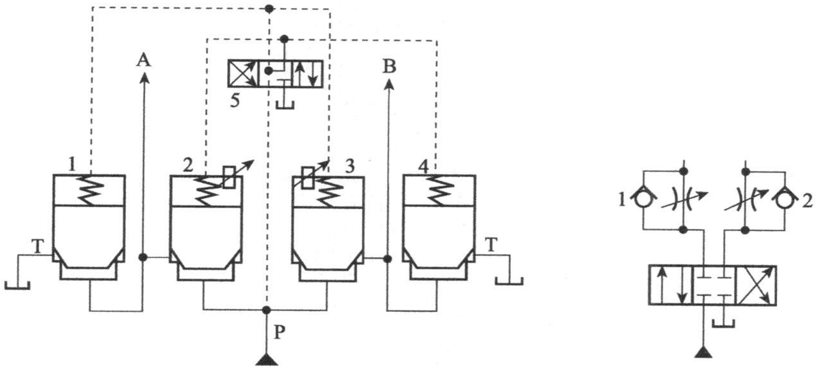

(a) 插装式进口节流调速
1，2，3，4—插装阀；5—三位阀

(b) 等效进口节流调速
1，2—单向节流阀

图 4.14 插装阀用于速度控制

插装阀的特点有：

（1）通过插装阀盖的配合，可使插装阀具有方向、流量及压力控制等功能。

（2）插件体为锥形阀结构，因而内部泄漏极少；其反应性良好，可进行高速切换。

（3）通流能力大，压力损失小，适合于高压、大流量系统。

（4）插装阀直接组装在油路板上，因而减少了由于配管引起的外部泄漏、振动、噪声等事故，系统可靠性有所增加。

（5）安装空间缩小，使液压系统小型化。同时，和以往方式相比，插装阀可降低液压系统的制造成本。

二、电液比例阀

电液比例阀是一种性能介于普通控制阀和电液伺服阀之间的新阀种，它既可以根据输入电信号的大小连续成比例地对油液的压力、流量、方向实现远距离控制，又在制造成本和抗污染等方面优于电液伺服阀。电液比例阀按用处可以分为：电液比例方向阀、电液比例压力阀、电液比例流量阀。电液比例阀是阀内比例电磁铁根据输入的电压信号产生相应动作，使工作阀阀芯产生位移，阀口尺寸发生改变并以此完成与输入电压成比例的压力、流量输出的元件。阀芯位移也可以以机械、液压或电的形式进行反馈。由于电液比例阀具有形式种类多样、容易组成使用电气及计算机控制的各种电液系统、控制精度高、安装使用灵活以及抗污染能力强等多方面优点，因此应用领域日益拓宽。近年研发生产的插装式比例阀和比例多路阀充分考虑到工程机械的使用特点，具有先导控制、负载传感和压力补偿等功能。它的出现对移动式液压机械整体技术水平的提升具有重要意义。特别是在电控先导操作、无线遥控和有线遥控操作等方面展现了其良好的应用前景。

图 4.15 所示为电液比例溢流阀结构图和图形符号。电液比例溢流阀由直流比例电磁铁和先导型溢流阀组成。若与普通压力阀组合，可组成先导型比例溢流阀、比例减压阀和比

例顺序阀等。

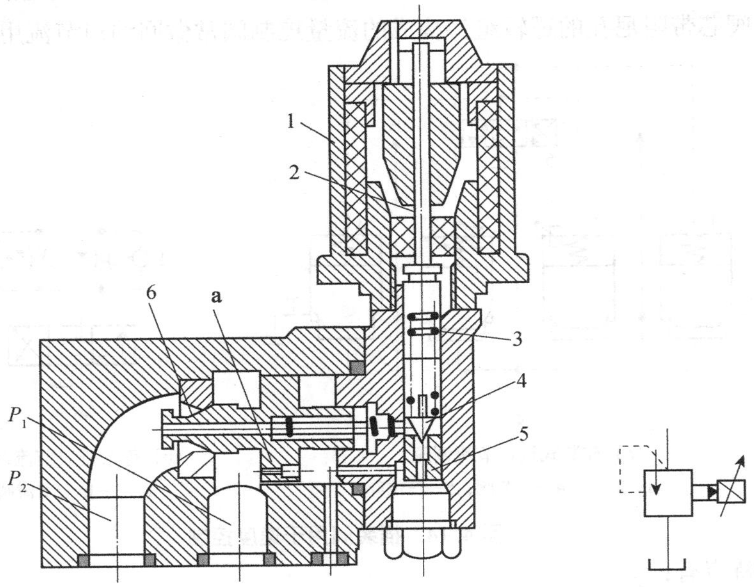

（a）结构　　　　（b）图形符号

1—比例电磁铁；2—推杆；3—先导阀弹簧；4—先导阀阀芯；5—先导阀阀座；6—主阀芯；a—阻尼孔

图 4.15　电液比例溢流阀结构图和图形符号

图 4.16 所示为普通溢流阀组成的多级调压回路和电液比例阀组成的五级调压回路。普通溢流阀组成的三级调压回路要通过三个溢流阀才能调整三级压力，而对于电液比例阀组成的四级调压回路只需一个溢流阀和相对应的五个电流就可以实现，因而系统简单，体积较小。

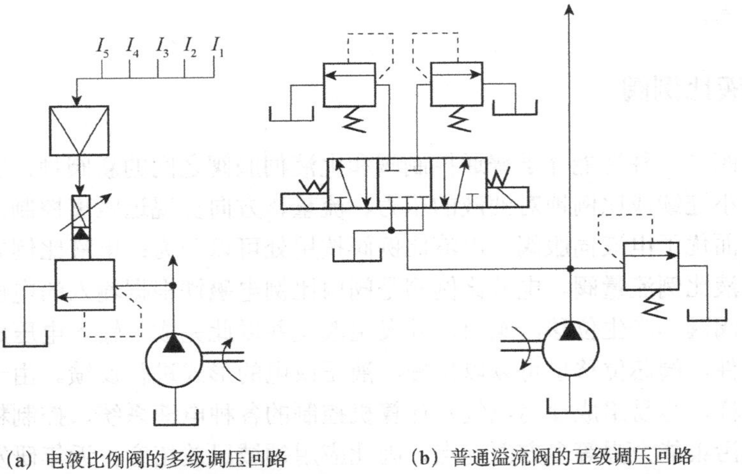

（a）电液比例阀的多级调压回路　　　（b）普通溢流阀的五级调压回路

图 4.16　普通溢流阀组成的多级调压回路和电液比例阀组成的五级调压回路

三、电液伺服阀

电液伺服阀是电液联合控制的多级伺服元件，它能将微弱的电气输入信号放大成大功率的液压能量输出，是一种比电液比例阀的精度更高、响应更快的液压控制阀。它主要用于高速闭环液压控制系统，伺服阀价格较高，对过滤精度的要求也较高。

电液伺服阀由电磁和液压两部分组成，如图 4.17 所示。电磁部分是一个力矩马达，液压部分是一个两级液压放大器。电液伺服阀由力矩马达和液压放大器组成。

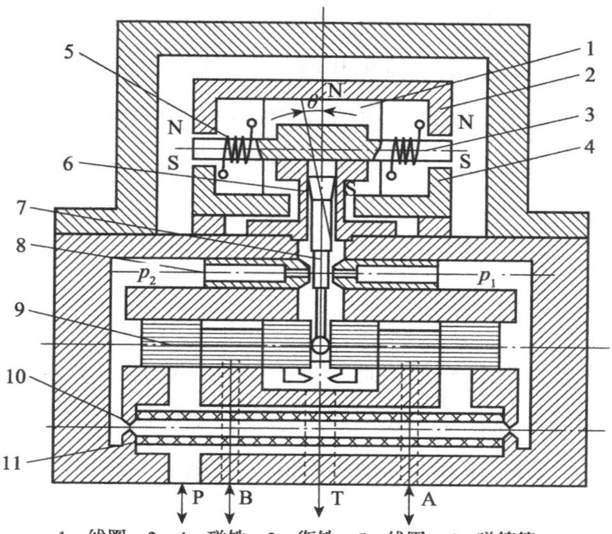

1—线圈；2，4—磁铁；3—衔铁；5—线圈；6—弹簧管；
7—挡板；8—喷嘴；9—阀芯；10—节流口；11—过滤器

图 4.17 喷嘴挡板式电液伺服阀的工作原理图

1．力矩马达工作原理

磁铁把导磁体磁化成 N、S 极，形成磁场。衔铁和挡板固连，由弹簧支撑位于导磁体的中间。挡板下端球头嵌放在滑阀中间凹槽内；线圈无电流时，力矩马达无力矩输出，挡板处于两喷嘴中间；当输入电流通过线圈使衔铁 3 左端被磁化为 N 极，右端为 S 极，衔铁逆时针偏转。弹簧管弯曲产生反力矩，使衔铁转过 θ 角。电流越大 θ 角就越大，力矩马达把输入电信号转换为力矩信号输出。永久磁体将导磁体磁化为 N 极和 S 极。无电流输入时，力矩马达无输出，衔铁中立。有电流输入时，衔铁被磁化，若左端为 N 极， 右端为 S 极，则由同性相斥，异性相吸的原理可知，衔铁逆时针方向偏转，同时弹簧管变形，产生反力矩，直到电磁力矩与弹簧管反力矩相平衡为止。电流越大，产生的电磁力矩越大衔铁偏转的角度越大。

2．前置放大级工作原理

压力油经滤油器和节流孔流到滑阀左、右两端油腔和两喷嘴腔，由喷嘴喷出，经阀芯 9 中部流回油箱。力矩马达无输出信号时，挡板不动，滑阀两端压力相等。当力矩马达有信号输出时，挡板偏转，两喷嘴与挡板之间的间隙不等，致使滑阀两端压力不等，推动阀芯移动。

3．功率放大级工作原理

当前置放大级有压差信号使滑阀阀芯移动时，主油路被接通。滑阀位移后的开度正比于力矩马达的输入电流，即阀的输出流量和输入电流成正比。滑阀移动的同时，挡板下端的小球亦随同移动，使挡板弹簧片产生弹性反力，阻止滑阀继续移动。挡板变形又使它在两喷嘴间的位移量减小，实现反馈。当滑阀上的液压作用力和挡板弹性反力平衡时，滑阀便保持在这一开度上不再移动。

四、叠加阀

叠加阀本身既是元件又是具有油路通道的连接体，阀体的上下两面做成连接面。选择同一种通径系列的叠加阀，叠合在一起用螺栓固定，即可组成所需的液压传动系统。

叠加阀有 5 个通径：$\phi 6$、$\phi 10$、$\phi 16$、$\phi 20$、$\phi 32$mm。额定压力为 20MPa，额定流量为 10~200L/min。

叠加阀的分类与一般液压阀相同，按功能的不同分为压力控制阀、流量控制阀、方向控制阀三大类。其中方向控制阀仅有单向阀类，主换向阀不属于叠加阀。

叠加阀是在板式液压阀集成化基础上发展起来的一种新型的控制元件。每个叠加阀不仅起控制阀的作用，而且还起连接块和通道的作用。每个叠加的阀体均有上下两个安装平面和四至五个公共通道，每个叠加阀的进出油口与公共通道并联或串联，同一通径的叠加阀的上下安装面的油口相对位置与标准的板式液压阀的油口位置相一致。叠加阀组最下面的是底板，底板上有进油孔、回油孔和通向液压执行元件的油孔，底板上面第一个元件一般是压力表开关，然后依次向上叠加各压力控制阀和流量控制阀，最上层为换向阀，用螺栓将它们紧固成一个叠加阀组。一般一个叠加阀组控制一个执行元件。如果液压系统有几个需要集中控制的液压元件，则用多联底板，并排在上面组成相应的几个叠加阀组。

图 4.18 就是由溢流阀 1、双向节流阀 2、双液控单向阀 3 组成的叠加阀。叠加阀的特点主要有以下几方面：

（1）液压回路是由叠加阀堆叠而成的，可大幅缩小安装空间。

（2）组装工作简单，并可以迅速地实现回路的增添或更改。

（3）减少了由于配管引起的外部漏油、振动、噪声等事故，因而提高了可靠性。

（4）元件集中设置，维护、检修容易。

（5）回路的压力损失较少，可节省能源。

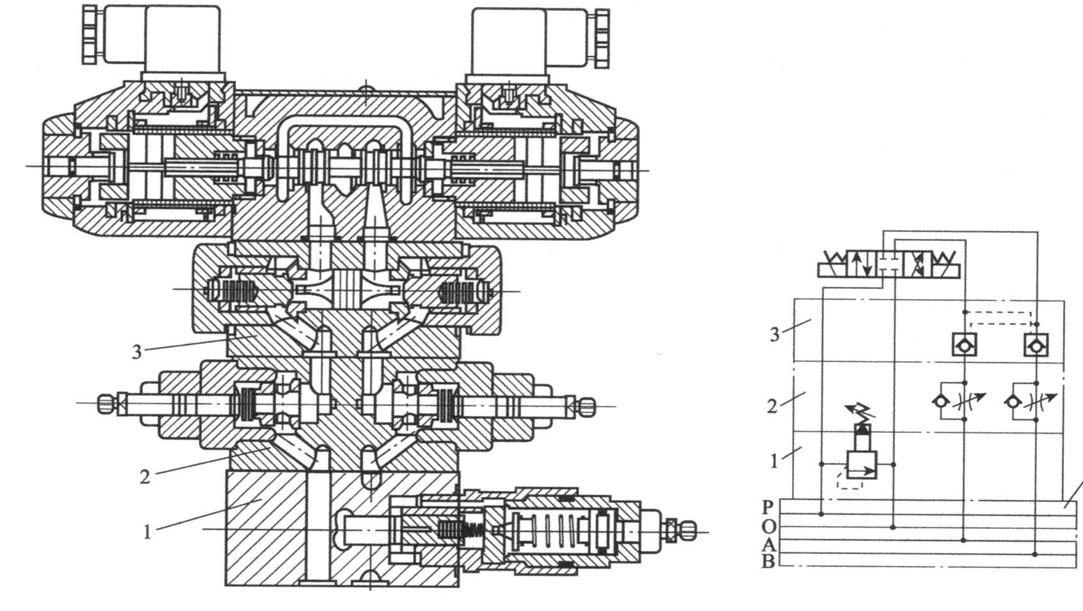

1—溢流阀；2—双向节流阀；3—双液控单向阀；4—底板

图 4.18　叠加阀

任务实施

建议学生在学习过程中借助流量阀的拆装了解流量阀的结构和工作原理。通过课堂学习和细致观察明了节流阀、调速阀图形符号的细微差别，以及插装阀、电液比例阀、伺服阀、叠加阀的工作原理和具体应用场合。

思考与练习

一、填空题

1. 调速阀是由__________与__________串联而成的。这种阀无论其进出口压力如何变化，其内__________均能保持为定值，故能保证通流截面积不变时流量稳定不变。因此，调速阀适用于__________且__________的场合。

2. 流量控制阀是通过改变节流口的____________或通流通道的____________来改变局

部阻力的大小，从而实现对流量进行控制的。

3．调速阀能在负载变化时使通过调速阀的________不变。

4．常用的节流口形式有__________、__________、__________、__________、__________。

二、选择题

1．当节流口的通流面积一定时，通过调速阀的流量与外负载的关系为（　　）。

A．无关　　B．成正比　　C．成反比

2．当节流口的通流面积一定时，通过节流阀的流量与外负载的关系为（　　）。

A．无关　　B．成正比　　C．成反比　　D．有影响

3．要使液压缸的活塞运动基本稳定，应采用（　　）进行调整。

A．节流阀　　B．平衡阀　　C．溢流阀　　D．调速阀

4．对于稳定性要求较高的设备常常用（　　）来调速。

A．节流阀　　B．溢流节流阀

C．温度补偿型调速阀　　D．调速阀

三、判断题

1. 调速阀的进出油口可以互换。（　　）

2. 节流阀的流量与节流阀两端的压力差有关。（　　）

3. 调速阀的流量与节流阀两端的压力差无关，但与温度有关。（　　）

4. 最小稳定流量与节流口截面积有关。（　　）

四、试说明图 4.19 所示的原理图中液压元件的名称

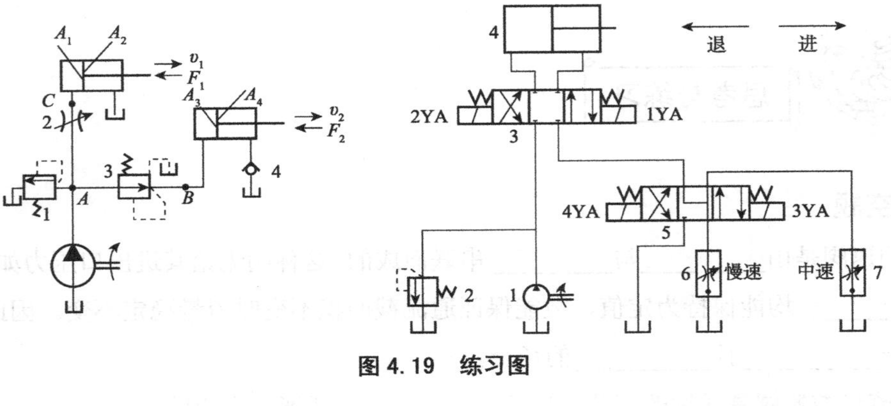

图 4.19　练习图

任务二：叶片泵与柱塞泵

执行元件的速度快慢取决于进入执行元件的液压油的流量，控制流量就可以控制运动速度，流量控制除了用流量阀之外，还可以用变量泵来控制，下面来学习可以变量泵——叶片泵和柱塞泵。

知识点一：叶片泵

叶片泵在机床、工程机械、船舶、压铸及冶金设备应用广泛。叶片泵的结构较齿轮泵复杂，但其工作压力较高。叶片泵具有结构紧凑、流量均匀、噪声小、运转平稳等优点，因而被广泛用于中、低压液压系统中。但它也存在着结构复杂，吸油能力差，对油液污染比较敏感等缺点。叶片泵按结构可分为单作用式和双作用式两大类。单作用式主要作变量泵，双作用式作定量泵。

一、单作用叶片泵

1. 单作用叶片泵工作原理

单作用叶片泵（见图 4.20）由转子 1、定子 2、 叶片 3 和配油盘（见图 4.21）等零件组成。与双作用叶片泵明显不同之处是，定子的内表面是圆形的， 转子与定子之间有一偏心量 *e*，配油盘只开一个吸油窗口和一个压油窗口。当转子转动时，由于离心力作用，叶片顶部始终压在定子内圆表面上。这样，两相邻叶片间就形成了密封容腔。显然，当转子按图示方向旋转时，图中右侧的容腔是吸油腔，左侧的容腔是压油腔，它们容积的变化分别对应着吸油和压油过程。封油区如图 4.20 中所示。由于在转子每转一周的过程中，每个密封容腔完成吸油、压油各一次，因此也称为单作用叶片泵。单作用叶片泵的转子受不平衡液压力的作用，故又被称为非卸荷式叶片泵。

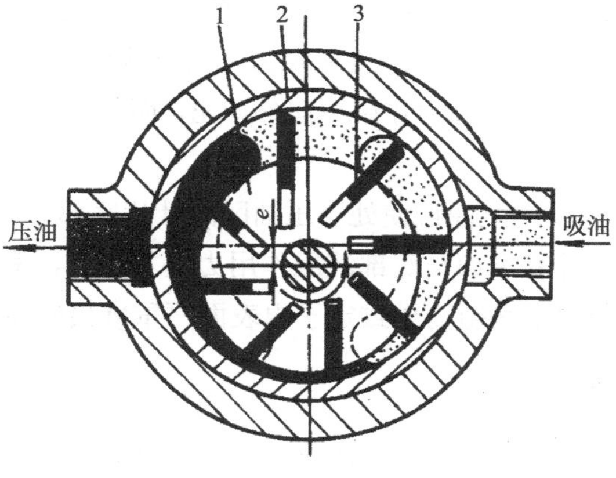

1—转子；2—定子；3—叶片

图 4.20　单作用叶片泵

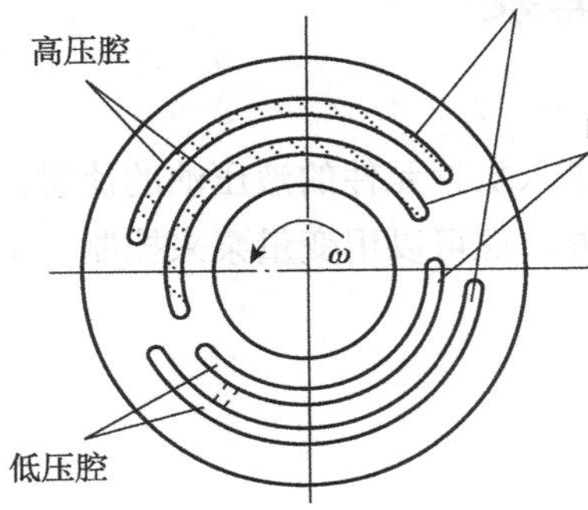

图 4.21　配油盘

2．单作用叶片泵的排量和流量计算

单作用叶片泵的排量为各工作容积在主轴旋转一周时所排出的液体的总和。排量 V 计算公式为：

$$V=\pi[(R+e)^2-(R-e)^2]B=4\pi ReB\times10^{-3}$$

实际流量 g 计算公式为

$$q=4\pi ReBn\eta_{\text{V}}\times10^{-6}$$

式中，R 为定子的内径(m)；e 为转子与定子之间的偏心矩(m)；B 为定子的宽度(m)；n 为转速（r/min）；η_{V} 为容积效率。

单作用叶片泵的流量也是有脉动的，理论分析表明，泵内叶片数越多，流量脉动率越小，此外，奇数叶片的泵的脉动率比偶数叶片的泵的脉动率小，所以单作用叶片泵的叶片数均为奇数，一般为 13 或 15 片。

3．单作用叶片泵特点

（1）只要改变定子和转子之间的偏心便可改变流量。偏心反向时，吸油压油方向也相反。

（2）由于转子受到不平衡的径向液压作用力，所以这种泵一般不宜用于高压环境中。

（3）为了更有利于叶片在惯性力作用下向外伸出，而使叶片有一个与旋转方向相反的倾斜角，称后倾角，一般为 24°。

（4）限压式变量叶片泵的配油盘使处于压油区的叶片底部通压油腔，处于吸油区的叶片底部通吸油腔。这样使叶片顶部与底部液压作用力基本平衡，避免了双作用定量叶片泵在吸油区因液压作用力径向不平衡而导致定子内表面严重磨损的问题。

4．限压式变量叶片泵

变量泵是指排量可以调节的液压泵。这种调节可能是手动的，也可能是自动的。 限压式变量叶片泵是一种利用负载变化自动实现流量调节的动力元件，在实际中得到广泛应用。本知识点介绍外反馈限压式变量叶片泵和内反馈限压式变量叶片泵 。

（1）外反馈限压式变量叶片泵

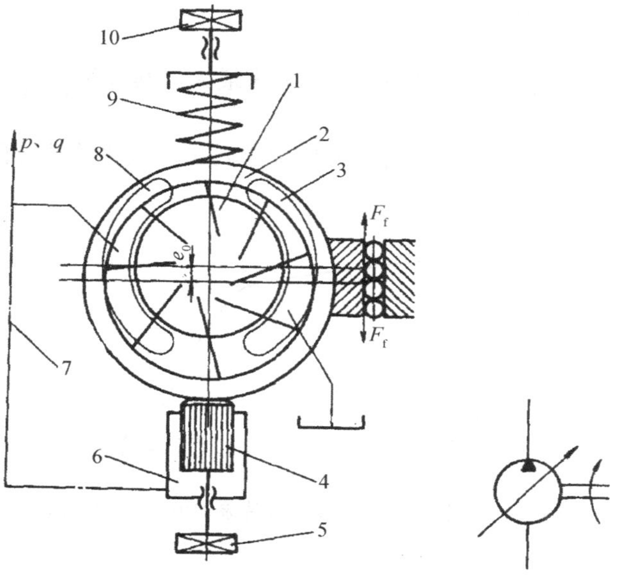

(a) 结构图　　(b) 图形符号

1—定子；2—转子；3—配油盘；4—反馈柱塞；5，10—调节螺母；
6—柱塞缸筒；7—反馈液压油；8—压油口；9—弹簧

图 4.22　外反馈限压式变量叶片泵

图 4.22 所示的是外反馈限压式变量叶片泵工作原理图。转子的中心是固定的，定子可以上下移动。它在限压弹簧的作用下被推向下端，使定子和转子中心之间有一个偏心 e_x。当转子按顺时针方向转动时，左边为压油区，右边为吸油区。由于配油盘上的吸油、压油窗口是关于泵的中心线对称的，所以压力油的合力垂直向右，可以把定子压在滚针支承上。定子下边的柱塞与泵的压油腔相通。设柱塞面积为 A_x，则作用在定子上的液压力为 pA_x。当这个液压力小于弹簧的预紧力 F_S 时，弹簧把定子推向下边，此时的偏心距达到最大值 $e_{max}=e_0$，泵输出最大流量 q_{max}。当泵的工作压力升高使得 $pA_x>F_S$ 时，液压力克服弹簧力把定子向上推移，偏心距减小了，泵的输出流量也随之减小。压力越高，偏心距 $e_x=e_{max}-x$ 越小，泵输出的流量也越小。当压力增大到偏心距所产生的流量刚好能补偿泵的内部泄漏时，泵的输出流量为零。这意味着不论外负载如何增加，泵的输出压力不会再增高。这也是“限压”的由来。由于反馈是借助于外部的反馈柱塞实现的，故称为外反馈。

当作用在定子上的液压力 $pA_x < F_S$ 时，即 $p < p_b$，弹簧把定子推向下边，偏心距达到最大值 $e_{max}=e_0$，泵输出最大流量 q_{max}。此时泵不变量。

当 $pA_x = F_S$ 时，即泵的供油压力 $p = p_b$，$p_{min} = p_b = \dfrac{F_S}{A_x}$，此时，泵开始变量。

当 $pA_x = F_S$ 时，即泵的供油压力在 $p_b \sim p_c$ 之间，定子将上移，移动量为 x，偏心距为 $e_{max} - x$，此时 $pA_x = F_S + K_x$。

当 $p = p_c$ 时，$x \approx e_{max}$，此时泵的供油压力为最大，其值为 $p_{max} = p_c = \dfrac{F_S + Ke_{max}}{A_x}$。

图 4.23 所示为外反馈限压式变量叶片泵的流量随压力变化的性能曲线。

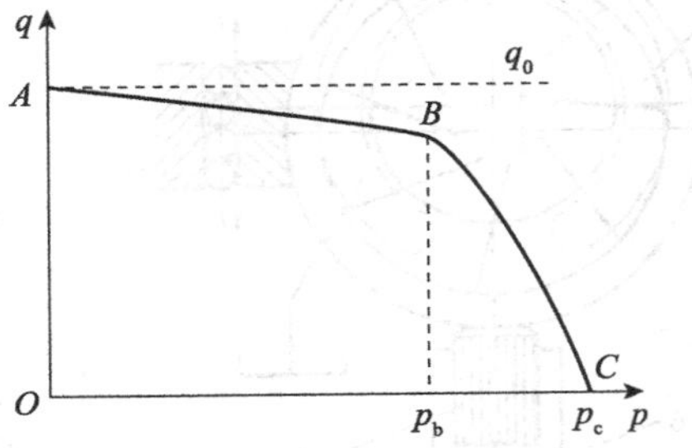

图 4.23　外反馈限压式变量叶片泵的流量-压力曲线

（2）内反馈限压式变量叶片泵

这种泵的工作原理如图 4.24 所示。由图可见，其与外反馈限压式变量叶片泵的主要差别是它没有反馈活塞，且配油盘上的压油窗口对垂直轴是不对称的，向弹簧那边转过了一个角度。这样作用在定子内壁上液压力的合力 F 在 X 轴方向上存在一个分力，它就是进行自动调节的反馈力。具体调节过程类似于外反馈限压式变量叶片泵。

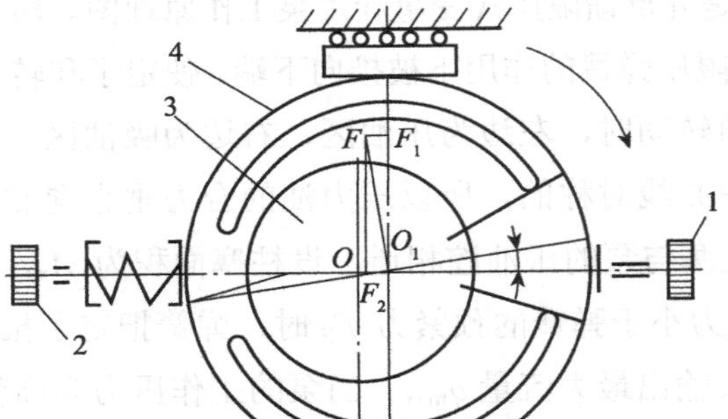

1—调压螺钉；2—流量调节螺钉；3—转子；4—定子

图 4.24　内反馈限压式变量叶片泵的工作原理

二、双作用叶片泵

1．双作用叶片泵的工作原理

双作用叶片泵的工作原理如图 4.25 所示，泵也是由定子 1、转子 2、叶片 3 和配油盘（图中未画出）等组成的。转子和定子中心重合，定子内表面近似为椭圆柱形，该椭圆形由两段长半径 R、两段短半径 r 和四段过渡曲线所组成。当转子转动时，叶片在离心力和（建压后）

根部压力油的作用下，在转子槽内作径向移动而压向定子内表面，由叶片、定子的内表面、转子的外表面和两侧配油盘间形成若干个密封空间，当转子按图示方向旋转时，处在小圆弧上的密封空间经过渡曲线而运动到大圆弧的过程中，叶片外伸，密封空间的容积增大，要吸入油液；再从大圆弧经过渡曲线运动到小圆弧的过程中，叶片被定子内壁逐渐压进槽内，密封空间容积变小，将油液从压油口压出，因而，当转子每转一周，每个工作空间要完成两次吸油和压油，所以称之为双作用叶片泵，这种叶片泵由于有两个吸油腔和两个压油腔，并且各自的中心夹角是对称的，所以作用在转子上的油液压力相互平衡，因此双作用叶片泵又称为卸荷式叶片泵，为了使径向力完全平衡，密封空间数（即叶片数）应当是双数。

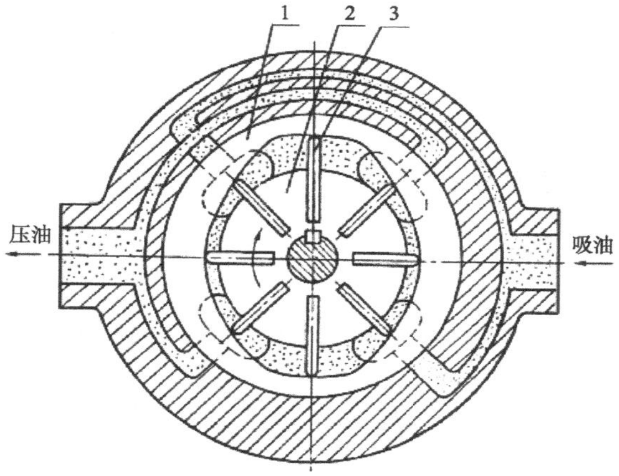

1—定子；2—转子；3—叶片

图 4.25 双作用叶片泵的工作原理

双作用叶片泵的配油盘如图 4.26 所示，在盘上有两个吸油窗口 2、4 和两个压油窗口 1、3，窗口之间为封油区，通常应使封油区对应的中心角 β 稍大于或等于两个叶片之间的夹角，否则会使吸油腔和压油腔连通，造成泄漏，当两个叶片间密封油液从吸油区过渡到封油区（长半径圆弧处）时，其压力基本上与吸油压力相同，但当转子再继续旋转一个微小角度时，会使该密封腔突然与压油腔相通，使其中油液压力突然升高，油液的体积突然收缩，压油腔中的油倒流进该腔，使液压泵的瞬时流量突然减小，引起液压泵的流量脉动、压力脉动和噪声，为此在配油盘的压油窗口靠叶片从封油区进入压油区的一边开有一个截面形状为三角形的三角槽（又称眉毛槽），使两叶片之间的封闭油液在未进入压油区之前就通过该三角槽与压力油相连，其压力逐渐上升，因而缓减了流量和压力脉动，并降低了噪声。环形槽 c 与压油腔相通并与转子叶片槽底部相通，使叶片的底部作用有压力油。

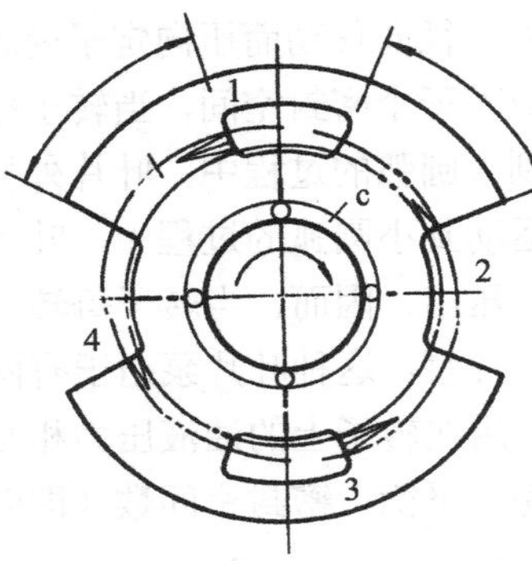

1，3—压油窗口；2，4—吸油窗口；c—环形槽

图 4.26 配油盘

2．双作用叶片泵的排量和流量

排量的计算公式为：

$$V=2B[\pi(R^2-r^2)-\frac{R-r}{\cos\theta}z\delta]\times10^6$$

流量 q（单位为 L/min）公式为：

$$q=2Bn[\pi(R^2-r^2)-\frac{R-r}{\cos\theta}z\delta]\eta_v\times10^6$$

式中，B 为转子宽度（mm）； z 为叶片数（取 12 或 16）；R 为定子长半径（mm）；r 为定子短半径（mm）；δ 为叶片厚度（mm）；θ 为叶片倾角；η_v 为容积效率；n 为转子转速（r/min）。

3．双作用叶片泵的结构特点

（1）双作用叶片泵是定量泵。

（2）转子受到平衡的径向液压作用力，所以这种泵宜用于高压。

（3）为了更有利于叶片在惯性力作用下向外伸出，而使叶片有一个与旋转方向相同的倾斜角，称前倾角，一般为 13°。

（4）为了保证径向力平衡，叶片数一般是双数，如 12 或 16。

（5）叶片底部一般通压力油，叶片在吸油区时叶片的磨损严重。

双作用叶片泵的优点是结构紧凑、体积小、重量轻、噪声小、寿命长。缺点是结构复杂、自吸性差、对油污染较敏感、转速范围有限制。常用于中压、中高压机床和需要流量均匀平衡，转速在 600～2000r/min 范围内使用的液压系统。

三、双级叶片泵和双联叶片泵

1．双级叶片泵

为了要得到较高的工作压力，也可以不用高压叶片泵，而用双级叶片泵，双级叶片泵是由两个普通压力的单级叶片泵装在一个泵体内在油路上串接而成的，如果单级泵的压力可达 7.0MPa，双级泵的工作压力就可达 14.0MPa。

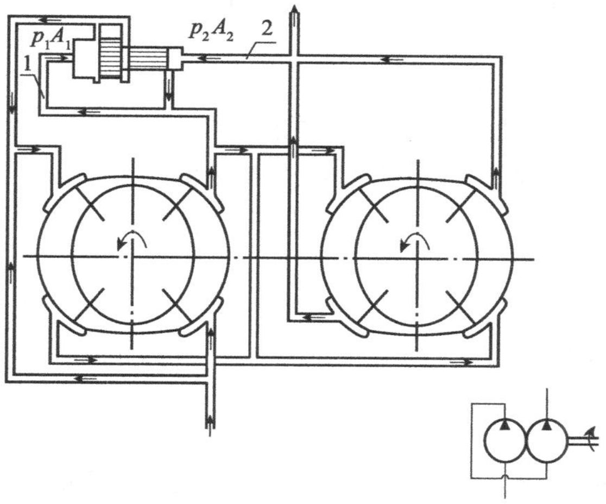

1，2—管路

图 4.27　双级叶片泵的工作原理

双级叶片泵的工作原理如图 4.27 所示，两个单级叶片泵的转子装在同一根传动轴上，当传动轴回转时就带动两个转子一起转动。第一级泵经吸油管从油箱吸油，输出的油液就送入第二级泵的吸油口，第二级泵的输出油液经管路送往工作系统。设第一级泵输出压力为 p_1，第二级泵输出压力为 p_2。正常工作时 $p_2=2p_1$。但是由于两个泵的定子内壁曲线和宽度等不可能做得完全一样，两个单级泵每转一周的容量就不可能完全相等。如果第二级泵每转一周的容量大于第一级泵，第二级泵的吸油压力(也就是第一级泵的输出压力)就要降低，第二级泵前后压力差就加大，因此载荷就增大；反之，第一级泵的载荷就增大，为了平衡两个泵的载荷，在泵体内设有载荷平衡阀。第一级泵和第二级泵的输出油路分别经管路 1 和 2 通到平衡阀的大滑阀和小滑阀的端面，两滑阀的面积比 $A_1/A_2=2$。如第一级泵的流量大于第二级时，油液压力 p_1 就增大，使 $p_1>1/2p_2$，因此 $p_1A_1>p_2A_2$，平衡阀被推向右边，第一级泵的多余油液从管路 1 经阀口流回第一级泵的进油管路，使两个泵的载荷获得平衡；如果第二级泵流量大于第一级，油压 p_1 就降低，使 $p_1A_1<p_2A_2$，平衡阀被推向左边，第二级泵输出的部分油液从管路 2 经阀口流回第二级泵的进油口而获得平衡，如果两个泵的容量绝对相等，平衡阀两边的阀口都封闭。

2．双联叶片泵

双联叶片泵是由两个单级叶片泵装在一个泵体内在油路上并联组成的。两个叶片泵的转子由同一传动轴带动旋转，有各自独立的出油口，两个泵的流量可以是相等的，也可以是不等的。

双联叶片泵常用于有快速进给和工作进给要求的机械加工的专用机床中，这时双联叶片泵由一小流量和一大流量泵组成。当快速进给时，两个泵同时供油（此时压力较低），当工作进给时，由小流量泵供油（此时压力较高），同时在油路系统上使大流量泵卸荷，这与采用一个高压大流量的泵相比，可以节省能源，减少油液发热。这种双联叶片泵也常用于机床液压系统中需要两个互不影响的独立油路中。

四、叶片泵的泄漏

叶片泵的泄漏主要有三处：轴向泄漏，配流盘与转子、叶片之间的轴向间隙泄漏；径向泄漏，叶片顶端与定子内表面的间隙泄漏；侧隙泄漏，叶片与转子槽之间侧面间隙泄漏。与齿轮泵相同的是其轴向泄漏量为最大。为此常采用浮动配流盘，自动补偿轴向间隙，以最大提高容积效率和工作压力。

知识点二：柱塞泵

柱塞泵是靠柱塞在缸体中作往复运动造成密封容积的变化来实现吸油与压油的液压泵，与齿轮泵和叶片泵相比，这种泵有许多优点。第一，构成密封容积的零件为圆柱形的柱塞和缸孔，加工方便，可得到较高的配合精度，密封性能好，在高压工作环境中仍有较高的容积效率；第二，只需改变柱塞的工作行程就能改变流量，易于实现变量；第三，柱塞泵中的主要零件均受压应力作用，材料强度性能可得到充分利用。由于柱塞泵压力高，结构紧凑，效率高，流量调节方便，故在需要高压、大流量、大功率的系统中和流量需要调节的场合，如龙门刨床、拉床、液压机、工程机械、矿山冶金机械、船舶上得到广泛的应用。柱塞泵按柱塞的排列和运动方向不同，可分为径向柱塞泵和轴向柱塞泵两大类。

一、径向柱塞泵

1. 工作原理

径向柱塞泵的工作原理如图 4.28 所示，柱塞 1 径向排列装在缸体 2 中，缸体由原动机带动连同柱塞 1 一起旋转，所以缸体 2 一般称为转子，柱塞 1 在离心力的（或在低压油）作用下抵紧定子 4 的内壁，当转子按图示方向回转时，由于定子和转子之间有偏心距 e，柱塞绕经上半周时向外伸出，柱塞底部的容积逐渐增大，形成部分真空，因此便经过衬套 3（衬套 3 是压紧在转子内，并和转子一起回转的）上的油孔从配油轴 5 和吸油口 b 吸油；当柱塞转到下半周时，定子内壁将柱塞向里推，柱塞底部的容积逐渐减小，向配油轴的压油口 c 压油，当转子回转一周时，每个柱塞底部的密封容积完成一次吸压油，转子连续运转，即完成压吸油工作。配油轴固定不动，油液从配油轴上半部的两个孔 a 流入，从下半部两个油孔 d 压出，为了进行配油，配油轴在和衬套 3 接触的一段加工出上下两个缺口，形成吸油口 b 和压油口 c，留下的部分形成封油区。封油区的宽度应能封住衬套上的吸压油孔，以防吸油口和压油口相连通，但尺寸也不能大得太多，以免产生困油现象。

2．径向柱塞泵的排量和流量计算

当转子和定子之间的偏心距为 e 时，柱塞在缸体孔中的行程为 $2e$，设柱塞个数为 z，直径为 d 时，泵的排量为：

$$V=\frac{\pi}{4}d^2 2ez$$

设泵的转数为 n，容积效率为 η_v，则泵的实际输出流量为：

$$q=\frac{\pi}{4}d^2 2ez\eta_v=\frac{\pi}{2}d^2\bullet ezn\eta_v$$

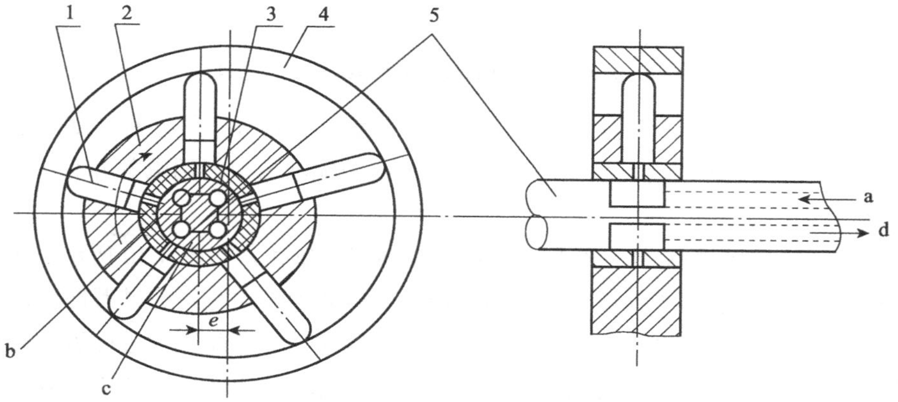

1—柱塞；2—缸体；3—衬套；4—定子；5—配油轴

图 4.28　径向柱塞泵的工作原理

二、轴向柱塞泵

1．工作原理

轴向柱塞泵是将多个柱塞配置在一个共同缸体的圆周上，并使柱塞中心线和缸体中心线平行的一种泵。轴向柱塞泵有两种形式，直轴式（斜盘式）（见图 4.29）和斜轴式（摆缸式），（见图 4.30）。图 4.29 所示为直轴式轴向柱塞泵的工作原理，这种泵主体由缸体 1、配油盘 2、柱塞 3 和斜盘 4 组成。柱塞沿圆周均匀分布在缸体内。斜盘轴线与缸体轴线倾斜一角度，柱塞靠机械装置或在低压油作用下压紧在斜盘上（图中为弹簧），配油盘 2 和斜盘 4 固定不转，当原动机通过传动轴使缸体转动时，由于斜盘的作用，迫使柱塞在缸体内做往复运动，并通过配油盘的配油窗口进行吸油和压油。如图 4.29 中所示回转方向，当缸体转角在 π～2π 范围内，柱塞向外伸出，柱塞底部缸孔的密封工作容积增大，通过配油盘的吸油窗口吸油；在 0～π 范围内，柱塞被斜盘推入缸体，使缸孔容积减小，通过配油盘的压油窗口压油。缸体每转一周，每个柱塞各完成吸、压油一次，如改变斜盘倾角，就能改变柱塞行程的长度，即改变液压泵的排量，改变斜盘倾角方向，就能改变吸油和压油的方向，即成为双向变量泵。

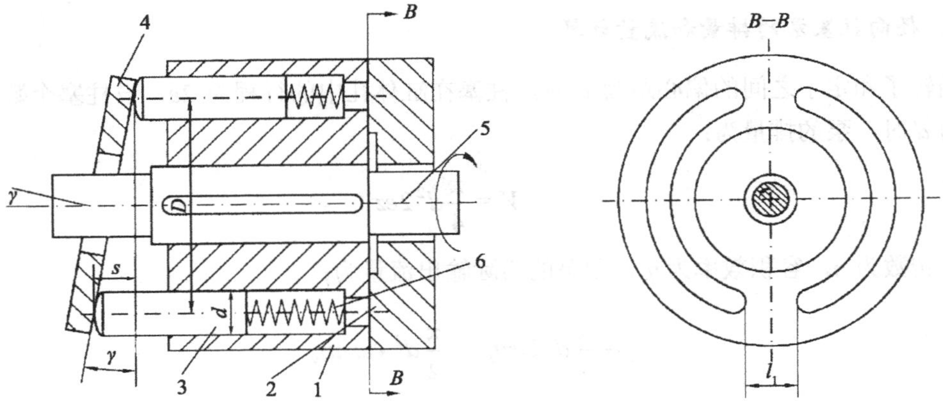

1—缸体；2—配油盘；3—柱塞；4—斜盘；5—传动轴；6—弹簧

图 4.29 直轴式轴向柱塞泵的工作原理

配油盘上吸油窗口和压油窗口之间的密封区宽度 l 应稍大于柱塞缸体底部通油孔宽度 l_1。但不能相差太大，否则会发生困油现象。一般在两配油窗口的两端部开有小三角槽，以减小冲击和噪声。

斜轴式轴向柱塞泵的缸体轴线相对传动轴轴线成一倾角，如图 4.30 所示。传动轴端部用万向铰链、连杆与缸体中的每个柱塞相联结，当传动轴转动时，通过万向铰链、连杆使柱塞和缸体一起转动，并迫使柱塞在缸体中做往复运动，借助配油盘进行吸油和压油。这类泵的优点是变量范围大，泵的强度较高，但和上述直轴式相比，其结构较复杂，外形尺寸和重量均较大。

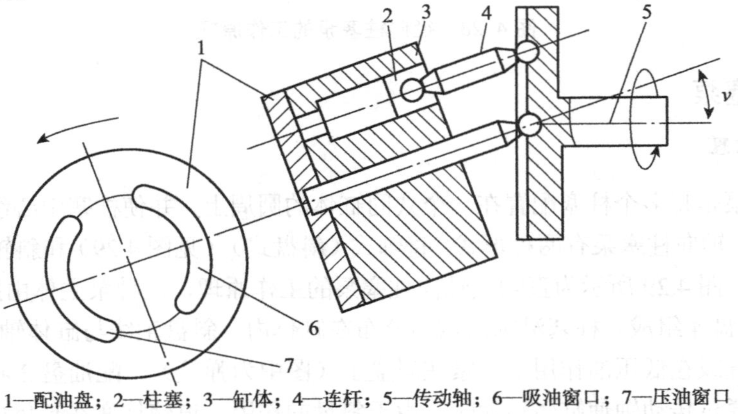

1—配油盘；2—柱塞；3—缸体；4—连杆；5—传动轴；6—吸油窗口；7—压油窗口

图 4.30 斜轴式轴向柱塞泵工作原理

轴向柱塞泵的优点是：结构紧凑、径向尺寸小，惯性小，容积效率高，目前最高压力可达 40.0MPa，甚至更高，一般用于工程机械、压力机等高压系统中，但其轴向尺寸较大，轴向作用力也较大，结构比较复杂。

2．轴向柱塞泵的排量和流量计算

柱塞的直径为 d，柱塞分布圆直径为 D，斜盘倾角为 γ 时，柱塞的行程为 $s=D\tan\gamma$，所以当柱塞数为 z 时，轴向柱塞泵的排量为：

$$V=\pi d^2 D\tan\gamma z/4$$

设泵的转数为 n，容积效率为 η_v，则泵的实际输出流量为：

$$V=\pi d^2 D\tan\gamma z n \eta_v/4$$

实际上，由于柱塞在缸体孔中运动的速度不是恒速的，因而输出流量是有脉动的，当柱塞数为奇数时，脉动较小，且柱塞数多脉动也较小，因而一般常用的柱塞泵的柱塞个数为 7、9 或 11。

3．轴向柱塞泵的结构特点

（1）结构。图 4.31 所示是一种国产的斜盘式轴向柱塞泵的结构图。该泵由主体部分（右半部）和变量部分（左半部）组成。在主体部分中，传动轴 9 通过花键轴带动缸体 5 旋转，使均匀分布在缸体上的柱塞 4 绕传动轴的轴线旋转，由于每个柱塞的头部通过滑履结构与斜盘连接，因此可以任意转动而不脱离斜盘。随着缸体的旋转，柱塞在轴向往复运动，使密封工作腔的容积发生周期性的变化，通过配流盘完成吸油和压油工作。在变量机构中，由斜盘 20 的角度来决定泵的排量。而泵的角度是通过旋转手轮 15，使变量活塞 18 上下移动来调整的。可见这种泵的变量调节机构是手动的。

（2）柱塞与斜盘的连接方式。在轴向柱塞泵中，由于柱塞是与传动轴平行的，因此，柱塞在工作中必须依靠机械方式或低压油的作用来保证使其与斜盘紧密接触。目前，工程上常用滑履式结构。

（3）变量控制方式。由前所述，轴向柱塞泵如果斜盘固定，不能调整角度，则为定量泵。可见，这种液压泵的流量改变主要是通过改变斜盘的倾角来实现的。因此，在斜盘的结构设计中，就要考虑变量控制机构。变量控制机构，按控制方式分为手动控制、液压控制、电气控制、伺服控制等。按控制目的还可以分为恒压力控制、恒流量控制、恒功率控制等。

下面介绍常用的轴向柱塞泵的手动变量方法。在图 4.31 所示中，转动手轮 15，使螺杆 17 转动，带动变量活塞 18 作轴向移动通过销轴 22 使斜盘 20 绕变量机构壳体上的圆弧导轨面的中心（即钢球中心）旋转，从而使斜盘倾角改变，达到变量的目的。当流量达到要求时，可用锁紧螺母 16 锁紧。这种变量机构结构简单，但操纵不轻便，且不能在工作过程中变量。

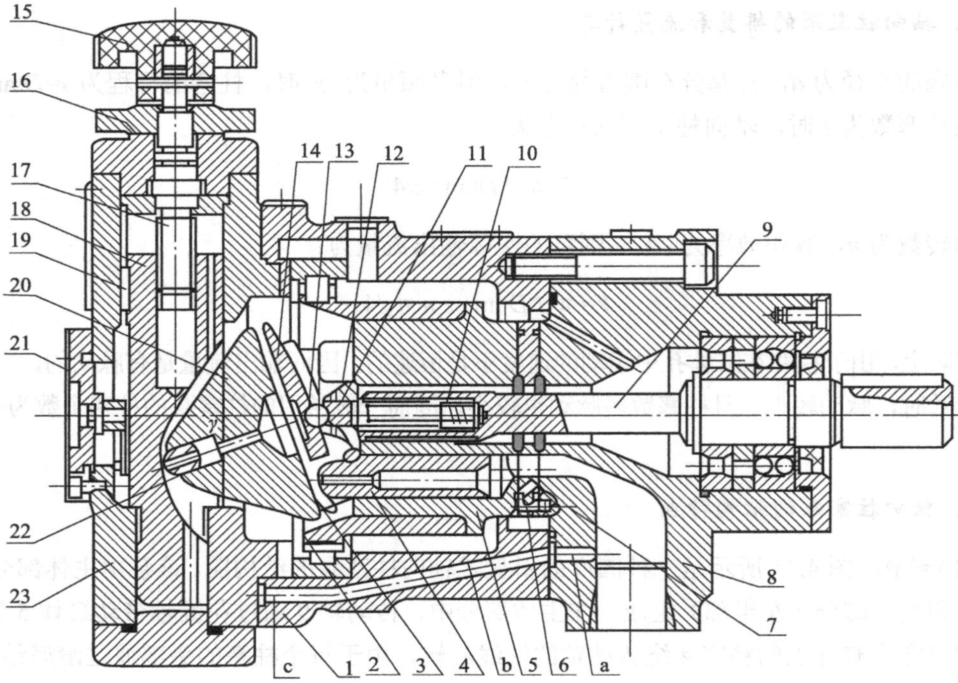

1—泵体；2—轴承；3—滑履；4—柱塞；5—缸体；6—销；7—配流盘；8—前泵体；9—传动轴；
10—弹簧；11—内套；12—外套；13—钢球；14—回程盘；15—手轮；16—锁紧螺母；17—螺杆；
18—变量活塞；19—键；20—斜盘；21—刻度盘；22—销轴；23—变量机构壳体

图 4.31 斜盘式轴向柱塞泵结构图

任务实施

通过课堂学习和网上搜索资料了解叶片泵和柱塞泵工作原理和变量原理，通过对中高压系统动力元件使用情况的了解，明确叶片泵和柱塞泵的应用场合。

思考与练习

一、填空题

1．双作用叶片泵的定子曲线由两段__________、两段__________及四段__________组成，吸、压油窗口位于__________。

2．常用的液压泵有__________、__________和__________三大类。齿轮泵有__________和__________两种；叶片泵有__________和__________两种；柱塞泵有__________和__________两种。

3．直轴斜盘式轴向柱塞泵，若改变______________，就能改变泵的排量，若改变______________，就能改变泵的吸压油方向，因此它是一种双向变量泵。

4．变量泵是指可以改变的液压泵，常见的变量泵有____________、____________、__________。其中_________和_________是通过改变转子和定子的偏心距来实现变量，并且是通过改变斜盘倾角来实现变量的。

二、选择题

1．叶片泵的叶片数量增多后，双作用式叶片泵输出流量（　　），单作用式叶片泵输出流量（　　）。

A．增大　　B．减小　　C．不变

2．YB 型叶片泵的叶片在转子槽中（　　）布置；YBX 型变量叶片泵的叶片在转子槽中（　　）布置；YM 型叶片液压马达的叶片在转子槽中（　　）布置。

A．径向　　B．前倾 13°　　C．后倾 24°

3．高压液压系统宜采用（　　）作为动力源。

A．齿轮泵　　B．叶片泵　　C．柱塞泵

4．为减小轴向柱塞泵输油量的脉动率，其柱塞数一般为（　　）个。

A．奇数　　B．偶数　　C．任意数

5．下列泵不能成为变量泵的是（　　）。

A．齿轮泵　　B．叶片泵　　C．柱塞泵

6．下列泵能成为双向变量泵的是（　　）。

A．齿轮泵　　B．单作用叶片泵

C．径向柱塞泵　　D．轴向柱塞泵

三、判断题

1．双作用叶片泵因两个吸油窗口、两个压油窗口是对称布置，因此作用在转子和定子上的液压径向力平衡，轴承承受径向力小、寿命长。（　　）

2. YB 型叶片泵的叶片有前倾角，因而不能正反方向转动。（　　）

3．YBX 型限压式变量叶片泵输出流量的大小随定子的偏心量而变，偏心越大，泵的输出流量越小。（　　）

4．配流轴式径向柱塞泵的排量 q 与定子相对转子的偏心成正比，改变偏心即可改变排量。（　　）

5．齿轮泵、叶片泵和柱塞泵相比较，柱塞泵最高压力最大，齿轮泵容积效率最低，双作用叶片泵噪声最小。（　　）

6. 柱塞泵的柱塞为奇数时，其流量脉动率比偶数时要小。（　　）

7. 改变斜盘倾斜方向就能改变吸压油方向，这就成了双向变量泵。（　　）

任务三：节流调速与容积调速

在不考虑泄漏的情况下，缸的运动速度 v 由进入（或流出）缸的流量 q 和有效工作面积 A 决定，即：

$$v=q/A$$

液压马达的转速 n 由进入液压马达的流量 q 和液压马达的单转排量 V 决定：

$$n=q/V$$

由上述两式可知，改变流入（或流出）执行元件的流量 q，或改变缸的有效工作面积 A、液压马达的排量 V，都可调节执行元件的运动速度。一般来说，改变缸的有效工作面积比较困难，所以，常常通过改变流量 q 或排量 V 来调节执行元件速度，并由此构成不同方式的调速回路。

改变流量有两种办法，其一是在由定量泵和流量阀组成的系统中用流量控制阀调节，其二是在由变量泵或变量马达组成的系统中用变量泵或变量液压马达的排量调节。

调速回路按改变流量的方法不同可分为三类：节流调速回流、容积调速回路和容积节流调速回路。

知识点一：节流调速

节流调速回路是由定量泵和流量阀组成的调速回路，它可以通过调节流量阀通流截面积的大小来控制流入或流出执行元件的流量，以此来调节执行元件的运动速度。

节流调速回路有不同的分类方法。按流量阀在回路中位置的不同，可分为进口节流调速回路、出口节流调速回路、进出口节流调速回路和旁路节流调速回路；按流量阀的类型不同可分为普通节流阀节流调速回路和调速阀节流调速回路。

一、进口节流阀调速回路

进口节流阀调速回路结构如图 4.32 所示，节流阀串联在泵与执行元件之间的进油路上。它由定量泵、溢流阀、节流阀及液压缸（或液压马达）组成。通过改变节流阀的开口量（即通流截面积 A_T）的大小，来调节进入液压缸的流量 q_1，进而改变液压缸的运动速度。定

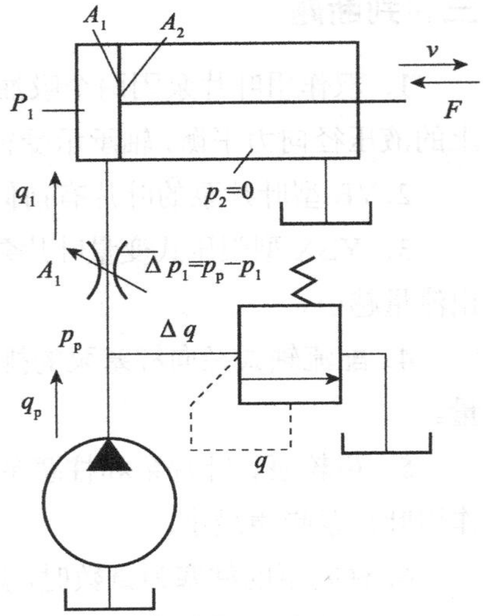

图 4.32　进口节流阀调速回路结构

量泵输出的多余流量由溢流阀溢流回油箱。为完成调速功能，不仅要求节流阀的开口量能够调节，而且必须使溢流阀始终处于溢流状态。溢流阀的阀口是常开的。在该调速回路中，溢流阀的作用：一是调整并基本恒定系统压力；二是将泵输出的多余流量溢流回油箱。

1．进口节流阀调速回路调速原理

在进口节流阀调速回路中，当缸的负载力改变时，会导致节流阀的两端压差的变化。这样使通过节流阀的流量 q_1 发生变化，从而导致液压缸速度变化。在不考虑管路压力损失和泄漏的情况下，液压缸的速度用下式来表示，即：

$$V=\frac{q_1}{A_1}=cA_T\Delta p^m=cA_T(p_P-p_1)=cA_T\left(p_P-\frac{F}{A_1}\right)^m$$

式中，c 为节流阀系数；A_T 为节流阀通流截面积；F 为液压缸负载；m 为节流阀指数；p_p 溢流阀调定压力；A_1 液压缸无杆腔有效作用面积。改变节流阀通流截面积 A_T 为就改变了液压缸速度。

2．进口节流阀调速回路速度－负载特性曲线

由调速原理可知：当节流阀的通流截面一定时执行元件的速度随着外负载的变化而变化。由公式 $V=\frac{q_1}{A_1}=cA_T\Delta p^m=cA_T(p_P-p_1)=cA_T\left(p_P-\frac{F}{A_1}\right)^m$ 可知，给出适当的 A_T 就可以测出执行元件的速度随负载变化的情况。如图 4.33 所示的就是针对三个不同 A_T 值时的速度-负载特性曲线。

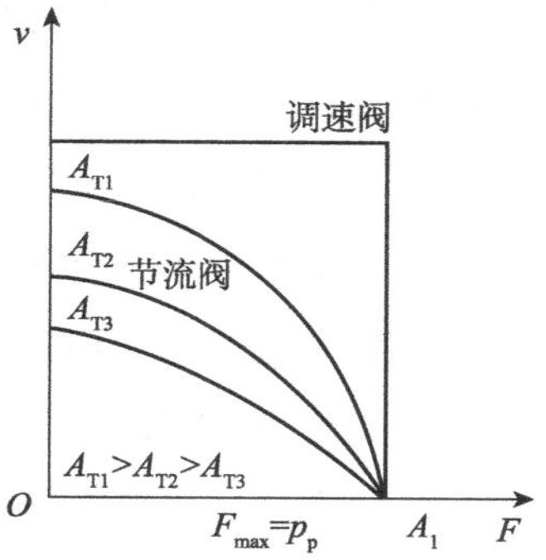

图 4.33 速度负载特性曲线

调速回路的速度－负载特性，也称为机械特性，如图 4.33 所示。它是在回路中调速元件的调定值不变的情况下，负载变化所引起速度变化的性能。缸的速度 v 随负载力 F 的加大而减小。当 $F=p_pA_1$ 时，缸的速度为零。此时，节流阀的工作压差为零。为了保证该回路的正常工作，必须使泵的工作压力 p_p 大于负载压力 p_1（$p_1=F/A_1$），以保证节流阀上的工作压差大于零。在图 4.33 中，各曲线在速度为零时，都汇交到同一负载点上，说明该回路的承载能力不受节流阀通流截面积变化的影响。

3．进口节流阀调速回路功率特性

调速回路的功率特性包括回路的输入功率、输出功率、损失功率和回路效率，不包括液压泵、液压元件和管路中的功率损失。

进口节流阀调速回路的输入功率（液压泵的输出功率）p_p 为：

$$p_p = p_p q_p$$

该调速回路的输出功率（液压缸的输入功率，即回路的有效功率）p_1 为：

$$p_1 = p_1 q_1$$

回路的损失功率 Δp 为：

$$\Delta p = p_p q_p - p_1 q_1 = p_p(q_1 + \Delta_q) - (p_p - \Delta p_p) q_1 = p_p \Delta q + \Delta p_p q_1$$

其中，溢流损失为 $p_p \Delta q$；节流损失为 $\Delta p_T q_1$。

回路的效率 η_c 为：

$$\eta_c = \frac{p_1 q_1}{p_p q_p} = \frac{FV}{p_p q_p}$$

该回路的损失功率由两部分组成，一是溢流损失。它是在泵的输出压力 p_p 下，流量 Δq 流经溢流阀产生的功率损失。二是节流损失。它是流量 q_1 在压差 Δp_T 下流经节流阀产生的功率损失。这两部分功率损失都变成热量使油温升高。由于进口节流阀节流调速回路存在着两部分功率损失，所以回路效率较低。该回路在恒定负载情况下工作时，液压缸的工作压力 p_1，节流阀的工作压差 Δp_T 为定值。因此，有效功率及回路效率随工作速度的提高而增大，其最大效率可达 60%。该回路在变负载下工作时，最大效率可达 38.5%。变负载下液压泵的工作压力需要按照最大负载的需求来调定，而泵的流量又必须大于液压执行元件在最大速度时所需要的流量。这样，工作在低速小负载情况下时，该回路的效率很低。因此，从功率利用率的角度看，这种调速回路不宜用在负载变化范围大的场合。

该回路的速度—负载特性曲线表明了速度随负载变化的规律，曲线越陡，说明负载变化对速度的影响越大，即速度刚度越低。负载变化对速度的影响用速度刚度来衡量，进口节流阀调速回路的速度刚度为：

$$K_v = -\frac{\partial F}{\partial V}$$

回路速度刚性 K_v 的物理意义是：引起单位速度变化时的负载力的变化量。它是速度—

负载特性曲线上某点处斜率的倒数。在特性曲线上某点的斜率越小（机械特性硬），速度刚性越大，液压缸运动速度受负载波动的影响越小，运动平稳性好。反之会使运动平稳性变坏。从上式和速度—负载特性曲线可看出，当节流阀通流截面积不变时（图中的同一曲线），负载越小，速度刚性越大；负载一定时，节流阀通流截面积越小，速度刚性越大。因此，进口节流阀调速回路的速度稳定性，低速小负载比高速大负载好。从上式还可看出回路中其他参数对速度刚性的影响，例如：提高溢流阀的调定压力，增大液压缸的有效面积，减小节流阀指数等，均可提高调速回路的速度刚性。但是，这些参数的变动，常常受其他条件的限制。此外，进口节流阀调速回路的速度刚性不受液压泵泄漏的影响。

可见进口节流调速回路适用于轻载、低速负载变化不大和对速度稳定性要求不高的小功率液压系统中。

二、出口节流阀调速回路

回油路节流调速回路的回路结构如图 4.34 所示。

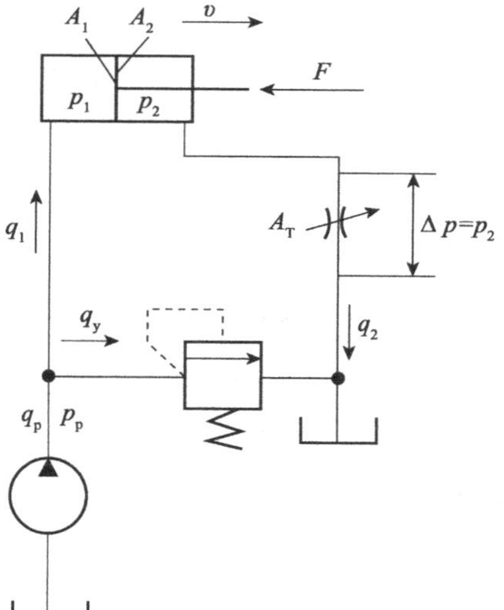

图 4.34　出口节流阀调速回路

在出口节流阀调速回路（见图 4.34）中，液压泵输出液压油，溢流阀溢流，液压泵向液压缸左腔直接输油，液压缸右腔通过节流阀回油。通过改变节流阀的开口量（即通流截面积 A_T）的大小，来调节流出液压缸的流量 q_1，进而改变液压缸的运动速度。定量液压泵输出的多余流量由溢流阀溢回油箱。为了完成调速功能，不仅节流阀的开口量能够调节，而且必须使溢流阀始终处于开启溢流状态。在该调速回路中，溢流阀的作用有：一是调整并基本恒定系统的压力；二是将液压泵输出的多余流量溢回油箱。

1．出口节流阀调速回路调速原理

在出口节流阀调速回路中，节流阀两端压差用 Δp 表示，$\Delta p = p_2$。由于 $p_1A_1 = p_2A_2 + F$，当缸的负载力改变时，会导致节流阀的两端压差的变化。这样使通过节流阀的流量 q_1 发生变化，从而导致液压缸速度发生变化。在不考虑管路压力损失和泄漏的情况下，液压缸的速度用下式来表示：

$$v = \frac{q_2}{A_2} = \frac{cA_T\Delta p^m}{A_2} = \frac{cA_T\Delta p_2^m}{A_2} = \frac{cA_T\left(\frac{p_1A_1 - F}{A_2}\right)^m}{A_2} = \frac{cA_T\left(\frac{p_pA_1 - F}{A_2}\right)^m}{A_2}$$

式中，c 为节流阀系数；A_T 为节流阀通流截面积；F 为液压缸负载；m 为节流阀指数；p_p 为溢流阀调定压力；A_2 为液压缸有杆腔有效作用面积。由上式可知，通过改变节流阀的通流截面积 A_T，就可以调节液压缸的运动速度。

2．出口节流阀调速回路速度—负载特性

由调速原理可知：

$$v = \frac{q_2}{A_2} = \frac{cA_T\Delta p^m}{A_2} = \frac{cA_T\Delta p_2^m}{A_2} = \frac{cA_T\left(\frac{p_1A_1 - F}{A_2}\right)^m}{A_2} = \frac{cA_T\left(\frac{p_pA_1 - F}{A_2}\right)^m}{A_2}$$

当节流阀的通流截面一定时执行元件的速度随着外负载的变化而变化。给出适当的 A_T 就可以测出执行元件的速度随负载变化的情况。给出一定的 A_T 值也就可以绘出出口节流调速回路的速度—负载特性曲线。出口节流阀调速回路的速度—负载特性曲线与进口节流阀调速回路速度负载特性类同，如图 4.33 所示。

3．出口节流阀调速回路功率特性

液压泵输出功率 p_p 为：

$$p_p = p_pq_p = 常量$$

有效功率 p_1 为：

$$p_1 = Fv = (p_1A_1 - p_2A_2)v = p_1A_1v - p_2A_2v = p_1q_1 - p_2q_2$$

损失功率 Δp 为：

$$\Delta p = p_pq_p - p_1 = p_pq_p - p_1q_1 + p_2q_2 = p_pq_Y + p_2q_2$$

回路效率 η_c 为：

$$\eta_c = \frac{P_1}{P_P} = \frac{p_1 q_1 - p_2 q_2}{p_p q_p}$$

出口节流调速回路的损失功率也由两部分组成，一是溢流损失 $p_p q_Y$。它是在泵的输出压力 p_p 下，流量 q_Y 流经溢流阀产生的功率损失。二是节流损失。它是流量 q_2 在压差 p_2 下流经节流阀产生的功率损失。仅仅是节流损失的数值有所不同。这两部分功率损失都变成热量使油温升高。出口节流调速回路的效率偏低，由于节流阀担当背压阀回路的效率比进口节流调速更低。

出口节流调速回路的速度刚度变化情况同进口节流调速回路相同。

进口节流和出口节流调速回路在速度负载特性、最大承载能力及功率特性方面是完全相同的，但两者之间也存在一些差别，在使用过程中应给予关注。其区别如下：

（1）承受负值负载的能力。回油的节流阀使液压缸回油腔形成一定的背压，在负值负载时，背压能阻止工作部件的前冲，能在负值负载下工作，进油节流调速则不能在负值负载下工作。

（2）停车后的启动性能。在回油节流调速中，由于进油路上没有节流阀控制流量，会使活塞前冲；进油节流调速中，活塞前冲很少。

（3）实现压力控制的方便性。进油节流调速中，进油缸的压力将随负载而变化，当工作部件碰到止挡块而停止后，其压力将升到溢流阀的调定压力，利用这一压力变化来实现压力控制是很方便的。但在回油节流调速回路中，只有回油腔的压力才会随负载而变化，当工作部件碰到止挡块后，其压力将降至零，利用这一压力变化来实现压力控制的可靠性差，一般均不采用。

（4）发热及泄漏的影响。在回油节流调速回路中，经过节流阀发热后的液压油将直接流回油箱冷却。发热和泄漏对进油节流调速的影响均大于对回油节流调速的影响。

（5）运动平稳性。由于有背压力的存在，回油节流调速回路的运动平稳性好一些；但是，在使用单出杆缸的无杆腔的进油量大于有杆腔的回油量。故进油节流调速的节流阀通流量面积较大，低速时不易堵塞。因此，进油节流调速回路能获得更低的稳定速度。

从上面分析可知，在承受负值负载或负载变化较大的情况下，采用出口节流调速较为有利，从停车后启动冲击和实现压力控制的方便性方面来看，采用进口节流调速较为合适。

为了提高回路的综合性能，一般常采用进油节流调速，并在回油路上加背压阀的回路，使其兼具有两者的优点。

三、旁路节流阀调速回路

旁路节流阀调速回路如图 4.35 所示。在定量液压泵至液压缸进油路的分支油路上，接一个节流阀，构成旁路节流阀调速回路。改变节流阀的通流截面积，调节排回油箱的流量 Δq_T，可以间接地控制进入液压缸的流量 q_1，可实现对液压缸速度的调节。

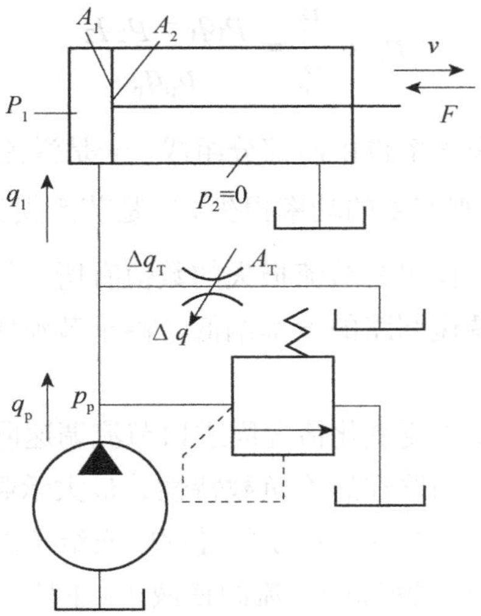

图 4.35　旁路节流阀调速回路

1．旁路节流调速回路调速原理

在不考虑系统管路压力损失及泄漏情况下，液压缸的运动速度取决于进入无杆腔油液的流量q_1，其计算公式为：

$$v=\frac{q_1}{A_1}=\frac{q_p-\Delta q_T}{A_1}=\frac{q_p-cA_T\Delta P^m}{A_1}=\frac{q_p-cA_T\dfrac{F}{A_1}^m}{A_1}$$

式中，c为节流阀系数；A_T为节流阀通流截面积；F为液压缸负载；m为节流阀指数；q_p为液压泵的流量；A_1为液压缸有杆腔有效作用面积。通过改变节流阀的通流截面积A_T，就可以调节液压缸的运动速度。

2．旁路节流阀调速回路速度—负载特性

旁路节流调速回路液压缸的速度为：

$$v=\frac{q_1}{A_1}=\frac{q_p-\Delta q_T}{A_1}=\frac{q_p-cA_T\Delta P^m}{A_1}=\frac{q_p-cA_T\dfrac{F}{A_1}^m}{A_1}$$

式中，c 为节流阀系数；A_T为节流阀通流截面积；F 为液压缸负载；m 为节流阀指数；p_p和q_p为液压泵的压力和流量；A_1为液压缸有杆腔有效作用面积。通过改变节流阀的通流截面积A_T，就可以调节液压缸的运动速度。

在旁路节流阀调速回路中，液压泵的工作压力是随负载变化的。因此，这种回路也被称为变压式节流调速回路。为了防止液压油路过载损坏，可同时并联一个溢流阀，这时它起安全阀的作用。当液压回路正常工作时，安全阀不打开，只有过载时才开启溢流。

依据上式，按不同的 A_T 值作图，得一组速度—负载特性曲线如图 4.36 所示。

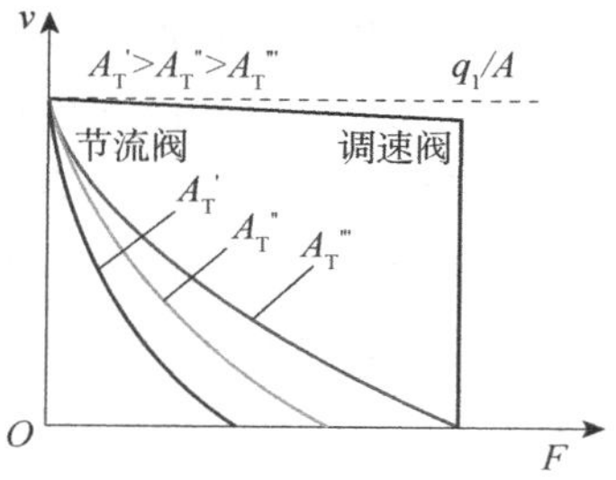

图 4.36 旁路节流调速回路的速度负载特性曲线

公式和图 4.36 表明，在节流阀通流截面积不变的情况下，液压缸的速度因负载增大而明显减小，速度—负载特性很软。主要原因有两点：一是当负载增大后，节流阀前后的压差也增大，从而使通过节流阀的流量增加，这样会减小进入液压缸的流量，降低液压缸的速度；二是当负载增大后，液压泵出口压力也增大，从而使液压泵的内泄漏增加，使液压泵的实际输出流量减小，液压缸速度随着减小。当负载增大到某一数值时，液压缸停止不动。而且，节流阀通流截面积越大（即液压缸速度越小），液压缸停止运动的负载力就越小。因此，在旁路节流阀式节流调速回路中，当节流阀开口大时（即低速时），承载能力很差。这样，为了在低速下驱动足够大的负载，必须减小节流阀的通流截面积，结果，使这种调速回路的调速范围变小。

3．旁路节流阀调速回路功率特性

在不考虑管路压力损失及其泄漏的情况下，对旁路节流阀调速回路的功率特性分析如下。

当负载不变时液压泵输出功率 p_p 为：

$$p_p=p_pq_p=p_1q_p=\text{常量}$$

有效功率 p_1 为：

$$p_1=p_1q_1=p_1uA_1$$

损失功率 Δp 为：

$$\Delta p = p_p - p_1 = p_1(q_p - q_1) = p_1\Delta q_T$$

回路效率 η_c 为：

$$\eta_c = \frac{P_1}{P_p} = \frac{p_1q_1}{p_pq_p} = \frac{q_1}{q_p} = 1 - \frac{\Delta q_T}{q_p}$$

由此可知，旁路节流阀调速回路的功率损失只有一项，即节流损失 $p_1\Delta q_T$，而没有溢流损失。因此，与进口和出口节流调速阀回路相比，旁路节流阀调速回路的效率比较高。由于在该回路中液压泵的输出压力与负载相适应，没有多余的压力损失，因此，在高速和变载的情况下效率更高，从回路效率公式也可以看出这一点。

这种调速回路的调速范围不仅与节流阀的调速范围有关，而且还与负载、液压泵的泄漏有关。因此其数值要比进口、出口节流阀调速回路的调速范围要小。旁路节流调速回路适用于高速。负载变化不大、对速度稳定性要求不高而功率损失要求较小的系统中，所以应用不广泛，如牛头刨床主运动系统。

四、调速阀节流调速回路

进口、出口和旁路节流阀调速回路当负载变化时，要引起节流阀前后工作压差的变化。对于开口量一定的节流阀来说，当工作压差变化时，通过其流量必然发生变化，这就导致了液压执行元件运动速度的变化。因此可以说，上述三种节流阀调速回路速度平稳性差的根本原因是采用了节流阀。

用调速阀代替节流阀节流调速回路中的节流阀，便构成了进口、出口和旁路调速阀调速回路。因为只要调速阀的工作压差超过它的最小压差值（一般为 0.4～0.5MPa），进、出口调速阀调速回路通过调速阀的流量便不随压差而变化，所以回路的速度—负载特性大大改善，如图 4.33 和图 4.36 所示。

由于调速阀能在负载变化时，保证节流阀两端的压力差的恒定不变，通过调速阀的流量就不会改变。使用调速阀后，改善了速度的稳定性使旁路节流调速回路的承载能力得到增强，但调速阀的工作压差远大于普通节流阀，故造成的功率损失比节流阀时大。采用调速阀的节流调速回路，实质是用增大压力损失换取速度稳定。

知识点二：容积调速

节流调速回路由于存在着节流损失和溢流损失，回路效率低，发热量大，因此，只用于小功率调速系统。在大功率调速系统中，多采用回路效率高的容积式调速回路。容积式调速回路是通过改变变量泵或变量马达排量来调节执行元件的运动速度。在容积式调速回路中，液压泵输出的液压油全部直接进入液压缸或液压马达，无溢流损失和节流损失。而且，液压泵的工作压力随负载的变化而变化，因此，这种调速回路效率高，发热量少。容积调速回路多用于工程机械、矿山机械、农业机械和大型机床等大功率的调速系统中。

按油液的循环方式不同，液压回路可分为开式和闭式，绝大部分容积调速回路的油液循环采用闭式循环方式。下面介绍泵—缸开式容积调速回路、泵—液压马达闭式容积调速回路以及容积节流调速回路。

一、泵—缸开式容积调速回路

1．工作原理

泵—缸容积调速开式回路由变量泵、液压缸和起安全作用的溢流阀组成，如图 4.37 所示。通过改变液压泵的排量V_P，可调节液压缸的运动速度 v 其计算公式为：

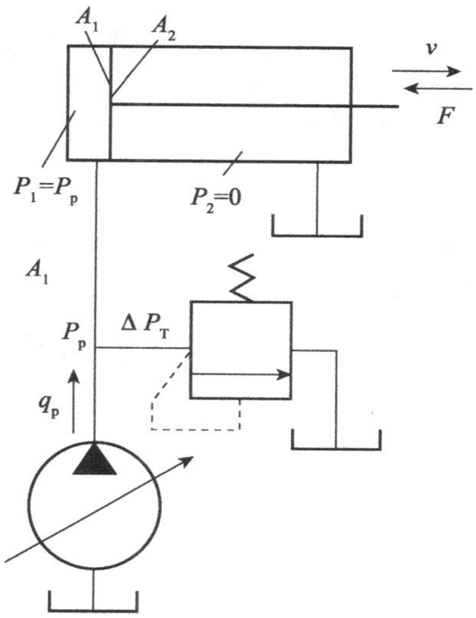

图 4.37　泵—缸容积调速开式回路

$$v=\frac{q_p}{A_1}=\frac{V_P n_p \eta_V}{A_1}=\frac{V_P n_p - kp_1}{A_1}$$

式中，n_p为泵的转速；η_V为泵的容积效率；k为泵的泄漏系数；$p_1=\dfrac{F}{A_1}$。当变量泵的排量V_P变大时，液压缸运动速度 v 变大；排量V_P变小时，液压缸运动速度 v 变小。

2．泵—缸容积调速的速度—负载特性

泵—缸容积调速的速度—负载特性如图 4.38 所示。液压泵工作压力随负载 F 正比变化。由于变量泵的泄漏系数 k 存在，当负载增大时，液压缸的速度 v 按线性规律下降。这样，当液压泵以小排量（低速）工作时，回路的承载能力变差。负载对速度影响大小可用回路速度刚性 k_V 表示。回路的速度刚性为：

$$k_V=\frac{A_1^2}{k}$$

泵—缸容积调速回路的速度刚性只与回路自身参数 A_1 和 k 有关，不受负载 F 和速度 v 大小等工作参数的影响（这与节流阀调速回路不同）。增大液压缸的有效工作面积 A_1 和减小泵的泄漏系数 k 均可提高回路的速度刚性。

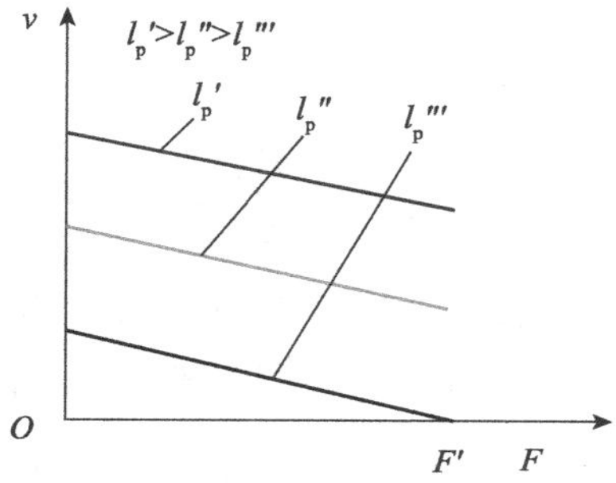

图 4.38　泵—缸容积调速的速度—负载特性

二、泵—液压马达闭式容积调速回路

（一）变量泵—定量液压马达容积调速回路

1．工作原理

变量泵一定量液压马达容积调速回路由补油泵 1、溢流阀 2、单向阀 3、变量泵 4、安全阀 5 和定量马达 6 等组成，如图 4.39 所示。改变变量泵的排量 V_P，即可以调节定量液压马达的转速 n_M。安全阀 5 用来限定回路的最高压力，起过载保护作用。补油泵 1 用以补充由泄漏等因素造成的变量泵吸油流量的不足部分。溢流阀 2 用于调定补油泵的输出压力，并将其多余的流量溢回油箱。

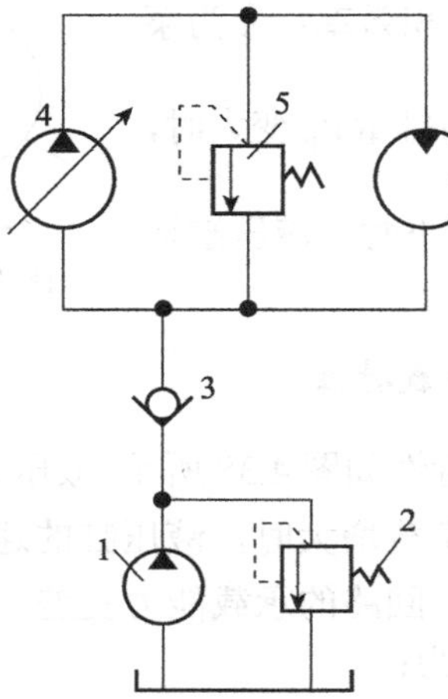

图 4.39　变量泵—定量液压马达容积调速回路

2．变量泵—定量液压马达容积调速回路特性

液压马达转速计算公式为：

$$n_M = \frac{q_p}{V_M} = \frac{V_P n_p}{V_M}$$

液压马达转矩计算公式为：

$$T_M = \frac{\Delta p V_M}{2\pi} n_p$$

式中，n_M 为液压泵和液压马达的转速；V_P、V_M 分别为液压泵和液压马达的排量；T_M 为液压马达负载转矩。该回路的最大输出转矩不受变量泵排量 V_P 的影响，而且与调速无关，在高速和低速时回路输出的最大转矩相同，并且是个恒定值，因此它是恒转矩调速回路。

液压马达的输出功率为：

$$P_M = \Delta p_M q_M = \Delta p_M q_p = \Delta p_M V_P n_p$$

3．工作特性曲线

变量泵—定量液压马达容积调速回路特性曲线如图 4.40 所示。变量泵－定量液压马达容积调速回路的调速范围可达 40 左右。当回路中的液压泵和液压马达都能双向作用时，液压马达可以实现平稳反向。这种回路在小型内燃机车、液压起重机、船用绞车等处的有关装置上都得到了应用。

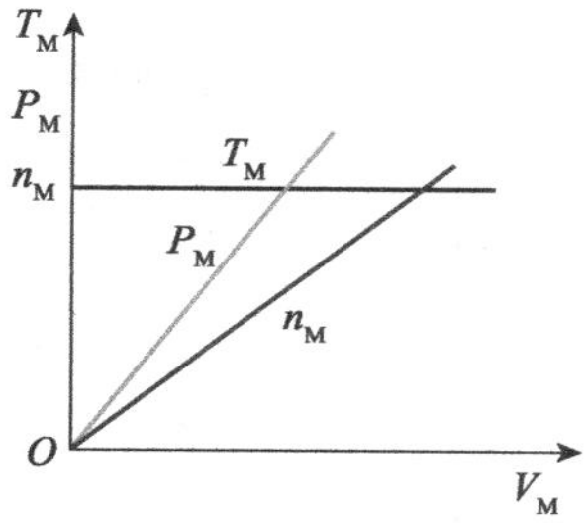

图 4.40　变量泵—定量液压马达容积调速回路特性曲线

（二）定量泵—变量液压马达容积调速回路

1．工作原理

定量泵—变量液压马达容积调速回路如图 4.41 所示。定量泵和变量液压马达及补油装置等组成了定量泵—变量液压马达容积调速回路。回路工作压力由负载转矩决定，即溢流阀起安全保护作用。

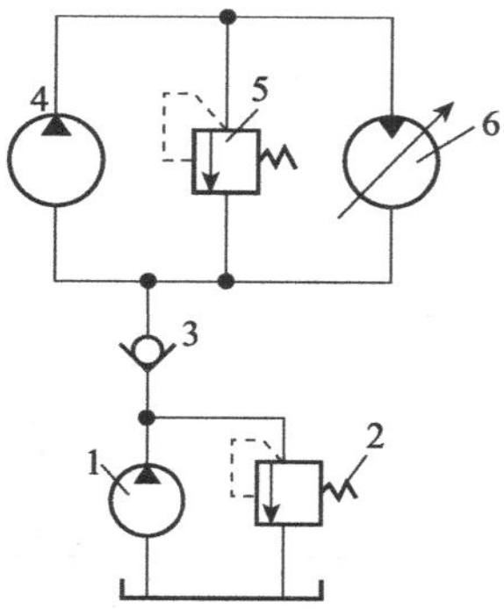

1，4—定量泵；2，5—溢流阀；3—单向阀；6—变量泵

图 4.41　变量泵—变量液压马达容积调速回路

液压马达转速计算公式为：

$$n_M = \frac{q_M}{V_M} = \frac{q_p}{V_M}$$

液压马达的转速与液压马达的排量成反比。

液压马达输出转矩计算公式为：

$$T_M = \frac{\Delta p V_M}{2\pi}$$

液压马达的输出功率计算公式为：

$$P_{\mathrm{M}} = \Delta p_{\mathrm{M}} q_{\mathrm{M}} = \Delta p_{\mathrm{M}} q_{\mathrm{p}} = \Delta p_{\mathrm{M}} V_{\mathrm{P}} n_{\mathrm{p}}$$

式中，V_{P}、V_{M}为液压泵和液压马达的排量；T_{M}为液压马达负载转矩。

2．**工作特性曲线**

变量泵—变量液压马达调速回路工作特性曲线如图 4.42 所示。在正常工作条件下，回路的输出转矩与负载转矩相等，工作压力由负载转矩决定。回路能输出的最大转矩受安全阀调定压力限定，并且与液压马达排量成正比。回路为恒功率调速回路时，输出最大功率由安全阀限定。定量泵－变量液压马达式容积调速回路，输出功率能力与调速参数V_{M}无关，即回路能输出功率是恒定的，不受转速高低的影响。

这种调速回路的应用不如变量泵－定量液压马达容积调速回路广泛。在造纸、纺织等行业的卷曲装置中得到了应用，它能使卷件在不断加大直径的情况下，基本上保持被卷材料的线速度和拉力恒定不变。

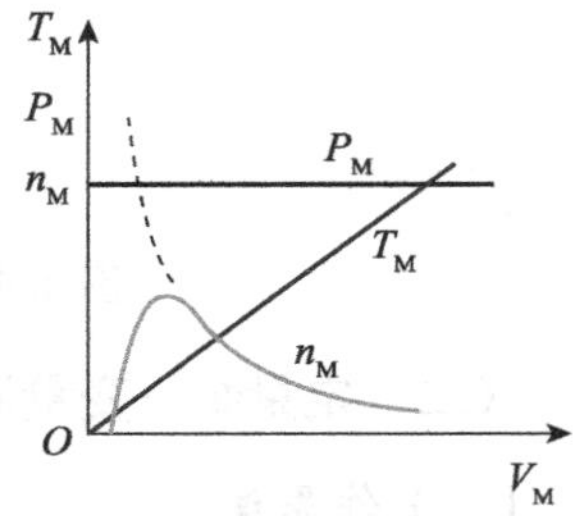

图 4.42　工作特性曲线

（三）变量泵—变量液压马达容积调速回路

变量泵—变量马达容积调速回路由变量泵、变量液压马达、安全阀和补油装置等组成，如图 4.43 所示。实际该回路是变量泵—定量液压马达和定量泵—变量液压马达回路的组合。

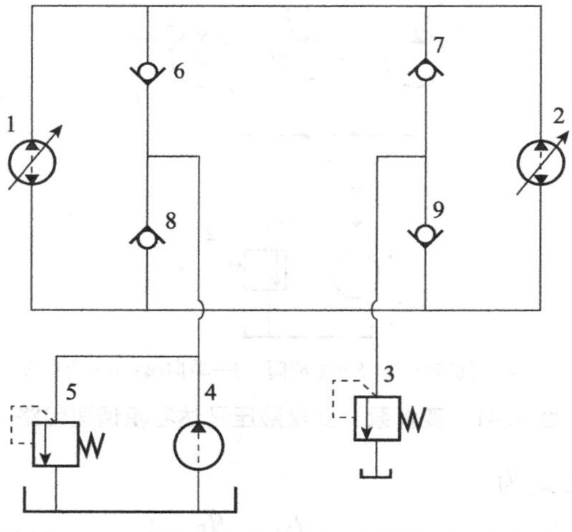

1—双向变量泵；2—双向变量马达；3，5—溢流阀；6，7，8，9—单向阀

图 4.43　变量泵—变量液压马达容积调速回路

变量泵－变量液压马达容积调速回路工作特性曲线如图 4.44 所示。变量泵－变量液压马达容积调速回路中液压马达转速的调节可分成低速和高速两段进行。在低速段，使变量液压马达的排量最大，通过调节变量泵的排量来改变液压马达的转速。所以，这一速度段具有变量泵－定量液压马达式容积调速回路的工作特性。在高速段，将变量泵的排量调至

最大后，可以改变液压马达的排量来调节液压马达转速。所以，这一速度段具有定量泵—变量液压马达式容积调速回路的工作特性。这种回路适宜于大功率液压系统，如港口起重运输机械、矿山采掘机械等。

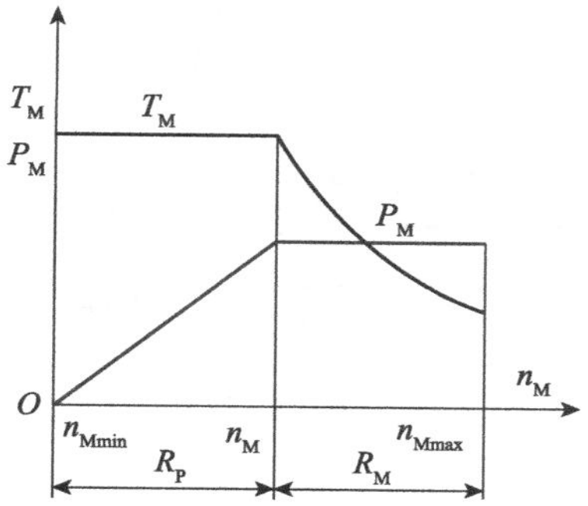

图 4.44 变量泵—变量马达容积调速回路工作特性曲线

知识点三：容积节流调速

容积调速回路虽然效率高，油液发热小，但由于变量泵和变量液压马达内泄漏较大，仍然存在速度负载特性"软"的问题，特别是那些既要求效率较高，又要求速度稳定性好的场合。单纯的容积调速和节流调速都不能满足要求。此时应采用容积节流调速回路，这种回路是采用压力补偿型变量泵供油，通过对节流元件的调整来改变流入或流出液压执行元件的流量来调节其速度。而液压泵输出的流量自动地与液压执行元件所需流量相适应。这种回路虽然有节流损失，但没有溢流损失，其效率虽不如容积调速回路，但比节流调速回路高。其运动平稳性与调速阀调速回路相同，比容积调速回路好。

1. 限压式变量泵—调速阀容积节流调速回路

限压式变量泵—调速阀式容积节流调速回路由限压式变量叶片泵、调速阀和液压缸等主要元件组成如图 4.45 所示。调速阀安装在进油路或回油路上。液压缸的运动速度由调速阀控制，变量泵输出的流量 q_p 与进入液压缸的流量 q_1 相适应。其工作原理是：在节流阀通流截面积 A_T 调定后，通过调速阀的流量 q_1 是恒定不变的。当 $q_p > q_1$ 时，泵的出口压力上升，通过压力反馈作用（见限压式变量叶片泵工作原理），使限压式变量叶片泵的流量自动减小到 $q_p \approx q_1$；反之，当 $q_p < q_1$ 时，限压式变量泵的出口压力下降，压力反馈作用又会使其流量自动增大到 $q_p \approx q_1$。调速阀在这里的作用不仅使进入液压缸的流量保持恒定，而且还使泵的输出流量恒定并与液压缸所需要的流量相匹配。这样，泵的供油压力基本恒定不变，故又称为定压式容积节流调速回路。

液压缸工作腔压力的正常工作范围是：

$$p_2 \frac{A_2}{A_1} \leqslant p_1 \leqslant \left(p_p - \Delta p_{min}\right)$$

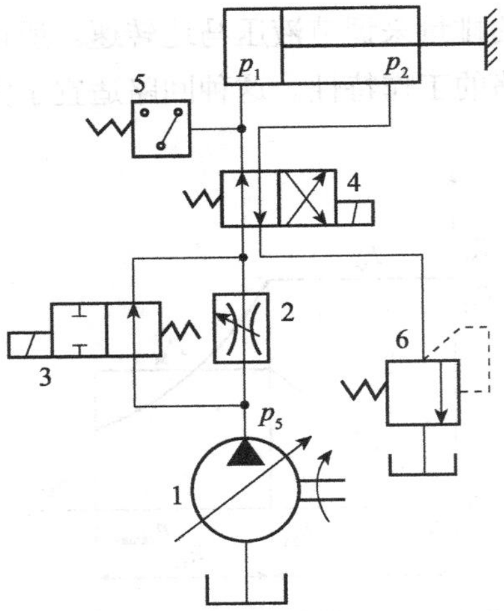

1—变量泵；2—调速阀；3—电磁两位两通阀；4—电磁两位四通阀；5—压力继电器；6—溢流阀

图 4.45　限压式变量泵—调速阀容积节流调速回路

式中，Δp_{min} 是为保证调速阀正常工作的最小压差，一般它为 0.5MPa 左右。当 $p_1 = p_{1max}$ 时，回路中的节流损失最小；p_1 越小，节流损失越大。

当液压缸回油腔（背腔）压力 p_2=0 时，回路的效率为：

$$\eta_c = \frac{p_1}{p_p}$$

当 $p_2 \neq 0$ 时，回路的效率为：

$$\eta_c = \frac{p_1 - p_2 \dfrac{A_2}{A_1}}{p_p}$$

由限压式变量泵—调速阀容积调速回路的调速特性（见图 4.46）可见，这种回路虽然没有溢流损失，但仍然有节流损失，其损失的大小与液压缸的工作腔压力 p_1 有关。当进入液压缸的流量为 q_{V1} 时，液压泵的供油流量应为 $q_p = q_{V1}$，供油压力为 p_p。

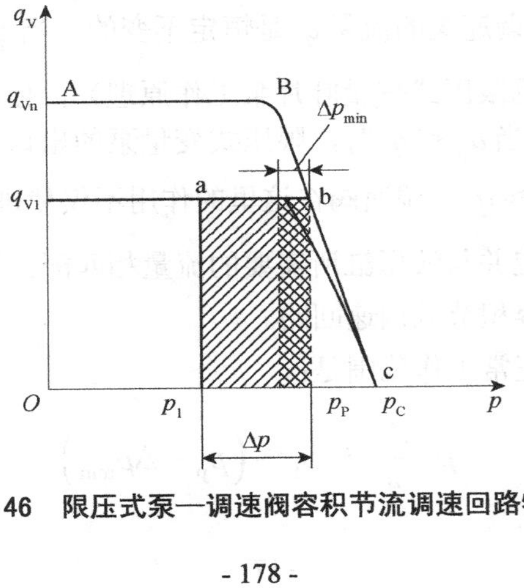

图 4.46　限压式泵—调速阀容积节流调速回路特性

2．差压式泵—节流阀容积节流调速回路

差压式泵—节流阀容积节流调速回路由差压式变量叶片泵 1、节流阀 2、安全阀 3 和液压缸等基本元件组成如图 4.47 所示。稳流量泵的定子左右侧各有一控制缸，左侧缸柱塞面积 A_{p1} 与右侧缸活塞杆的面积相等。节流阀的进油口与左侧缸、右侧缸的有杆腔相通；节流阀的出口与右侧缸的无杆腔相通。右侧缸无杆腔的面积为 A_{p2}，由于压力 p_1 和压缩弹簧 R 产生的推力可使定子左移，增加偏心距 e，从而使液压泵的排量增大。左侧缸及右侧缸有杆腔压力 p_p 产生的推力，可使定子右移，减小偏心距 e，来使液压泵的排量减小。

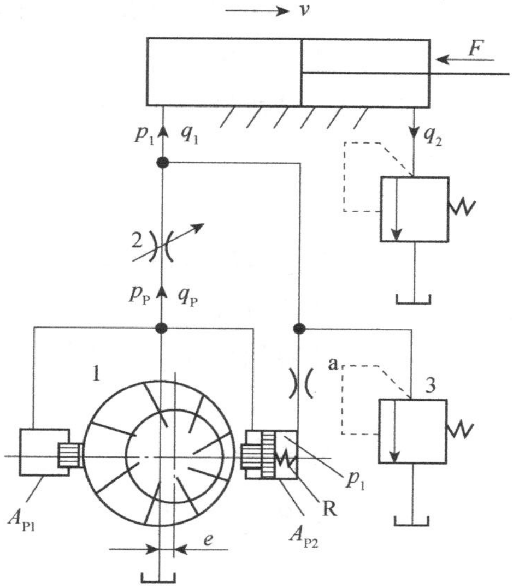

1—差压式变量叶片泵；2—节流阀；3—安全阀

图 4. 47　差压式泵—节流阀容积节流调速回路

该回路中液压缸的速度通过改变节流阀通流截面积 A_T 来控制进入液压缸的流量 q_1 进行调节。当 A_T 调定后，液压泵输出流量 q_p 就自动地与通过节流阀的流量 q_1 相匹配。若某时刻 $q_p > q_1$，泵出口压力 P_p 升高，则控制缸作用在定子左侧的推力大于右侧的推力，定子右移，使泵的排量减小，直至 $q_p = q_1$。反之，当 $q_p < q_1$ 时，P_p 减小，定子左移，使泵的排量增大，直到 $q_p = q_1$。由此可见，变化到 $q_p = q_1$ 的过程是一个自动调节过程。在这个自动调节过程中，为了防止控制缸左右振动，在控制油路中设有阻尼孔 a，用以增加控制系统的阻尼，提高稳定性。

在这种回路中，当节流阀开口量调定后，输入液压缸的流量 q_1 基本不受负载变化的影响而保持恒定。这是因为稳流量泵的控制回路能保证节流阀的工作压差不变，并且具有自动补偿泄漏的功能。依据控制缸对定子作用力的静态平衡方程可以导出节流阀工作压差 Δp 为：

$$p_p A_{p1} + p_p\left(A_{p2} - A_{p1}\right) = p_1 A_{p2} + F_S$$

$$\Delta p = p_{\rm p} - p_1 = \frac{F_{\rm S}}{A_{\rm p2}}$$

节流阀的工作压差$\Delta p_{\rm T}$由弹簧 R 的推力$F_{\rm S}$决定。由于该弹簧刚度较低，工作中压缩量变化又很小，所以$F_{\rm S}$基本恒定，使节流阀的工作压差不受负载变化的影响，具有调速阀的功能。其自动调节的过程是：当负载力变大使p_1增大时，在泵的排量及输出压力$P_{\rm P}$未变的瞬间，由于节流阀的工作压差减小，可能会使通过节流阀的流量q_1减小；但是，在p_1增大的同时，控制缸右腔的压力也增大，推动定子左移，增大泵的排量使$P_{\rm P}$随之增大，维持$\Delta p_{\rm T}$基本不变。在这一自动调节过程中，泵所增加的理论流量，正好补偿了由于$P_{\rm P}$提高所增加的内泄漏量，因此泵的输出流量基本未变。反之，当负载F变小从而使p_1减小时，控制缸右腔的压力也减小，则定子右移，使排量减小，导致$P_{\rm P}$减小，维持$\Delta p_{\rm T}$不变。在这个调节过程中，泵减小的理论流量与$P_{\rm P}$降低所减少的泄漏量相当。因此，泵输出的流量基本不变。

这种回路的速度刚性、运动平稳性和承载能力都和限压式变量叶片泵－调速阀容积节流调速回路相当。它的调速范围也只取决于节流阀的调速范围。该回路中液压泵的输出压力跟随负载变化，因此，又称它为变压式容积节流调速回路。为了防止回路过载，在阻尼孔 a 前并联一节流阀起安全保护作用。

当液压缸回油腔压力为零时，回路效率为：

$$\eta_{\rm c} = \frac{p_1 q_1}{p_{\rm p} q_{\rm p}} = \frac{p_1}{p_1 + \Delta p}$$

这种回路只有节流损失，无溢流损失。而且，由于泵的输出压力随负载的变化而增减，节流阀工作压差不变，故在变载情况下，节流损失比限压式变量叶片泵—调速阀容积节流调速回路小得多，因此，回路效率高，发热少。这种回路宜用于负载变化大，速度较低的中、小功率场合，如某些组合机床的进给系统。

任务实施

通过课堂学习和网上搜索资料了解流量控制的方式和执行元件调速的原理。

思考与练习

一、填空题

1．节流调速回路是由__________泵、__________阀、节流阀（或调速阀）和执行元件所组成的。

2．用节流阀的进油路节流调速回路的功率损失有__________和__________两部分。

3．在进油路节流调速回路中，确定溢流阀的__________时应考虑克服最大负载所需要的压力，正常工作时溢流阀口处于__________状态。

4．在旁油路节流调速回路中，溢流阀作__________阀用，其调定压力应大于克服最大负载所需要的压力，正常工作时，溢流阀处于__________状态。

5．泵控液压马达容积调速的方式通常有__________、__________、__________三种形式，其中__________为恒转矩调速，__________为恒功率调速。

6．利用改变变量泵或变量液压马达的进行调速的回路，称为________回路。容积调速回路，无__________损失，无__________损失，发热小，效率高，适用于_________系统。

7．既用__________泵供油，又有__________调速的回路，称为__________。这种回路无__________损失，但有__________损失。它适用于空载时需快速负载时需稳定低速的__________系统。

二、选择题

1．可以承受负的负载的节流调速回路是（　　）。

A．进油路节流调速回路　　B．旁油路节流调速回路

C．回油路节流调速回路　　D．使用调速阀的节流调速回路

2．节流阀旁路节流调速回路中，液压缸的速度（　　）。

A．随负载增加而增加　　B．随负载减小而增加

C．不受负载的影响　　D．以上都不对

3．以定量泵为油源的进油路节流调速回路中，在泵的出口并联溢流阀是为了起到（　　）。

A．溢流定压作用　　B．过载保护作用

C．令油缸稳定运动的作用　　D．控制油路通断的作用

4．以定量泵为油源的旁路节流调速回路中，在泵的出口并联溢流阀是为了使阀起到（　　）。

A．过载保护作用　　B．溢流定压作用

C．令油缸稳定运动的作用　　D．控制油路通断的作用

5．下列基本回路中，不属于容积调速回路的是（　　）。

A．变量泵和定量液压马达调速回路　　B．定量泵和定量液压马达调速回路

C．定量泵和变量液压马达调速回路　　D．变量泵和变量液压马达调速回路

6．采用变量泵—变量液压马达组成的容积调速系统调速时，其低速段应使（　　）最大，调节（　　）；而在高速段，应使（　　）最大，在一定范围内调节（　　）。

A．泵的排量 V_P　　B．液压马达的排量 V_M

7．变量泵—定量液压马达组成的容积调速回路为（　　）调速，即调节 n_M 时，其输出的（　　）不变；变量泵—变量液压马达组成的容积调速回路为（　　）调速，即调节 n_M 时，其输出的（　　）不变。

A．恒功率　　B．恒转矩　　C．最大转矩　　D．最大功率

8．下列调速回路效率最高的是（　　），低速稳定性好的是（　　）。

A．节流调速　　B．容积调速　　C．最大转矩容积节流调速

9．龙门刨床常用（　　）。

A．节流调速　　B．容积调速　　C．最大转矩容积节流调速

10．刨床主运动系统常用（　　）。

A．节流调速　　B．容积调速　　C．最大转矩容积节流调速

三、判断题

1. 在采用节流阀的进油路节流调速回路中，其速度刚度与节流阀流通面积 A 及负载 F_L 的大小有关，而与油泵出口压力无关。（　　）

2. 在采用节流阀的回油路节流调速回路中，回油腔压力 p_2 将随负载 F_L 减小而增大，但不会高于液压泵的出口压力。（　　）

3. 节流调速回路结构简单效率高。（　　）

4. 为提高节流调速回路的安全性，泵出油口的溢流阀必须打开。（　　）

5. 容积调速回路没有节流损失和溢流损失，适用于大功率系统。（　　）

6. 大功率液压设备一般采用容积节流调速。（　　）

7. 为了散热方便，容积调速回路一般采用开式回路。（　　）

8. 恒功率调速是指定量泵和变量马达组成的容积调速回路。（　　）

9. 恒转矩调速是指变量泵量泵和变量马达组成的容积调速回路。（　　）

10. 容积调速回路的低速稳定性较差。（　　）

四、试画出三种节流调速回路的原理图

试说明图 4.48 所示两个溢流阀的作用和工作状况。

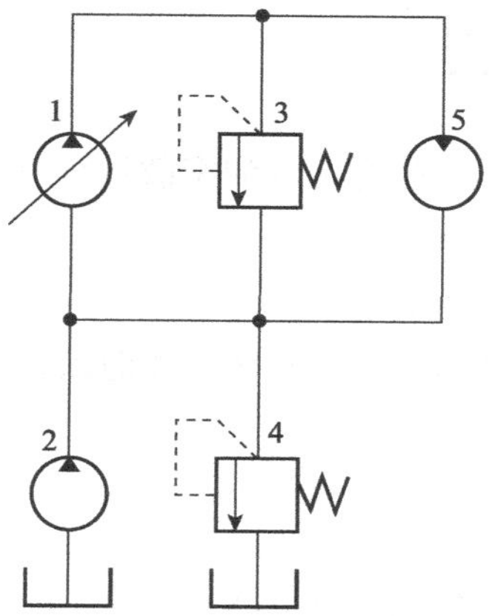

图 4.48　练习图 1

五、图 4.49 所示系统能实现“快进→1 工进→2 工进→快退→停止”的工作循环。试画出电磁铁动作顺序表。

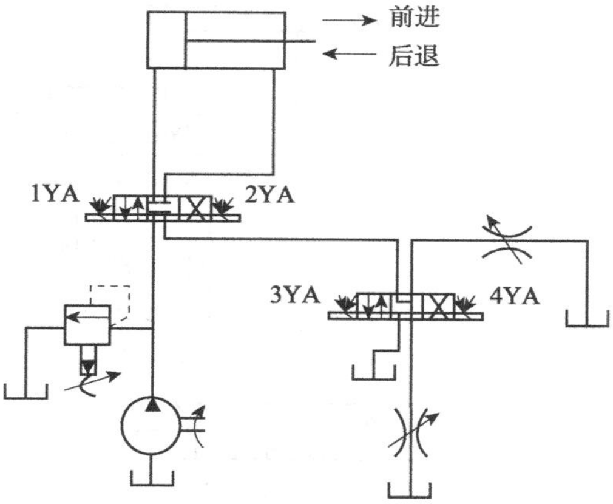

图 4.49　练习图 2

任务四：快进与速度换接

执行机构在一个工作循环的不同阶段要求有不同的运动速度和承受不同的负载。在空行程阶段其速度较高负载较小，采用快速回路，可以在尽量减少液压泵流量的情况下使执行元件获得快速；在工作行程阶段其速度较低负载较大，采用工进回路。液压系统如何快进，如何工进，如何换接。

知识点一：液压缸快进

速运动回路的功用就是提高执行元件的空载运行速度，缩短空行程运行时间，以提高系统的工作效率。具体做法如下：

（1）增加输入执行元件中的流量。

（2）减小执行元件在快速运动时的有效工作面积。

（3）将以上两种方法联合使用。

1．差动回路

差动回路是利用差动液压缸的差动连接来实现的。当两位三通电磁换向阀处于右位时，液压缸呈差动连接，液压泵输出的油液和液压缸小腔返回的油液合流，进入液压缸的大腔，实现活塞的快速运动。当活塞两端有效面积比为 2 : 1 时，快进速度将是非差动连接时的 2 倍，即油泵供油量可减少一半。用差动连接实现快进的回路中，可以用两位三通换向阀转接如图 4.50 所示，也可以用中位 P 型的三位四通换向阀实现差动连接。

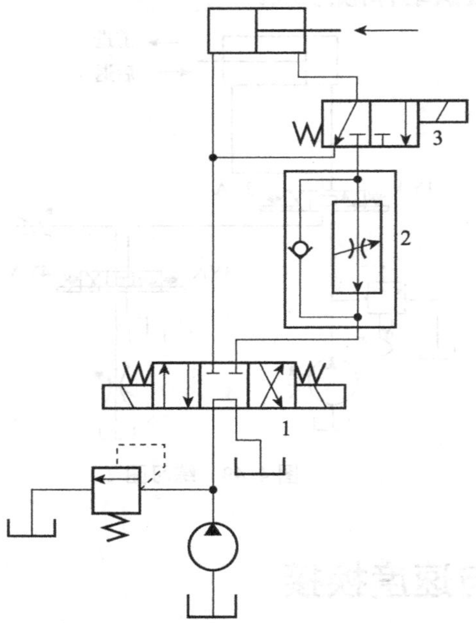

1—电磁三位阀；2—单向调速阀；3—两位三通电磁阀

图 4. 50　差动回路实现快进

这种回路的优点是在不增加任何液压元件的基础上可提高工作速度，因此在液压系统中被广泛采用，比较经济。

2．采用蓄能器供油

在液压蓄能器辅助供油快速回路中，采用液压蓄能器使液压缸快速运动，如图 4.51 所示。

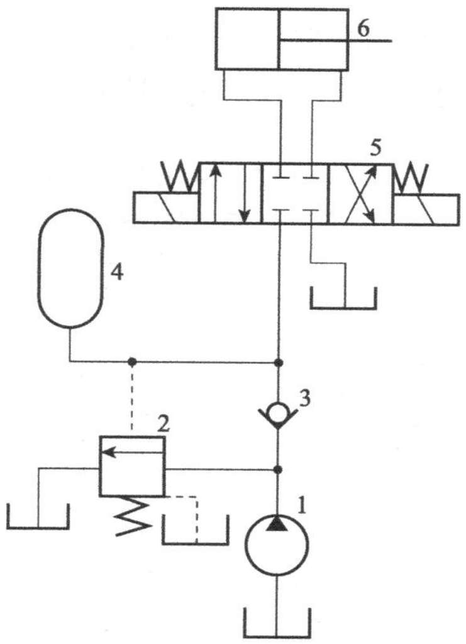

1—液压泵；2—卸荷阀；3—单向阀；4—液压蓄能器；5—电磁三位阀；6—液压缸

图 4.51　蓄能器实现快进

当换向阀处于左位或右位时，液压泵和液压蓄能器同时向液压缸供油，实现快速运动。当换向阀处于中位时，液压缸停止工作，液压泵经单向阀向液压蓄能器供油，随着液压蓄能器内油量的增加，液压蓄能器的压力升高到液控顺序阀的调定压力时，液压泵卸荷。这种回路适用于短时间内需要大流量的场合，并可用小流量的液压泵使液压缸获得较大的运动速度，需注意的是在液压缸的一个工作循环内，须有足够的停歇时间使液压蓄能器充液。

3．双泵供油

如图 4.52 所示，低压大流量液压泵 1 和高压小流量液压泵 2 并联，它们同时向系统供油时可实现液压缸的快速运动；进入工作行程时，系统压力升高，液控顺序阀（卸荷阀）打开使大流量液压泵卸荷，仅由小流量液压泵向系统供油，液压缸的运动变为慢进工作行程。

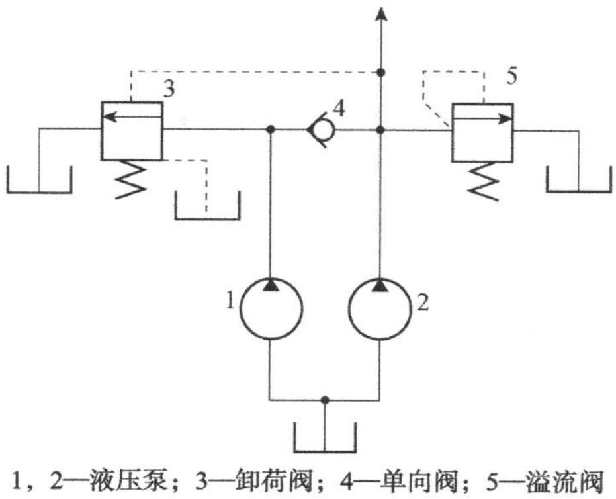

1，2—液压泵；3—卸荷阀；4—单向阀；5—溢流阀

图 4.52　双泵供油快进回路

4．增速缸的快进回路

如图 4.53 所示，当三位四通换向阀左位得电，压力油经增速缸中的柱塞 1 的孔进入 B 腔，活塞 2 伸出，获得快速，A 腔中所需油液经液控单向阀 3 从辅助油箱吸入，活塞 2 伸

出到工作位置时由于负载加大，压力升高，打开顺序阀 4，高压油进入 A 腔，同时关闭单向阀。因有效面积加大，速度变慢而使推力加大，这种回路常被用于液压机的系统中。

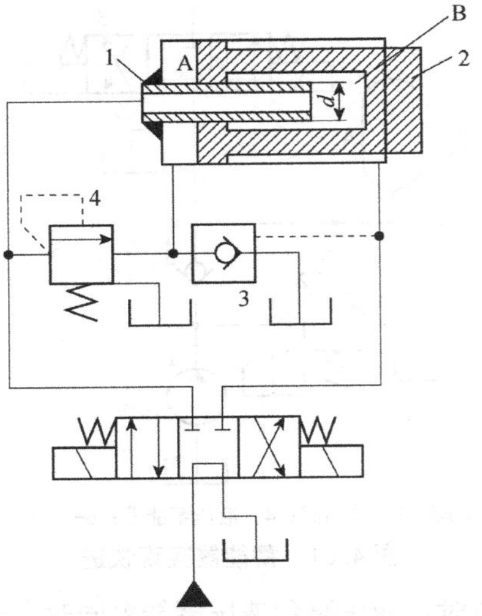

1—柱塞；2—活塞；3—液控单向阀；4—顺序阀

图 4. 53　增速缸的快进回路

知识点二：快慢速换接

速度换接回路可使执行元件在一个工作循环中，从一种运动速度变换到另一种运动速度。包括快速与慢速之间的换接和两种慢速之间的换接。

行程阀控制的快慢速换接回路如图 4.54 所示。

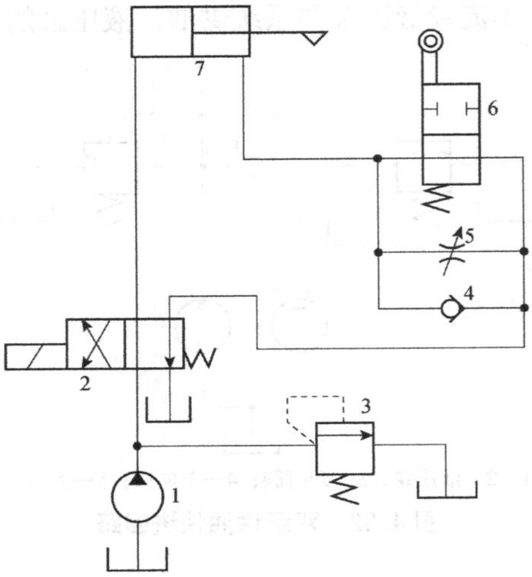

1—液压泵；2—电磁两位阀；3—溢流阀；4—单向阀；5—节流阀；6—机动两位阀；7—液压缸

图 4. 54　行程阀控制的快慢速换接回路

在用行程阀来控制的快慢速换接回路中，活塞杆上的挡块未压下行程阀时，液压缸右腔的油液经行程阀回油箱，活塞快速运动。当挡块压下行程阀时，液压缸回油经节流阀回油箱，活塞转为慢速工进。此换接过程比较平稳，换接点的位置精度高，但行程阀的安装位置不能任意布置。

知识点三：慢速之间的换接

1. 调速阀并联的速度换接回路

如图 4.55 所示，在两个调速阀并联实现两种进给速度的换接回路中，两调速阀由二位三通换向阀换接，它们各自独立调节流量，互不影响，一个调速阀工作时，另一个调速阀没有油液通过。在速度换接过程中，由于原来没工作的调速阀中的减压阀处于最大开口位置，速度换接时大量油液通过该阀，将使执行元件突然前冲，一般用于速度预选的场合。

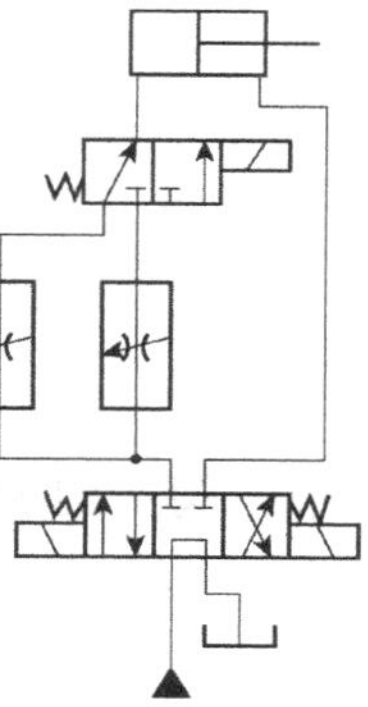

图 4.55　两个调速阀并联实现两种进给速度的换接回路

2. 调速阀串联的速度换接回路

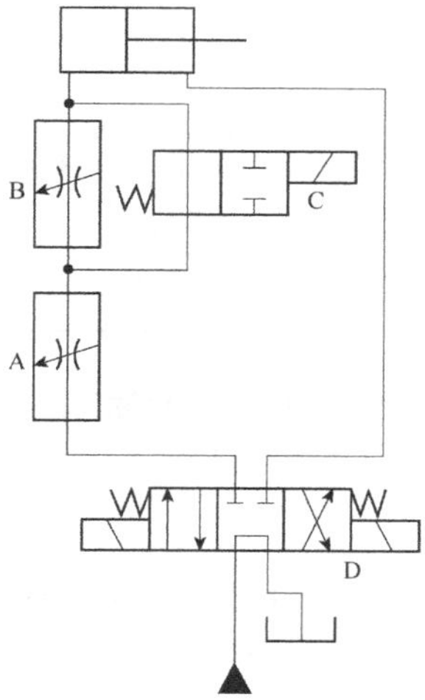

A，B—调速阀；C—电磁两位阀；D—电磁三位阀

图 4.56　两调速阀串联的方法来实现两种不同速度的换接回路

如图 4.56 所示，用两调速阀串联的方法来实现两种不同速度的换接回路中，两调速阀由二位三通换向阀换接，但后接入的调速阀的开口要小，否则，换接后得不到所需要的速度，起不到换接作用，该回路的速度换接平稳性比调速阀并联的速度换接回路好。

任务实施

通过课堂学习和网上搜索资料了解快进和速度换接的原理，明确快进和速度换接的场合。

思考与练习

一、填空题

1．如图 4.57 所示双泵供油回路中，阀 1 的调压为 $p_{1调}$，阀 2 的调压为 $p_{2调}$，而且 $p_{1调}<p_{2调}$，当 $p_0<p_1$ 时，$q=$__________，$p_{1调}<p_0<p_{2调}$时，$q=$__________；$p_0=p_{2调}$时，$q=$__________。

2．常见的快速运动回路有__________。

3．调速阀串联的二次进给回路开口大的阀是__________（上或下）

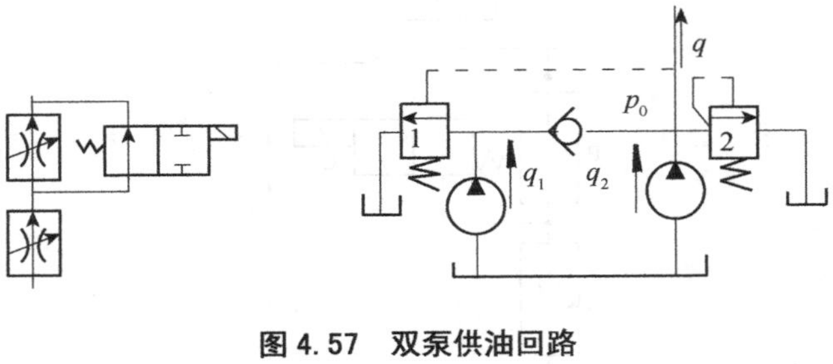

图 4.57　双泵供油回路

二、选择题

1．双泵供油快速运动回路中，两个泵之间的单向阀的作用是（　　）。

A．背压阀　　B．防止油液倒流　　C．调速

2．调速阀并联的慢速换接回路，用两位三通阀换接比用两位五通阀换接时的前冲（　　）。

A．大　　B．小　　C．相等　　D．难以确定

3．双泵供油的液压系统中当慢进时大流量泵的工作状态是（　　）。

A．正常工作　　B．必须卸荷　　C．停机　　D．难以确定

4．如果希望小流量泵获得较高的运动速度，可采用（　　）。

A．差动连接　　B．双泵供油　　C．采用蓄能器　　D．利用快速缸

5．采用蓄能器的快速回路，当蓄能器充油时，液压缸须（　　）工作。

A．正常工作　　B．停止工作　　C．浮动　　D．难以确定

三、分析题

如图 4.58 所示的系统能实现“快进→1 工进→2 工进→快退→停止”的工作循环。试画出电磁铁动作顺序表。

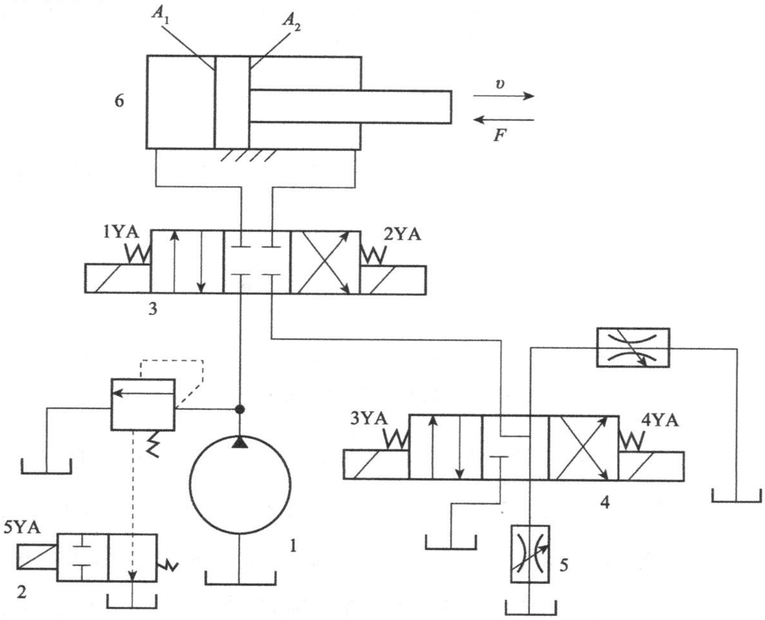

图 4.58　练习图

任务五：多缸控制回路

液压系统中用一个液压泵向多个液压缸输送压力油，使各液压缸完成预定功能的控制回路即为多缸控制回路。下面介绍顺序动作回路、同步回路和互不干扰回路。

知识点一：顺序动作回路

1. 行程控制顺序动作回路

图 4.59（a）所示为行程阀控制的顺序动作回路，在图示状态下 A、B 两缸均处于右极限位置，活塞杆缩回。阀 1 电磁铁通电，阀 1 接入左位，压力油进入缸 B 无杆腔，完成动作①。缸 B 活塞杆伸出，当缸 B 活塞杆伸出时挡块压下行程阀 2 的滚轮，行程阀 2 跳转上位，压力油进入缸 A 无杆腔，完成动作②。缸 A 活塞杆伸出。阀 1 电磁铁断电，阀 1 回到右位，压力油进入缸 B 有杆腔，完成动作③。缸 B 活塞杆缩回。当 B 活塞杆缩回时挡铁离开滚轮，阀 2 跳转下位压力油进入缸 A 有杆腔，完成动作④。

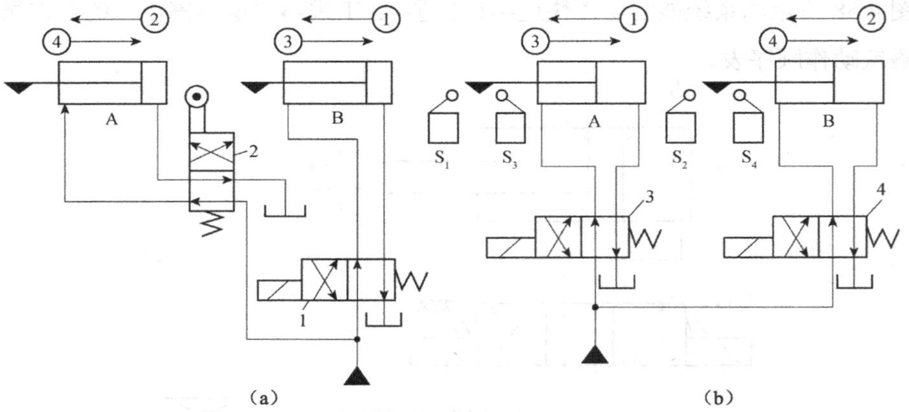

A，B—液压缸；1，3，4—电磁换向阀；2—行程阀；S_1,S_2,S_3,S_4—行程开关

图 4.59 行程控制的顺序动作回路

图 4.59（b）所示为行程开关控制的顺序动作回路，在图示状态下 A、B 两缸均处于右极限位置，活塞杆缩回。阀 3 电磁铁通电，阀 3 接入左位，压力油进入缸 A 无杆腔，完成动作①。缸 A 活塞杆伸出，当缸 A 活塞杆完全伸出时挡块触碰行程开关 S_1，S_1 使阀 4 电磁铁通电，压力油进入缸 B 无杆腔，完成动作②。缸 B 活塞杆伸出，当缸 B 活塞杆完全伸出时挡块触碰行程开关 S_1，S_1 使阀 3 电磁铁断电，压力油进入缸 A 有杆腔，完成动作③。缸 A 活塞杆缩回，活塞杆完全缩回时活塞杆会触碰行程开关 S_3，S_3 使阀 4 电磁铁断电，阀 4 回到右位，压力油进入缸 B 有杆腔，完成动作④。缸 B 活塞杆缩回，活塞杆完全缩回时活塞杆会触碰行程开关 S_4，S_4 使阀 3 电磁铁通电，继续下一个循环动作。

2. 压力控制顺序动作回路

如图 4.60 所示 A、B 两缸活塞均在左端。当换向阀左位工作且顺序阀 D 的调定压力大于液压缸 A 的最大前进工作压力时，压力油先进入液压缸 A 的左腔，实现动作①。当液压缸 A 行至终点后，压力上升，压力油打开顺序阀 D 进入液压缸 B 的左腔，实现动作②。当换向阀右位工作且顺序阀 C 的调定压力大于液压缸 B 的最大返回工作压力时，压力油先进入液压缸 B 的右腔，实现动作③。当液压缸 B 行至终点后，压力上升，压力油打开顺序阀 C 进入液压缸 A 的右腔，实现动作④。这种回路工作可靠，可以按照要求调整液压缸的动作顺序。顺序阀的调整压力应比先动作缸的最高工作压力高(中压系统须高 0.8MPa 左右)，以免在系统压力波动较大时产生误动作。

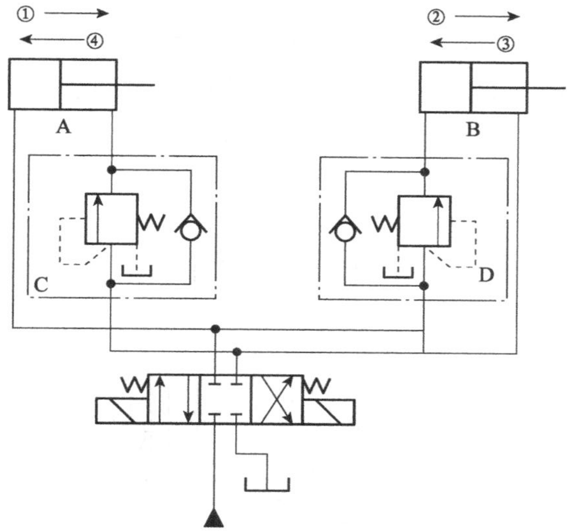

1—换向阀；2，3—单向顺序阀

图 4.60 顺序阀控制的顺序动作回路

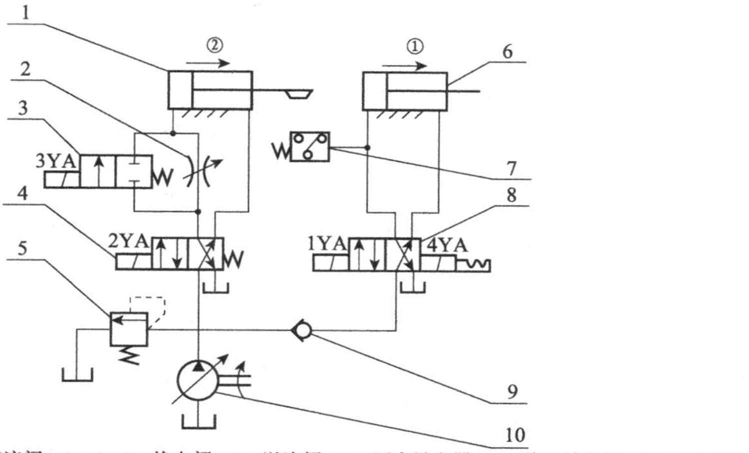

1，6—液压缸；2—节流阀；3，4，8—换向阀；5—溢流阀；7—压力继电器；9—普通单向阀；10—变量泵

图 4.61 压力继电器控制的顺序动作回路

如图 4.61 所示状态，A、B 两缸活塞均在左端。当电磁铁 1YA 通电时，压力油进入液

压缸 A 的左腔，推动活塞按①方向右移碰上止挡块后，系统压力升高；安装在液压缸 A 左腔附近的压力继电器发出信号，使电磁铁 2YA 通电，于是压力油进入液压缸 B 的左腔，推动活塞按②方向右移。

知识点二：同步回路

同步回路的功能是使两个执行元件以相同的速度或相同的位移运动。如果两个液压缸作用面积相同，输入流量相等，是可以具有相同的运动速度的，但由于制造加工误差、摩擦阻力不同、外负载的变化、油液中含气量等因素的影响，液压缸的同步精度不高。同步回路要尽可能的消除这些因素的影响，消除积累误差，满足同步精度要求。并联调速阀同步回路如图 4.62 所示。

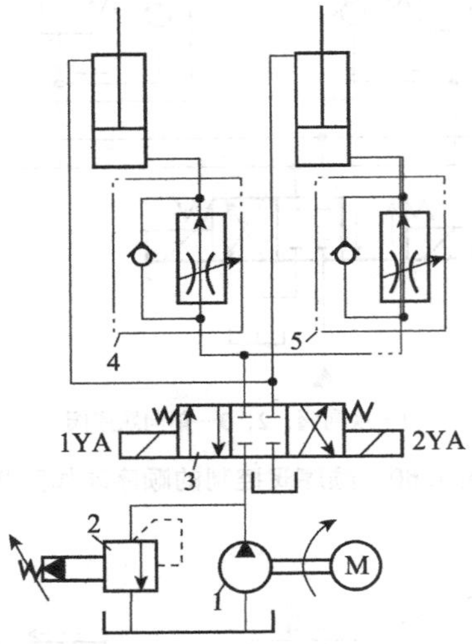

1— 定量泵；2—先导式溢流阀 ；3—换向阀；4，5—单向调速阀

图 4.62 并联调速阀同步回路

并联调速阀同步回路如图 4.62 所示。其结构简单，使用方便，可以调速。但是受油温变化和调速阀性能差异等影响，不易保证位置同步，速度的同步精度较低，一般为 5%～7%。

由液控单向阀 3、电磁换向阀 2 和 4 组成的补偿装置可使两缸每一次下行终点的位置同步误差得到补偿如图 4.63 所示。这种回路适用于终点位置同步精度要求较高的小负载液压系统。阀 1 右位时两缸下行，由于误差的存在，A，B 两个液压缸位置同步的可能性几乎不存在。假如 A 缸先到达行程终点，B 缸出油没有出处；系统必须能够通过其他渠道给 B 缸下腔回油。A 缸先到达行程终点时会触动行程开关 S_1，S_1 会使阀 4 电磁铁通电阀 4 接入上位，阀 3 液控单向阀控制口接压力油，液控单向阀反向通道打开，B 缸回油可以通过液控单向阀的反向进入阀 2 左位回油箱，使 B 缸完成剩下的行程。假如 B 缸先到达行程终点，

A 缸失去进油，将不能运动；系统必须能够通过其他渠道解决 A 缸上腔进油。B 缸先到达行程终点时会触动行程开关 S_2，S_2 会使阀 2 电磁铁通电阀 2 接入右位，阀 3 液控单向阀进油口接压力油，液控单向阀正向通道打开，液压油可以通过液控单向阀的正向进入 A 缸上腔，使 A 缸完成剩下的行程。

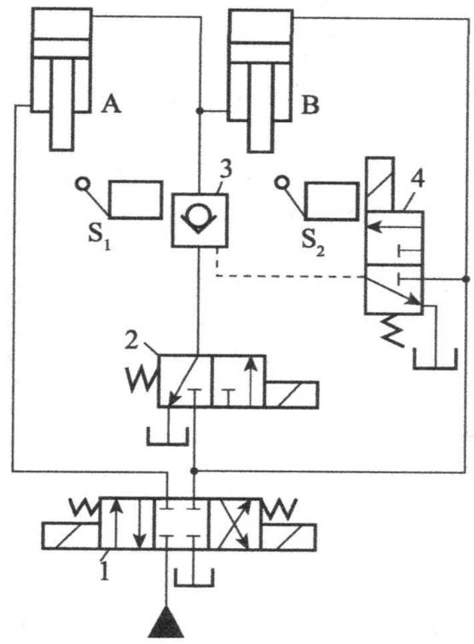

1，2，4—换向阀；3—液控单向阀；S_1，S_2—行程开关；A，B—液压缸

图 4.63　带补偿装置的串联液压缸位移同步回路

知识点三：互不干扰回路

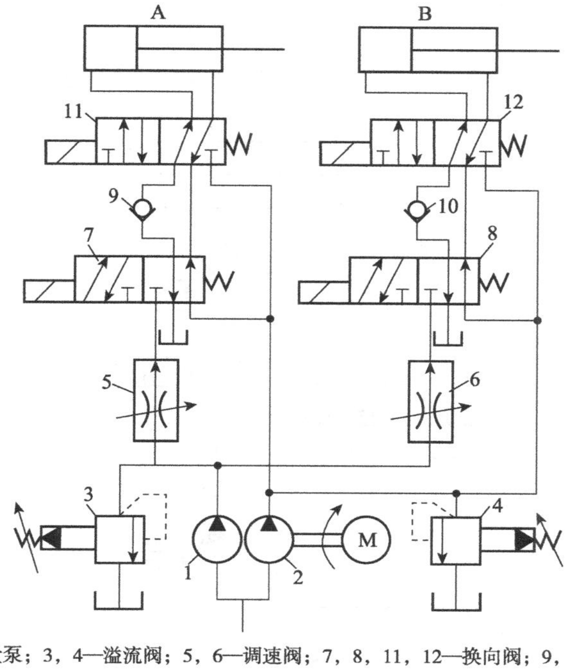

1，2—流量泵；3，4—溢流阀；5，6—调速阀；7，8，11，12—换向阀；9，10—单向阀

图 4.64　两缸快慢速互不干扰回路

两缸快慢互不干扰回路如图 4.64 所示，该回路的特点是两缸的“快进”和“快退”均由低压大流量泵 2 供油，两缸的“工进”均由高压小流量泵 1 供油。快速和慢速供油渠道不同，因而避免了相互的干扰。阀 11，12 电磁铁通电，左位接入，泵 2 压力油直接进入缸 A，B 无杆腔，有杆腔的回油分别通过阀 11，12 的左位并入进油形成差动，完成快进。快进完成后，阀 7，8 的电磁铁可以单独通电，也可以分开通电。如果同时完成快进就阀 7，8 电磁铁同时通电，阀 11，12 电磁铁同时断电；如果缸 A 先完成快进，阀 7 电磁铁通电，阀 11 电磁铁断电，缸 A 转换成慢进，此时泵 1 供油，液压油经阀 5 进油路节流调速进入缸 A 无杆腔，回油经过阀 11 右位、阀 7 左位回油箱，完成工进；缸 A 工进不会干扰缸 B 的快进，因为是不同的泵供油。缸 A 工进结束要转快退时，阀 7 电磁铁断电，泵 1 供油转泵 2 供油，液压缸完成快退。

任务实施

通过课堂学习和网上搜索资料了解多缸回路的顺序动作回路、同步回路和互不干扰回路的原理和具体应用场合。

思考与练习

写出图4.65所示液压系统的电磁铁通断电动作循环表，并写出完成各动作的进出油路。

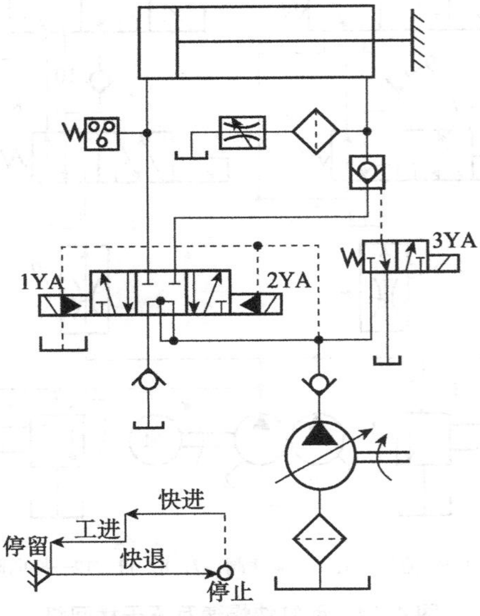

图 4.65　练习图

工作循环 \ 电磁铁	lYA	2YA	3YA	进出油路
快进			+	
工进			−	
停留			−	
快退			−	
停止			−	

任务六：速度换接回路调试与动力滑台的速度控制回路分析

知识点一：速度换接回路调试

实验一：调速阀拆装

一、实验目的

1．熟悉各流量阀的结构和工作原理。

2．加强学生的动手能力。

二、实验器材

1．调速阀　　3只

2．拆装工具　　2套

三、实验步骤

1．拆卸

松开锁紧螺母→旋出手轮及螺母→松开并旋开螺盖→倒立取出节流阀阀芯→松开并旋开减压阀螺盖→倒立取出减压阀阀芯。

2．观察

观察调速阀的结构和组成，画出减压阀阀芯和节流阀阀芯的草图。

3．装配

用汽油将零件清洗干净，按照拆卸的相反顺序，把各零件装入阀体。

四、注意事项

1．零件按拆卸的先后顺序摆放。

2．仔细观察各零件的结构和所在的位置。

3. 切勿将零件表面，特别是阀体内孔、阀芯表面磕碰划伤。
4. 装配时注意配合表面涂少许液压油。

实验二：快慢速控制回路调试

一、实验目的

1. 熟悉各流量阀的工作原理。
2. 了解两级换速回路的工作原理和在工业中实际应用。
3. 加深了解电器元器件工作原理和使用方法。
4. 加强学生的动手能力和创新能力。

二、实验器材

1. 液压实验台	1台
2. 液压泵站	1套
3. 液压缸	1只
4. 直动式溢流阀	1只
5. 三位四通电磁换向阀	1只
6. 二位三通电磁换向阀	1只
7. 调速阀（或单向节流阀）	1只
8. 油管、压力表、四通	若干

三、实验原理图

如图 4.66 所示，快进时系统形成差动连接，慢进时形成出油口节流调速。

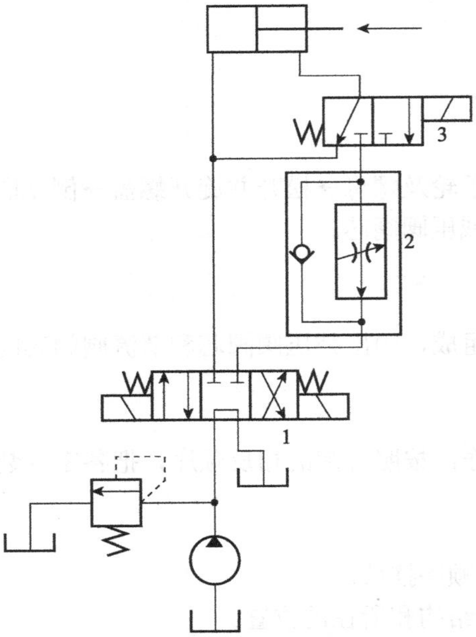

图 4. 66　速度换接回路实验原理

四、实验步骤

1．根据实验要求设计出合理的液压原理图。
2．根据原理图选择恰当的液压元器件，并按图把实物连接起来。
3．根据动作要求设计电路，并依据设计好的电路进行实物连接。
4．在开启泵站前，请先检查搭接的油路和电路是否正确，经测试无误，方可开始试验。
5．起动泵站前，请先完全打开溢流阀 1，调定系统压力到工作压力（＜6MPa）。
6．实验完毕后，打开溢流阀，停止油泵电机，待系统压力为零后，拆卸油管及液压阀，并把它们放回规定的位置，整理好实验台。并保持系统的清洁。

五、注意事项

1．检查油路是否搭接正确。
2．检查电路连接是否正确。
3．检查油管接头是否搭接牢固（搭接后，可以稍微用力拉一下）。
4．检查电路是否搭接错误，开始试验前需检查，运行。如有错误，修正后在运行，直到错误排除，启泵站，开始试验。
5．回路必须搭接安全（溢流阀）回路，启动泵站前，完全打开安全阀：实验完成后，完全打开安全阀，停止泵站。

知识点二：动力滑台速度控制回路分析

动力滑台是一种通用加工设备，一般为多刀加工，切削负荷变化大，快慢速差异大。要求切削速度低而平稳，空行程进退速度快，快慢速度转换平稳；系统效率高，发热少，功率利用合理。液压动力滑台是系列化产品，不同规格的滑台，其液压系统的组成和工作原理基本相同。

动力滑台液压系统（见图 4.67）能实现快进→第一次工作进给→第二次工作进给→止位钉停留→快退→原位停止；能实现半自动工作循环。

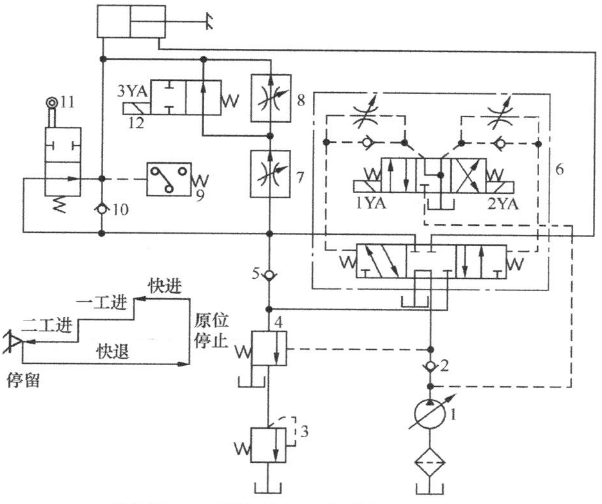

1—变量泵；2，5，10—单向阀；3—溢流阀；4—卸荷阀；6—电液动换向阀；7，8—调速阀

图 4.67　动力滑台液压系统

如何快进？油液不通过调速阀，而且能形成差动回路。

如何一工进？阀 7 进油路节流调速

如何二工进？阀 8 进油路节流调速

任务实施

建议学生对三种以上动力滑台的液压系统原理进行分析，总结其速度控制的特点和规律。

思考与练习

完成以下任务：

实验报告	
实验名称	
实验原理	
实验步骤	
实验体会	
动力滑台速度控制的特点	

技术实践

对于起重机的方向控制模块的实验主要是中位机能和换向，不具备实验条件的学习者可以通过 FluidSIM 软件来实现。通过仿真不仅能够体会实验的感性认识，而且能体会设计的乐趣。

对于动力滑台的速度控制模块的实验，任何实验台都不可能提供那么多的速度控制方式，软件仿真的好处在这里得到了充分的体现。通过仿真软件，不仅可以体会各种节流调速，各种速度换接，还可以体会容积调速和容积节流调速，这么多的调速方式总有一种能引起学习者的兴趣。

模块小结

一、主要术语

1．节流阀

节流阀是最简单的流量控制阀，它通过调节通流截面积的大小达到调节流量的目的，但负载和它的稳定性会影响流量的稳定性。

2．调速阀

调速阀由节流阀和定差减压阀串联而成，其流量稳定性只受温度的影响。

3．叶片泵

叶片泵在机床、工程机械、船舶、压铸及冶金设备应用广泛。叶片泵的结构较齿轮泵复杂，但其工作压力较高。叶片泵具有结构紧凑、流量均匀、噪声小、运转平稳等优点， 因而被广泛用于中、低压液压系统中。

4．柱塞泵

柱塞泵是靠柱塞在缸体中作往复运动造成密封容积的变化来实现吸油与压油的液压泵，与齿轮泵和叶片泵相比，柱塞泵压力高，结构紧凑，效率高，流量调节方便，故在需要高压、大流量、大功率的系统中和流量需要调节的场合，

5．快进

液压缸空回行程大多要求快进，以缩短空行程运行时间，以提高系统的工作效率。具体做法如下：差动快进、蓄能器快进、双泵供油快进、增速缸快进。

6．**速度换接**

速度换接回路可使执行元件在一个工作循环中，从一种运动速度变换到另一种运动速度。包括快速与慢速之间的换接和两种慢速之间的换接。

二、图形符号

流量阀				
溢流节流阀	温度补偿型调速阀	调速阀	普通节流阀	图形符号
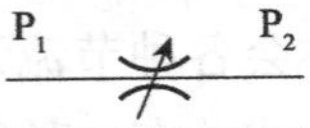	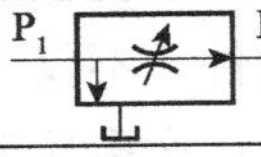		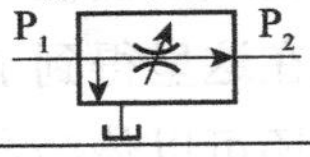	
液压泵				
双向变量泵	双向•定	单向变量泵	单向定量泵	图形符号
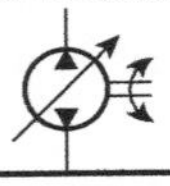	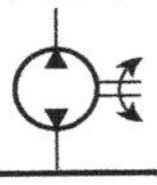	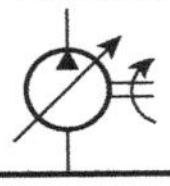	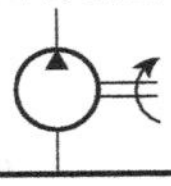	

三、综合应用

1．如图 4.68 所示液压系统用来实现“快进——工进——快退”工作循环。试回答：

（1）液压元件 2、5 在回路中的作用是什么？

（2）请写出液压缸在快进和工进时的进油路。

（3）根据工作循环填写电磁铁通电顺序表。（通电“+”，失电“−”）

动作	1YA	2YA	3YA	压力继电器
快进				
工进				
快退				

2．如图 4.69 所示液压系统用来实现“快进——工进——快退”工作循环。试回答：

（1）写出图中标号为 3、4、5 这三个液压元件的名称。

（2）液压元件 2 和 4 在回路中的作用是什么？

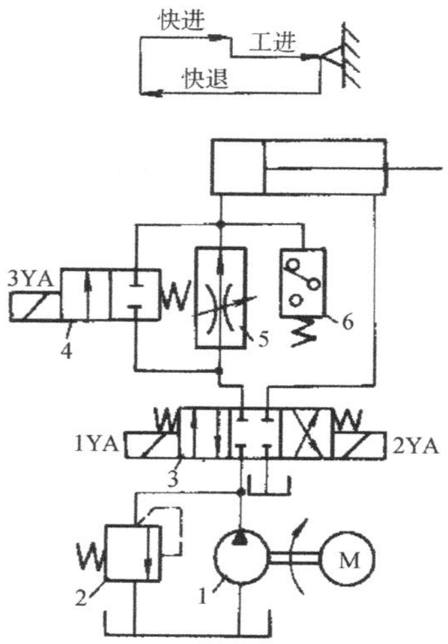

图 4.68　液压系统 1

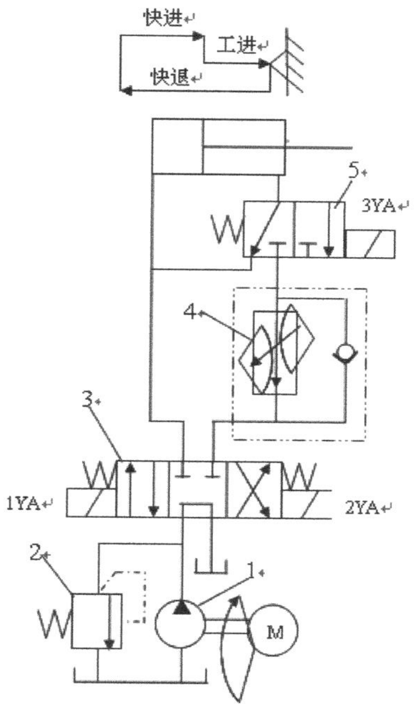

图 4.69　液压系统 2

（3）写出工进时的进、回油路。

（4）根据工作循环填写电磁铁通电顺序表。（通电“+”，失电“-”）

动作	1YA	2YA	3YA
快进			
工进			
快退			

模块五　液压典型系统

为了使液压设备实现特定的运动循环或工作，将实现各种不同运动的执行元件及其液压回路拼集、汇合起来，用液压泵组集中供油，形成一个网络，就构成了设备的液压传动系统，简称液压系统。

设备的液压系统图是用规定的图形符号画出的液压系统原理图。这种图表明了组成液压系统的所有液压元件及它们之间的相互连接的情况，还表明了各执行元件所实现的运动循环及循环的控制方式，从而表明了整个液压系统的工作原理。

本模块通过对几个不同类型液压系统的组成、工作原理及应用特点的分析，使学生熟悉常见设备的液压系统的工作原理，加深对各种液压回路在液压系统中功用的理解，也加深对各类液压元件所能实现功能的理解，初步掌握分析复杂液压系统的方法，从而为正确使用、调试、调整、维护液压设备及独立设计简单的液压系统奠定必要的基础。

分析和阅读较复杂的液压系统图，大致可按以下步骤进行：

（1）了解设备的工艺对液压系统的动作要求。

（2）初步浏览整个系统，了解系统中包含哪些元件，并以各个执行元件为中心，将系统分解为若干块（以下称为子系统）。

（3）对每一子系统进行分析，搞清楚其中含有哪些基本回路，然后根据执行元件的动作要求，参照动作循环表读懂这一子系统。

（4）根据液压设备中各执行元件间互锁、同步、防干扰等要求，分析各子系统之间的联系。

（5）在全面读懂系统的基础上，归纳总结整个系统有哪些特点，以加深对系统的理解。

本模块重点介绍动力滑台液压系统、起重机液压系统、数控设备液压系统、注塑机液压系统。

模块目标

读懂动力滑台液压系统原理图，深刻理解动力滑台的速度控制原理；读懂起重机液压系统原理图，深刻理解起重机方向控制原理；读懂数控设备液压系统原理图，深刻理解卡盘液压缸、刀架转位液压马达和尾座套筒液压缸工作原理；读懂注塑机液压系统原理图，深刻理解合模和开模的控制原理。

模块点睛

通过对典型液压系统工作原理的学习明了读液压系统图工作原理的方法；通过对动力滑台和数控设备液压系统的学习明了机械加工设备的工作原理和具体应用；通过对汽车起重机液压系统的学习，明了工程机械的工作原理和应用领域。通过对注塑机液压系统工作原理学习明了常用加工设备的工作原理。

任务一：动力滑台液压系统

液压动力滑台是组合机床上用以实现进给运动的一种通用部件，其运动是靠液压缸驱动的。滑台台面上可以装动力箱、多轴箱及各种专用切削头等工作部件。滑台与床身、中间底座等通用部件可以组成各种组合机床，完成钻、扩、铰、镗、铣、车、攻螺纹等工序的机械加工，并能按多种进给方式实现半自动工作循环。

装有程序控制系统的车床简称数控车床，其自动化程度高，能获得较高的加工质量。目前在数控机床上，大多都应用了液压传动系统。

知识链接

知识点一：动力滑台液压系统

液压动力滑台是组合机床上用以实现进给运动的一种通用部件，其运动是靠液压缸驱动的。滑台台面上可以装动力箱、多轴箱及各种专用切削头等工作部件。滑台与床身、中间底座等通用部件可以组成各种组合机床，完成钻、扩、铰、镗、铣、车、攻螺纹等工序的机械加工，并能按多种进给方式实现半自动工作循环。

组合机床一般用于多刀加工，切削负荷变化大，快慢速差异大。要求切削速度低而平稳，空行程进退速度快，快慢速度转换平稳；系统效率高，发热少，功率利用合理。

液压动力滑台是系列化产品，不同规格的滑台，其液压系统的组成和工作原理基本相同。

动力滑台液压系统能实现快进→第一次工作进给→第二次工作进给→止位钉停留→快退→原位停止。它能实现半自动工作循环。

该液压系统采用限压式变量叶片泵供油，用电液换向阀换向，用行程阀实现快慢速的转换、用串联调速阀实现二次工进速度换接。本系统是只有一个单杠活塞缸的中压系统，其最高工作压力不大于6.3MPa。

其系统图如图5.1所示。

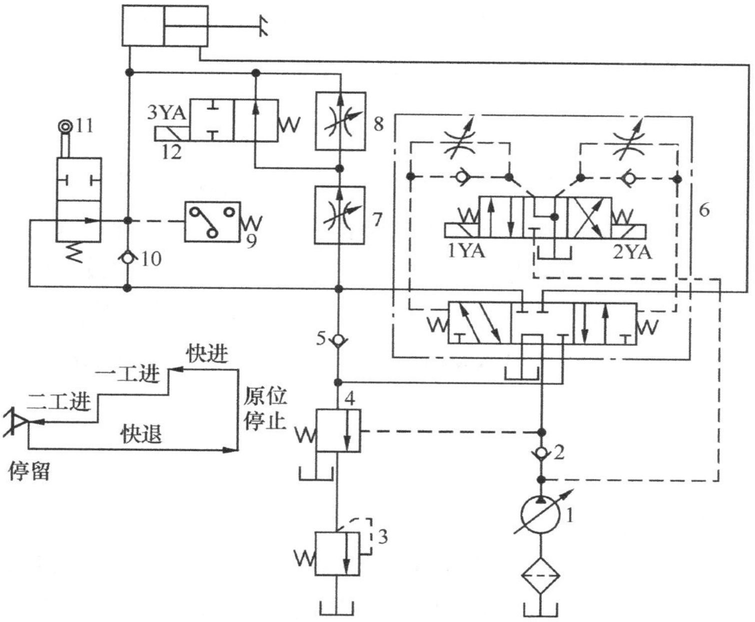

1—液压泵；2，5，10—单向阀；3—背压阀；4—液控顺序阀； 6，12—电磁阀；
7，8—调速阀；9—压力继电器；11—行程阀

图5.1　YT4543型动力滑台的液压系统原理图

1．快进

按下启动按钮，电磁铁1YA通电吸合，控制油路由液压泵1经电磁阀6先导阀左位，进入电磁阀6液动阀的左端油腔，液动阀左位接系统，液动阀的右端油腔回油经节流器和先导阀的左位回油箱。液动阀处于左位。主油路经泵1→单向阀2→电磁阀6液动阀左位→行程阀11（常态位）→液压缸左腔（无杆腔）。回油路从液压缸右腔→电磁阀6先导阀左位→单向阀5→行程阀11→液压缸左腔。由于动力滑台空载，系统压力低，液控顺序阀4关闭，液压缸成差动连接，且液压泵1有最大的输出流量，滑台向左快进（活塞杆固定，滑台随缸体向左运动）。

2．一工进

快进到一定位置，滑台上的行程挡块压下行程阀 11，使原来通过行程阀 11 进入液压缸无杆腔的油路切断。此时电磁阀 12 电磁铁 3YA 处于断电状态，调速阀 7 接入系统进油路，系统压力升高。压力的升高，一方面使液控顺序阀 4 打开，另一方面使限压式变量泵的流量减小，直到与经过调速阀 7 后的流量相同为止。这时进入液压缸无杆腔的流量由调速阀 7 的开口大小决定。液压缸有杆腔的油液则通过电磁阀 6 后经液控顺序阀 4 和背压阀 3 回油箱（两侧的压力差使单向阀关闭）。液压缸以第一种工进速度向左运动。

3．二工进

当滑台以一工进速度行进到一定位置时，挡块压下行程开关，使电磁铁 3YA 通电，经电磁阀 12 的通路被切断。此时油液需经调速阀 7 与 8 才能进入液压缸无杆腔。由于调速阀 8 的开口比调速阀 7 小，滑台的速度减小，速度大小由调速阀 8 的开口决定。

4．死挡铁停留

当滑台以二工进速度行进到碰上死挡铁后，滑台停止运动。液压缸无杆腔压力升高，压力继电器 9 发出信号给时间继电器（图中未表示），使滑台在死挡铁上停留一段时间后再开始下一动作。滑台在死挡铁上停留，主要是为了满足加工端面或台肩孔的需要，使其轴向尺寸精度和表面粗糙度达到一定要求。当滑台在死挡铁上停留时，泵的供油压力升高，流量减少，直到限压式流量泵流量减少到仅能满足补偿泵和系统的泄漏量为止，系统这时处于需要保压的流量卸荷状态。

5．快退

当滑台在死挡铁上停留一段时间（由时间继电器调整）后，时间继电器发出使滑台快退的信号。此时电磁铁 1YA 断电，2YA 通电，电磁阀 6 的先导阀和主阀处于右位。进油路由液压泵 1→单向阀 2→电磁阀 6 液动阀右位→液压缸右腔；回油路由液压缸左腔→单向阀 10→电磁阀 6 主阀右位→油箱。由于此时为空载，系统压力很低，液压泵 1 输出的流量最大，滑台向右快退。

6．原位停止

当滑台快退到原位时，挡块压下原位行程开关，使电磁铁 1YA、2YA 和 3YA 都断电，电磁阀 6 先导阀和主阀处于中位，滑台停止运动，液压泵 1 通过电磁阀 6 主阀中位卸荷（注意，这时系统处于压力卸荷状态）。

知识点二：数控设备液压系统

本知识点主要介绍数控车床液压系统工作原理。

如图 5.2 所示机床液压系统由四条液压支路组成，分别是卡盘夹紧支路、回转刀架的松夹支路、刀架转位支路和尾座套筒移动支路。

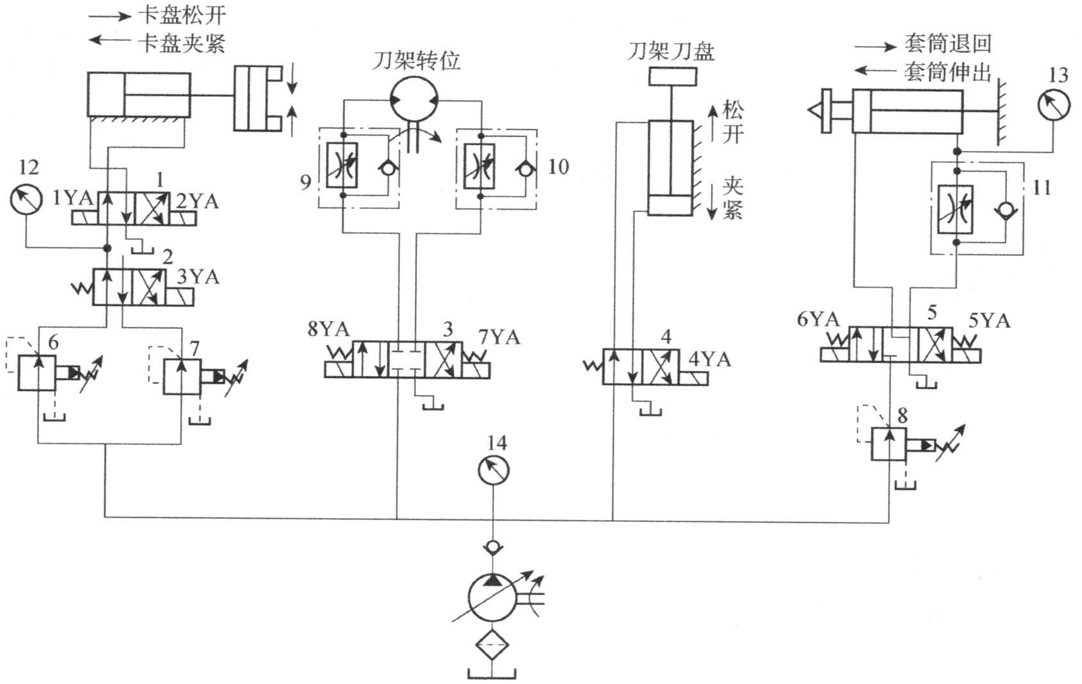

1—电磁两位阀；2，4，5—电磁换向阀；3—手动换向阀（电磁三位阀）；6，7，8—减压阀；9，10，11—单向调速阀；12，13，14—压力阀

图 5.2 数控设备液压系统

1．卡盘夹紧支路

其夹紧方式为：1YA 得电时活塞伸出夹紧工件，夹紧力可通过进油口的先导式减压阀调定；2YA 得电时活塞缩回松开工件。

2．回转刀架的松夹支路

回转刀架换刀时，首先刀架松开，然后转到指定的刀位，最后刀盘夹紧，刀盘的夹紧与松开，由两位四通电磁换向阀 4 控制，4YA 通电时刀盘夹紧，当 4YA 断电时刀盘松开。

3．刀架转位支路

刀盘的旋转有正转和反转两个方向，采用液压马达实现刀盘换位是数控车床刀盘换位中常见的方式之一，三位四通手动换向阀 3 控制刀盘的正转反转，单向调速阀 9 和 10 通过手动换向阀 3 的左右换位来控制刀盘旋转时速度；当 8YA 通电、7YA 断电时，刀架正转；当 8YA 断电，7YA 通电时，刀架反转。

4．尾座套筒移动支路

尾架套筒的前端用于安装活动顶针，活动顶针在加工时，用于长轴类零件的辅助支撑，尾座套筒的伸出与退回由一个三位四通电磁换向阀 5 控制。当 5 YA 通电，6 YA 断电时，系统压力油经减压阀 8→电磁换向阀 5（右位）→套筒液压缸有杆腔，套筒伸出，使顶针顶紧于工件上；套筒伸出时的工作预紧力大小通过减压阀 8 来调整，伸出速度由单向调速阀 11 控制；当 5YA 断电，6YA 通电时，套筒退回。

任务实施

建议学生到机械加工实训场所和一些机械加工厂，了解一些动力滑台和数控设备的相关知识，以加强对动力滑台液压设备和数量设备液压设备应用领域的认识。

思考与练习

1．简述元件 3、4 的作用。

2．简述滑台快进的原理。

3．滑台如何进行快慢速换接？

4．滑台如何进行慢速之间的换接？

任务二：起重机液压系统

汽车起重机（见图 5.3）是将起重机安装在汽车底盘上的一种起重运输设备。它主要由起升、回转、变幅、伸缩和支腿等工作机构组成，这些动作的完成由液压系统来实现。对于汽车起重机的液压系统，一般要求输出力大、动作要平稳、耐冲击、操作要灵活、方便、可靠、安全。起重机液压系统图如图 5.4 所示。

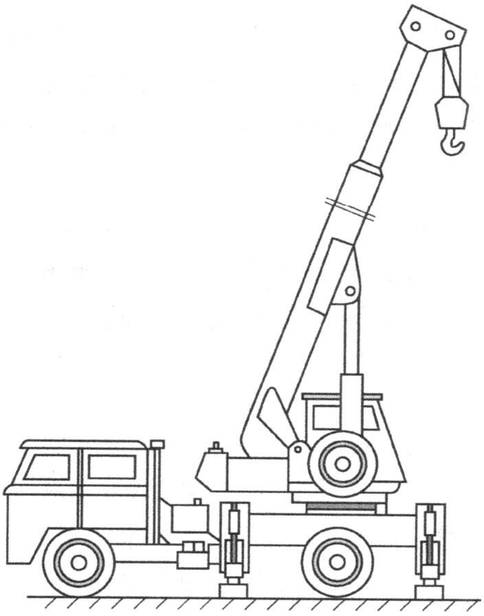

图 5.3　汽车起重机

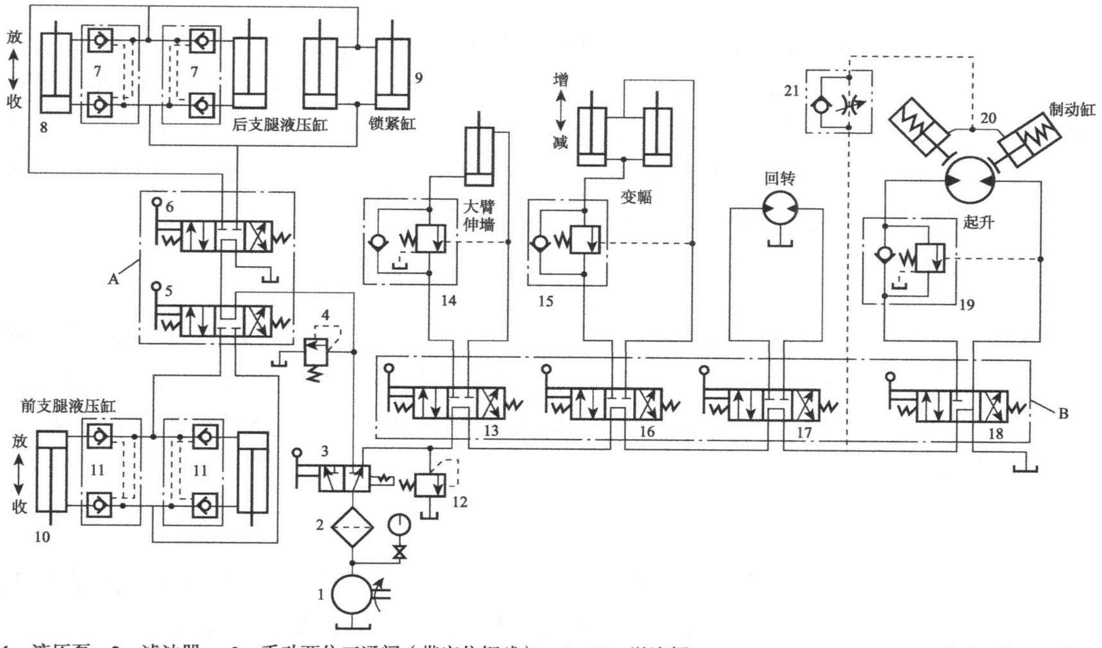

1—液压泵；2—滤油器；3—手动两位三通阀（带定位钢球）；4，12—溢流阀；5，6，13，16，17，18—手动三位四通换向阀（M 型中位）；7，11—双向液压锁；8—后支腿液压缸；9—锁紧缸；10—前支腿液压缸；14，15—平衡阀；19—液控单向顺序阀；20—制动缸；21—单向节流阀

图 5.4　起重机液压系统图

1．支腿油路

汽车轮胎的承载能力是有限的，在起吊重物时，必须由支腿液压缸来承受负载，而使轮胎架空，这样也可以防止起吊时整机的前倾或颠覆。支腿动作的顺序是：缸 9 锁紧后桥

板簧，同时缸 8 放下后支腿到所需位置，再由缸 10 放下前支腿。作业结束后，先收前支腿，再收后支腿。当手动换向阀 6 右位接入工作时，后支腿放下，其油路为：

进油路：泵 1→滤油器 2→阀 3 左位→阀 5 中位→阀 6 右位→锁紧缸下腔锁紧板簧液压锁 7→缸 8 下腔。

回油路：缸 8 上腔→双向液压锁 7→阀 6 右位→油箱→缸 9 上腔→阀 6 右位→油箱。

回路中的双向液压锁 7 和 11 的作用是防止液压支腿在支撑过程中因泄漏出现“软腿现象”，或行走过程中支腿自行下落，或因管道破裂而发生倾斜事故。

2．起升回路

起升机构要求所吊重物可升降或在空中停留，速度要平稳、变速要方便、冲击要小、启动转矩和制动力要大，本回路中采用 ZMD40 型柱塞液压马达带动重物升降，变速和换向是通过改变手动三位四通换向阀 18 的开口大小来实现的，用液控单向顺序阀 19 来限制重物超速下降。单作用液压缸 20 是制动缸，单向节流阀 21 是保证液压油先进入马达，使马达产生一定的转矩，再解除制动，以防止重物带动马达旋转而向下滑。二是保证吊物升降停止时，制动缸中的油马上与油箱相通，使马达迅速制动。起升重物时，手动三位四通换向阀 18 切换至左位工作，泵 1 打出的油经滤油器 2→阀 3 右位→阀 13、16、17 中位→阀 18 左位→阀 19 中的单向阀进入马达左腔；同时压力油经单向节流阀到制动缸 20，从而解除制动，使马达旋转。重物下降时，手动三位四通换向阀 18 切换至右位工作，液压马达反转，回油经阀 19 的液控顺序阀，阀 18 右位回油箱当停止作业时，阀 18 处于中位，泵卸荷。制动缸 20 上的制动瓦在弹簧作用下使液压马达制动。

3．大臂伸缩回路

本机大臂伸缩采用单级长液压缸驱动。工作中，改变阀 13 的开口大小和方向，即可调节大臂运动速度和使大臂伸缩。行走时，应将大臂收缩回。大臂缩回时，因液压力与负载力方向一致，为防止吊臂在重力作用下自行收缩，在收缩缸的下腔回油腔安置了平衡阀 14，提高了收缩运动的可靠性。

4．变幅回路

大臂变幅机构是用于改变作业高度，要求能带载变幅，动作要平稳。本机采用两个液压缸并联，提高了变幅机构承载能力。其要求以及油路与大臂伸缩油路相同。

5．回转回路

回转机构要求大臂能在任意方位起吊。本机采用 ZMD40 柱塞液压马达，回转速度 1～3 r/min。由于惯性小，一般不设缓冲装置，操作阀 17，可使马达正、反转或停止。

起重机液压系统的特点是：①因重物在下降时以及大臂收缩和变幅时，负载与液压力方向相同，执行元件会失控，为此，在其回油路上必须设置平衡阀。②因工况作业的随机性较大且动作频繁，所以大多采用手动弹簧复位的多路换向阀来控制各动作。换向阀常用M型中位机能。当换向阀处于中位时，各执行元件的进油路均被切断，液压泵出口通油箱使泵卸荷，减少了功率损失。

任务实施

建议学生日常生活中，遇到起重机设备时，多观察起重机的结构；从起重作业现场经过时多留意起重机的作业过程，以加深对起重机工作原理的理解。

思考与练习

1．换向阀为什么都采用手动操作？

2．换向阀的中位为什么都是M型的？

任务三：注塑机液压系统

注塑机的工作过程是将颗粒状的塑料加热成熔融状，再用注射装置快速高压注入模腔，然后保压冷却成形。其工作过程就包括闭模、注射、保压、启模和顶出等过程。注塑机液压系统原理图如图5.5所示。

注塑机液压系统具有如下特点：

（1）为满足加工不同塑料对注射压力的要求，一般注塑机都配备三种不同直径的螺杆，在系统压力为14MPa时，获得的注射压力为40～150 MPa。

（2）为保证足够的合模力，防止高压注射时模具开缝产生塑料溢边，注塑机采用了液压-机械增力合模机构。

（3）采用双泵供油系统，模具的启闭过程和塑料注射的各阶段快慢速之比可达50~100，系统功率利用比较合理。

（4）系统所需多级压力，由多个并联的远程调压阀控制。

（5）注塑机的多执行元件的循环动作主要依靠行程开关按事先编程的顺序完成。这种方式灵活、方便。

注塑机的动作顺序如下：合模→注射→保压→预塑→开模→顶出制品→顶出缸后退→开模→冷却定形。

相关执行机构：合模缸、注射座移动缸、注射缸、预塑液压马达、顶出缸。

1．关安全门

为保证操作安全，注塑机都装有安全门。关安全门，行程阀 6 恢复常位，合模缸才能动作，系统开始整个动作循环。

2．合模

动模板慢速启动、快速前移，当接近定模板时，液压系统转为低压、慢速控制。

（1）慢速合模(2Y、3Y1 通电)：大流量液压泵 1 通过电磁溢流阀 3 卸载，只有小流量液压泵 2 进入合模缸左腔，实现慢速合模。

（2）快速合模(1Y、2Y、3Y1 通电)：行程开关发令使 1Y 得电，大流量液压泵 1 与小流量液压泵 2 同时向合模缸供油，实现快速合模。

（3）低压合模(2Y、3Y1、9Y1 通电)：大流量液压泵 1 卸载，小流量液压泵 2 的压力由调压力较低的远程调压阀 18 控制。合模缸推力较小，保护模板。

（4）高压合模(2Y、3Y1 通电)：大流量液压泵 1 卸载，小流量液压泵 2 供油，系统压力由高压溢流阀 4 控制，高压合模，连杆牢固地锁紧模具。

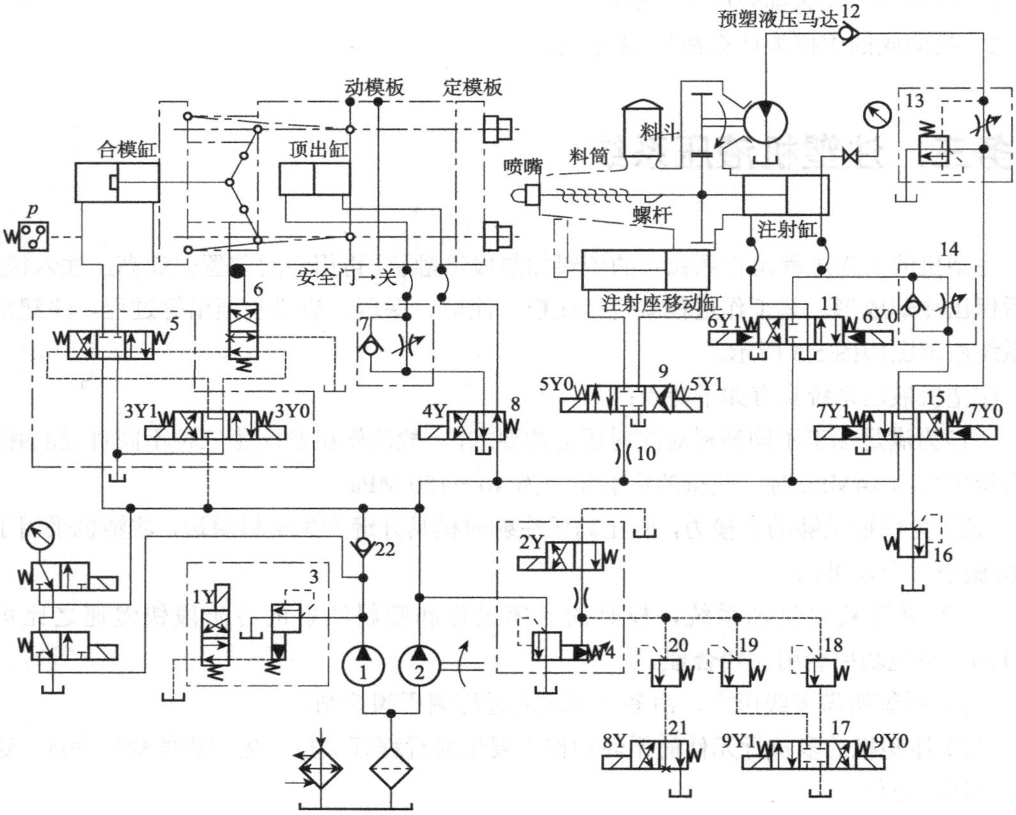

1，2—液压泵；3—电磁溢流阀；4—高压溢流阀；5，11，15—电液换向阀；6—两位机动换向阀；7，14—单向节流阀；8—电磁两位阀；9—电磁换向阀；12，22—单向阀；13—旁通型调速阀；16—背压阀；17—电磁三位阀；18，19，20—远程调压阀；21—电磁两位阀

图 5.5　注塑机液压系统原理图

3．注射座前移(2Y、5Y1 通电)

在注塑机上安装、调试好模具后，注塑喷枪要顶住模具注塑口，故注射座要前移。小流量液压泵 2 的压力油经电磁换向阀 9 右位进入注射座移动缸右腔，注射座前移使喷嘴与模具接触，注射座移动缸左腔油液经电磁换向阀 9 回油箱。

4．注射

注射是指注射螺杆以一定的压力和速度将料筒前端的熔料经喷嘴注入模腔，分慢速注射和快速注射两种。

（1）慢速注射(2Y、5Y1、7Y1、8Y 通电)。小流量液压泵 2 的压力油经电液换向阀 15 左位和单向节流阀 14 进入注射缸右腔，左腔油液经电液换向阀 11 中位回油箱，注射缸活塞带动注射螺杆慢速注射，注射速度由单向节流阀 14 调节，远程调压阀 20 起定压作用。

（2）快速注射（1Y、2Y、5Y1、6Y0、7Y1、8Y 通电）。大流量液压泵 1 和小流量液压泵 2 的压力油经电液换向阀 11 右位进入注射缸右腔，左腔油液经电液换向阀 11 回油箱。由于两个泵同时供油，且不经过单向节流阀 14，因此注射速度加快了。此时，远程调压阀 20 起安全作用。

5．保压（2Y、5Y1、7Y1、9Y0 通电）

由于注射缸对模腔内的熔料实行保压并补塑，因此，只需少量油液，所以大流量液压泵 1 卸载，小流量液压泵 2 单独供油，多余的油液经高压溢流阀 4 回油箱，保压压力由远程调压阀 19 调节。

6．预塑（1Y、2Y、5Y1、7Y0 通电）

保压完毕（时间控制），从料斗加入的熔料随着螺杆的转动被带至料筒前端，进行加热塑化，并建立一定压力。当螺杆头部熔料压力到达能克服注射缸活塞退回的阻力时，螺杆开始后退，后退到预定位置，即螺杆头部熔料达到所需注射量时，螺杆停止转动和后退，准备下一次注射。与此同时，在模腔内的制品冷却成形。螺杆转动由预塑液压马达通过齿轮机构驱动。马达的转速由旁通型调速阀 13 控制。当螺杆头部熔压力迫使注射缸后退时，注射缸右腔油液经单向节流阀 14、电液换向阀 15 右位和背压阀 16 回油箱，其背压力由背压阀 16 控制。同时，注射缸左腔产生局部真空，油箱的油液在大气压作用下经电液换向阀 11 中位进入其内。

7．防流延（2Y、5Y0、6Y1 通电）

当采用直通开敞式喷嘴时，预塑加料结束，要使螺杆后退一小段距离以减小料筒前端压力，防止喷嘴端部熔料流出。大流量液压泵 1 卸载，小流量液压泵 2 压力油一方面经电磁换向阀 9 右位进入注射座移动缸右腔，使喷嘴与模具保持接触，另一方面经电液换向阀 11 左位进入注射缸左腔，使螺杆强制后退。注射座移动缸左腔和注射缸右腔，油液分别经电磁换向阀 9 和电液换向阀 11 回油箱。

8．注射座后退（2Y、5Y0 通电）

在安装调试模具或模具注塑口堵塞需清理时，注射座要离开注塑机的定模座后退。大流量液压泵 1 卸载，小流量液压泵 2 压力油经电磁换向阀 9 左位使注射座后退。

9．开模

开模速度一般为慢→快→慢，由行程控制。

（1）慢速开模（2Y、3Y0 通电）：大流量液压泵 1（或小流量液压泵 2）卸载，小流量液压泵 2（或大流量液压泵 1）压力油经电液换向阀 5 左位进入合模缸右腔，左腔油液经电液换向阀 5 回油箱。

（2）快速开模（1Y、2Y、3Y0 通电）：大流量液压泵 1 和小流量液压泵 2 合流向合模缸右腔供油，开模速度加快。

（3）慢速开模（2Y、3Y0 通电)：大流量液压泵 1（或小流量液压泵 2）卸载，小流量液压泵 2（或大流量液压泵 1）压力油经电液换向阀 5 左位进入合模缸右腔，左腔油液经电液换向阀 5 回油箱。

10．顶出

（1）顶出缸前进（2Y、4Y 通电）：大流量液压泵 1 卸载，小流量液压泵 2 压力油经电磁两位阀 8 左位、单向节流。单向节流阀 7 进入顶出缸左腔，推动顶出杆顶出制品。其运动速度由单向节流阀 7 调节，高压溢流阀 4 为定压阀。

（2）顶出缸后退（2Y 通电）：小流量液压泵 2 的压力油经电磁两位阀 8 常位使顶出缸后退。

任务实施

建议学生上课前多多调研注塑机设备，了解其工作过程，以加深对注塑机工作原理的理解。

思考与练习

1．高低压合模是如何实现的？

2．快慢速合模是如何实现的？

技术实践

学习者可以通过 FluidSIM 人机仿真数控设备和动力滑台的工作工程以加深对典型液压系统工作原理的理解。

模块小结

一、主要术语

1．注塑机液压系统

注塑机的工作过程是将颗粒状的塑料加热成熔融状，再用注射装置快速高压注入模腔，然后保压冷却成形。其工作过程就包括闭模、注射、保压、启模和顶出等过程。

2．起重机液压系统

汽车起重机是将起重机安装在汽车底盘上的一种起重运输设备。它主要由起升、回转、变幅、伸缩和支腿等工作机构组成，这些动作的完成由液压系统来实现。

3．数控设备液压系统

机床液压系统由四条液压支路组成，分别是卡盘夹紧支路、刀架转位支路、回转刀架的松夹支路和尾座套筒移动支路。

4．动力滑台液压系统

动力滑台液压系统能实现快进→第一次工作进给→第二次工作进给→止位钉停留 快退→原位停止；能实现半自动工作循环。

二、综合应用

1．试分析液压回路。

图 5.6 所示为动力滑台液压系统原理图。

（1）试说明快进时的进出油路。

（2）试填写电磁铁通断电顺序表。

	1DT	2DT	3DT	阀 9	阀 3
快进					
一工进					
二工进					
停留					
快退					
停止					

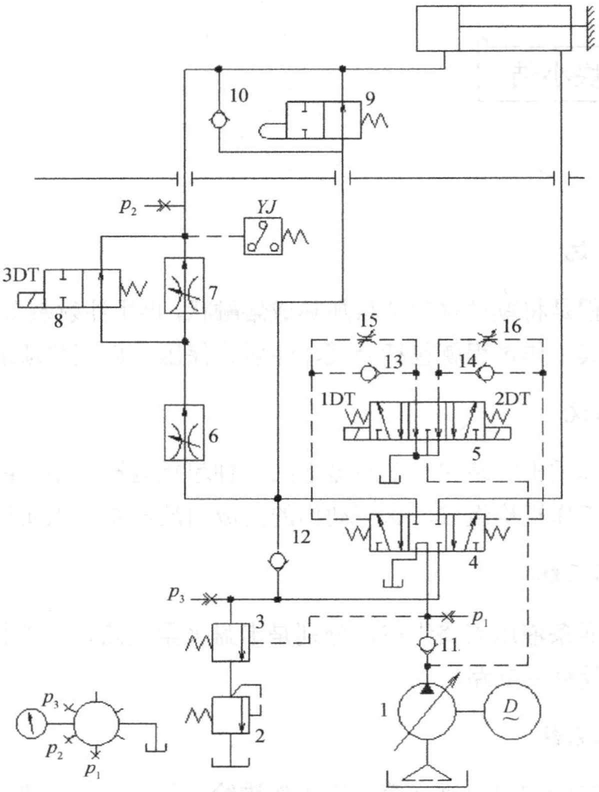

图 5.6　动力滑台液压系统原理图

2．如图 5.7 所示，液压机械的动作循环为快进、一工进、二工进、快退、停止，且一工进的速度大于二工进的速度。本液压系统调速回路属于回油路节流调速回路。液压系统的速度换接回路是采用并联调速阀的二次进给回路。图中 a_1 和 a_2 分别为阀 7 和阀 9 节流口的通流面积，且 $a_1>a_2$。试读懂液压系统原理图，填写电磁铁动作顺序表（电磁铁吸合标“＋”，电磁铁断开标“－”）。

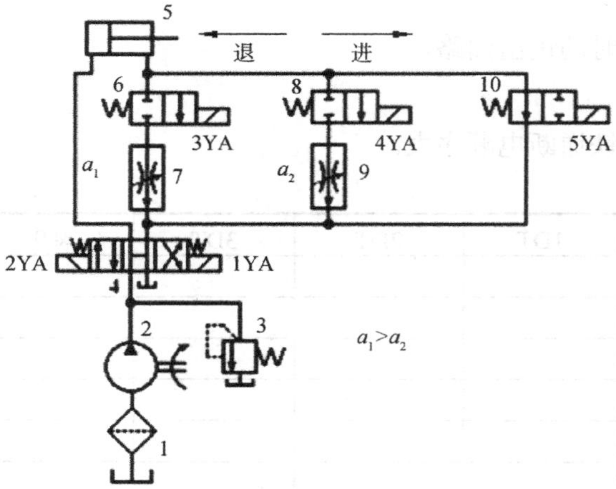

图 5.7　液压机械回路

	1YA	2YA	3YA	4YA	5YA
快进					
一工进					
二工进					
快退					
停止					

3．某机床进给回路如图 5.8 所示，它可以实现快进→工进→快退→停止的工作循环。根据此回路的工作原理，填写电磁铁动作表（电磁铁通电时，在空格中记“＋”号；反之，断电记“－”号）。

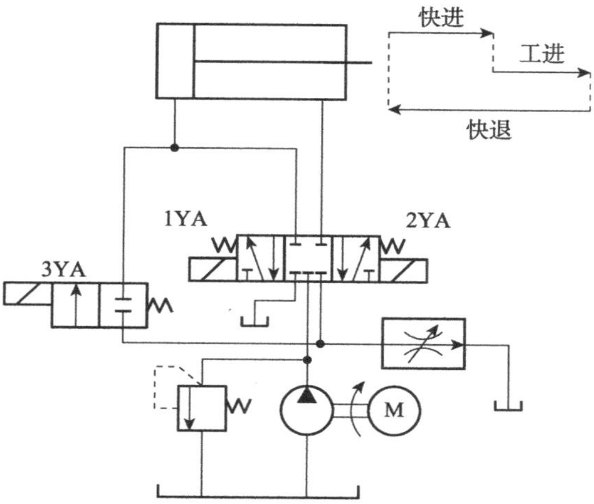

图 5.8　某机床进给回路

电磁铁 / 动作	1YA	2YA	3YA
快进			
工进			
快退			
停止			

试写出快进的进出油路：

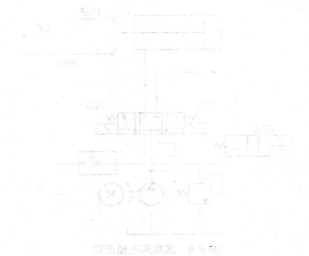

模块六　气压元件的识别与选用

气压传动与控制技术简称气动技术，是以压缩空气为工作介质来进行能量和信号的传递，以实现各种生产过程、自动控制的一门技术。

由于气压传动具有防火、防爆、节能、高效、无污染等特点，因此气动技术已被广泛应用于工业产业的自动化和省力化，在促进自动化的发展中起到了极为重要的作用。

模块目标

1．了解气压传动系统的基本组成，掌握气压传动系统的优点与缺点。
2．了解各元件在气动系统中的具体作用。
3．气源各组成部分的工作原理和作用。
4．正确连接气动执行元件并实现工作要求。

模块点睛

近几年随着气压传动技术的飞速发展，特别是气动技术、液压技术、传感器技术、PLC技术等学科的相互渗透而形成的机电一体化技术被各个领域广泛应用后，气压传动技术已经成为当今工业科技的重要组成部分。本模块的主要任务是认识气压传动系统。

任务一：气压传动系统的认知

查阅相关资料，认识气压传统系统组成部分，对比液压传动认识气压传动的优缺点，了解气压传动技术的应用和发展趋势。

知识链接

知识点一：气压传动系统的工作原理和基本组成

气压传动系统的工作原理是利用空气压缩机将电动机或其他原动机输出的机械能转变为空气的压力能，然后在控制元件的控制和辅助元件的配合下，通过执行元件把空气的压力能转变为机械能，从而完成直线或回转运动并对外做功。

下面以一个典型气压传动系统介绍气动系统的工作过程。

图6.1和图6.2所示分别为气动剪切机的结构示意图和工作原理图。空气压缩机1产生的压缩空气经后冷却器2、油水分离器3、储气罐4、分水滤气器5、减压阀6、油雾器7、气控换向阀9，部分气体经节流通路进入气控换向阀9的下腔，使上腔弹簧压缩，气控换向阀9阀芯位于上端；大部分压缩空气经气控换向阀9后进入汽缸10的上腔，而汽缸的下腔经换向阀与大气相通，故汽缸活塞处于最下端位置。

当上料装置把供料11送入剪切机并到达规定位置时，供料压下行程阀8，此时气控换向阀9阀芯下腔压缩空气经行程阀8排入大气，在弹簧的推动下，气控换向阀9阀芯向下运动至下端；压缩空气则经气控换向阀9后进入汽缸的下腔，上腔经气控换向阀9与大气相通，汽缸活塞向上运动，带动剪刀上行剪断供料。供料剪下后，即与行程阀8脱开。行程阀8阀芯在弹簧作用下复位、出路堵死。气控换向阀9阀芯上移，汽缸活塞向下运动，又恢复到剪断前的状态。

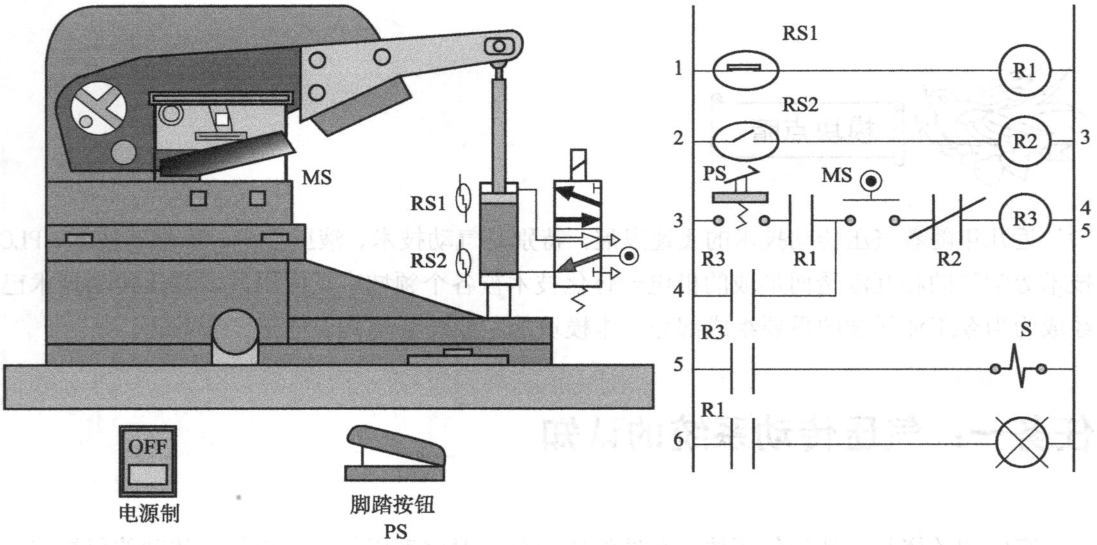

图6.1　气动剪切机结构示意图

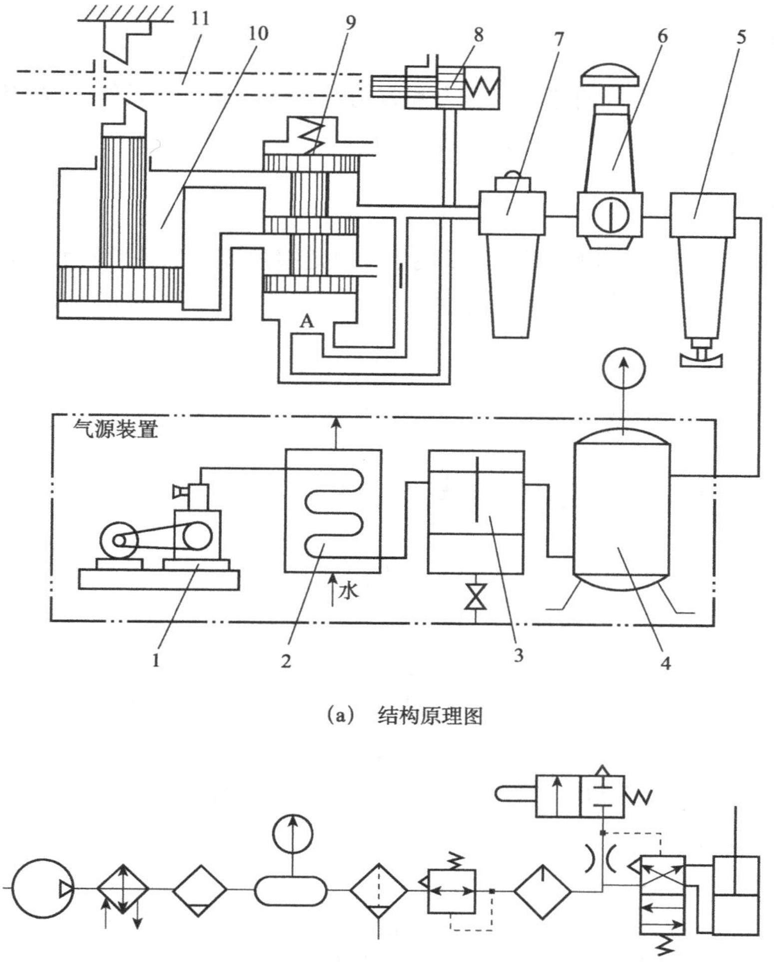

（a） 结构原理图

（b） 职能符号图

1—空气压缩机；2—后冷却器；3—油水分离器；4—储气罐；5—分水滤气器；
6—减压阀；7—油雾器；8—行程阀；9—气控换向阀；10—汽缸；11—供料

图6.2 气动剪切机结构原理图和图形符号图

由气动剪切机的例子可知，与液压系统类似，气动传动系统可以分为以下几部分。

1．气源装置

气源装置是气动系统的一个重要组成部分，它将原动机供给的机械能转换成气体的压力能，为气动系统提供合乎质量要求的压缩空气，同时要求提供的气体清洁、干燥。

2．执行元件

在气动系统中，将压缩空气的压力能转换成机械能的元件被称为气动执行元件。可以实现往复直线运动和往复摆动运动的气动执行元件称为汽缸；可以实现连续旋转运动的气动执行元件称为气马达。

3．控制元件

控制和调节压缩空气的流量、压力和方向，保证气动执行元件按预定的程序正常进行工作，如各种压力阀、流量阀和方向阀等。

4．辅助元件

使压缩空气净化、润滑、消声以及用于元件连接所需要的装置和元件，如空气过滤器、干燥器、油雾器、消声器、管接头等。

5．工作介质

在气压传动中起传递运动、动力及信号的作用。气压传动的工作介质为压缩空气。

知识点二：气压传动的特点

与液压传动相比，气压传动有如下优点：

（1）空气作为工作介质，可从大气中直接汲取，用后直接排入大气，成本低，不污染环境。

（2）空气黏性小，在管道中流动时损失小，适用于远程传输和控制。

（3）工作压力低，气动元件对材质和精度的要求低，使用寿命长，成本低。

（4）对工作环境的适应性好，特别是在易燃、易爆、高尘埃、强磁、辐射及振动等恶劣环境中使用时比液压传动要安全得多。

与液压传动相比，气压传动有如下缺点：

（1）空气具有压缩性，故其工作速度和工作平稳性方面不如液压传动。

（2）工作压力低，系统输出力小，传动效率较低。

（3）排气噪声大。

（4）气压传动的信号速度限制在声速（约340m/s）范围内，故其工作频率和响应速度不如电子装置，不宜用于信号传递速度要求较高的复杂线路中。

知识点三：气压传动的应用与发展

1．气压传动的应用

目前气动控制装置在下述几方面有普遍的应用：

（1）机械制造业。其中包括机械加工生产线上工件的装夹及搬送，铸造生产线上的造型、捣固、合箱等。在汽车制造中，汽车自动化生产线、车体部件自动搬运与固定、自动焊接等。

（2）电子 IC 及电器行业。如用于硅片的搬运，元器件的插装与锡焊，家用电器的组装等。

（3）石油、化工业。用管道输送介质的自动化流程绝大多数采用气动控制，如石油提炼加工、气体加工、化肥生产等。

（4）轻工食品包装业。其中包括各种半自动或全自动包装生产线，例如，酒类、油类、煤气罐装，各种食品的包装等。

（5）机器人。例如装配机器人，喷漆机器人，搬运机器人以及爬墙、焊接机器人等。

（6）其他。如车辆刹车装置，车门开闭装置，颗粒物质的筛选，鱼雷导弹自动控制装置等。目前各种气动工具的广泛使用，也是气动技术应用的一个组成部分。

2．气动产品的发展趋势

（1）小型化、集成化。气动元件有些使用场合要求气动元件外形尺寸尽量小，小型化是主要发展趋势。

（2）组合化、智能化。最常见的组合是带阀、带开关汽缸。在物料搬运中，还使用了汽缸、摆动汽缸、气动夹头和真空吸盘的组合体，同时配有电磁阀、程控器，结构紧凑，占用空间小，行程可调。

（3）精密化。目前开发了非圆活塞汽缸、带导杆汽缸等可减小普通汽缸活塞杆工作时的摆转；为了使汽缸精确定位开发了制动汽缸等。为了使汽缸的定位更精确，使用了传感器、比例阀等实现反馈控制，定位精度达 0.01 mm。在精密汽缸方面已开发了 0.3 mm/s 低速汽缸和 0.01N 微小载荷汽缸。在气源处理中，过滤精度 0.01mm，过滤效率为 99.9999%的过滤器和灵敏度 0.001 MPa 的减压阀业已开发出来。

（4）高速化。目前汽缸的活塞速度范围为 50～750mm/s。为了提高生产率，自动化的节拍正在加快。今后要求气缸的活塞速度提高到 5～10m/s。与此相应，阀的响应速度也将加快，要求由现在的 1/100 秒级提高到 1/1000 秒级。

（5）无油、无味、无菌化。由于人类对环境的要求越来越高，不希望气动元件排放的废气带油雾污染环境，因此无油润滑的气动元件将会普及。还有些特殊行业，如食品、饮料、制药、电子等，对空气的要求更为严格，除无油外，还要求无味、无菌等，这类特殊要求的过滤器将被不断开发出来。

（6）高寿命、高可靠性和智能诊断功能。气动元件大多用于自动化生产中，元件的故障往往会影响设备的运行，使生产线停止工作，造成严重的经济损失，因此，对气动元件的工程可靠性提出了更高的要求。

（7）节能、低功耗。气动元件的低功耗能够节约能源，并能更好地与微电子技术相结合。功耗≤0.5W 的电磁阀已开发和商品化，可由计算机直接控制。

（8）机电一体化。为了精确达到预定的控制目标，应采用闭路反馈控制方式。为了实现这种控制方式要解决计算机的数字信号，传感器反馈模拟信号和气动控制气压或气流量三者之间的相互转换问题。

（9）应用新技术、新工艺、新材料。在气动元件制造中，型材挤压、铸件浸渗和模块拼装等技术已在国内广泛应用；压铸新技术（液压抽芯、真空压铸等）目前已在国内逐步推广；压电技术、总线技术，新型软磁材料、透析滤膜等正在被应用。

任务实施

建议学生到实训室近距离观察气压传动系统的工作过程，认识气压传动系统的各个组成部分，理解液压传动系统的特点以及应用领域。

思考与练习

1．一个典型的气动系统由哪几个部分组成？

2．气压传动与液压传动有什么不同？

任务二：认识气源装置

气源装置是气动系统的一个重要组成部分，它为气动系统提供具有一定压力和流量的压缩空气，同时要求提供的气体清洁、干燥。本任务重点介绍气源装置的组成，通过试验台来操作设备，掌握基本的操作要领。

知识点一：气源装置的组成与工作原理

一般气源装置通常由以下几个部分组成：

（1）产生压缩空气的气压发生装置，即空气压缩机。

（2）净化及储存压缩空气的装置和设备。

（3）传输压缩空气的管道系统。

（4）气动三大件。

图6.3为气源装置的组成和布置示意图。其中件1为空气压缩机，用以产生压缩空气，一般由电动机带动，其吸气口装有空气滤清器，以减少进入空气压缩机中气体的杂质。件2为后冷却器，用以降温冷却压缩空气，使净化的水、油凝结出来。件3为油水分离器，用以分离并排出降温冷却的水滴、油滴、杂质等。件4为储气罐，用以储存压缩空气，稳定压缩空气的压力并除去部分油分和水分。 件5为干燥器，用以进一步吸收或排除压缩空气中的水分和油分，使之成为干燥空气。件6为过滤器，用以进一步过滤压缩空气中的灰尘、杂质颗粒。件7为储气罐。储气罐4输出的压缩空气可用于一般要求的气压传动系统，储气罐7输出的压缩空气可用于

要求较高的气动系统。件8为加热器，可将空气加热，使热空气吹入闲置的干燥器中进行再生，以备两个干燥器交替使用，件9为四通阀，用于控制两个干燥器的工作状态。

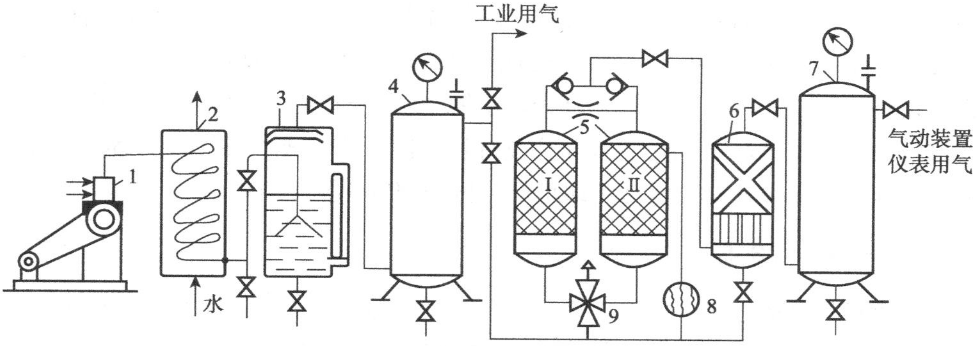

1—空气压缩机；2—后冷却器；3—油水分离器；4、7—储气罐；5—干燥器
6—过滤器；8—加热器；9—四通阀

图 6.3　气源装置的组成和布置示意图

知识点二：空气压缩机

1．空气压缩机的作用

空气压缩机简称空压机，是气源装置的核心，用以将原动机输出的机械能转化为气体的压力能的一种能量转换装置，即气压发生装置。它为气动装置提供具有一定压力和流量的压缩空气。

2．空气压缩机的工作原理

图 6.4 为空气压缩机的工作原理示意图及外形图。在电动机驱动下，曲柄 1 作回转运动，连杆 2 带动活塞 3 做往复直线运动（是一个曲柄滑块机构）。

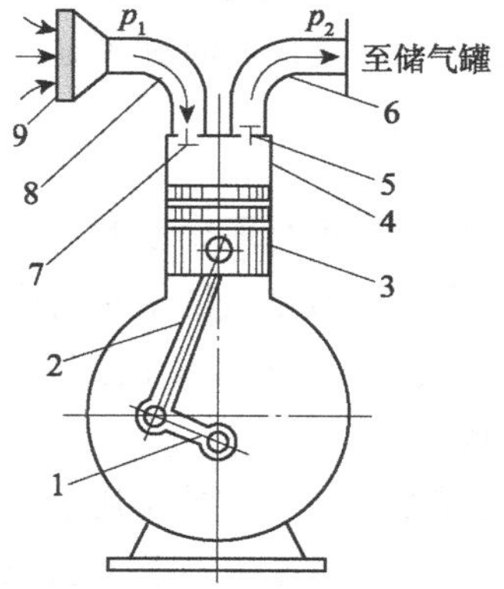

1—曲柄；2—连杆；3—活塞；4—缸体；5—排气阀；
6—排气管；7—进气阀；8—进气管；9—空气过滤器

图 6.4　空气压缩机的工作原理示意图及外形图

当活塞 3 向下运动时，缸体 4 的密封工作腔体积增大，形成局部真空，排气阀 5 关闭，进气阀 7 打开，外界空气在大气压作用下经空气过滤器 9 进入缸体 4 的密封工作腔内，此过程称为吸气过程；当活塞 3 向上运动时，缸体 4 的密封工作腔体积减小，汽缸内的空气受到压缩而使压力升高，这个过程称为压缩过程。当汽缸内压力增高到略高于排气管路内的压力时，进气阀 7 关闭，排气阀 5 打开，压缩空气经排气管 6 进入到储气罐中，此过程为排气过程。曲柄 1 旋转一周，活塞 3 往复行程一次，即完成“吸气—压缩—排气”一个工作循环。就这样循环往复的运动，即可产生压缩空气。

3．空气压缩机的分类

空气压缩机的种类很多，但按工作原理主要可分为容积式和速度式（叶片式）两类。

（1）容积式压缩机。其工作原理是通过运动部件的位移，周期性地改变密封的工作容积来提高气体的压力。它有活塞式、膜片式、叶片式、螺杆式等几种类型。在气压传动系统中，使用最广泛的是活塞式压缩机。如图 6.5 所示为一个活塞式空气压缩机工作原理图。通过曲柄连杆机构使活塞往复运动而实现吸、压气，并达到提高气体压力的目的。

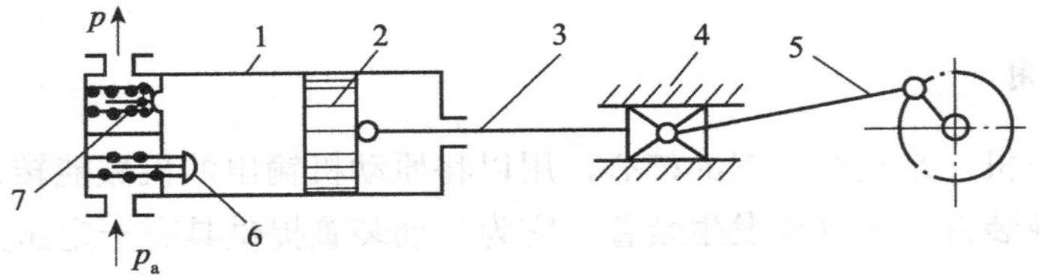

(a) 工作原理

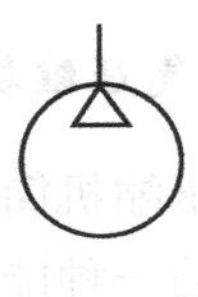

(b) 图形符号

1—汽缸；2—活塞；3—活塞杆；4—滑块；
5—曲柄连杆机构；6—吸气阀；7—排气阀；

图 6.5　活塞式空气压缩机工作原理图

（2）速度式压缩机。其工作原理是通过改变气体的速度，提高气体的动能，然后将气体的动能转化为压力能来提高气体压力的。它主要有离心式、轴流式和混流式等。

4．空气压缩机的选用

选用空气压缩机的依据是气压传动系统所需要的工作压力和流量两个参数。在选择空气压缩机时，其额定压力应等于或略高于所需要的工作压力。一般空气压缩机为中压空气压缩机，额定排气压力为 1MPa；低压空气压缩机，排气压力 0.2MPa；高压空气压缩机，排气压力为 10MPa；超高压空气压缩机，排气压力为 100MPa。

输出流量的选择，要根据整个气动系统对压缩空气的需要再加一定的备用余量，作为选择空气压缩机的流量依据。一般空气压缩机按流量可分为微型（流量小于 1 m^3/min）、小型（流量在 1～10 m^3/min）、中型（流量在 10～100 m^3/min）、大型（流量大于 100 m^3/min）。空气压缩机铭牌上的流量是自由空气流量。

5. **空压机使用时应注意的事项**

（1）空压机的安装地点必须清洁，应无粉尘、通风好、湿度小、温度低，且要留有维护保养的空间，所以一般要安装在专用机房内。

（2）因为空压机一运转就产生噪声，所以必须考虑噪声的防治，如设置隔声罩、设置消声器、选择噪声较低的空压机等。一般而言，螺杆式空压机的噪声较小。

（3）使用专用润滑油并定期更换，启动前应检查润滑油位，并用手拉动传动带使机轴转动几圈，以保证启动时的润滑。启动前和停车后都应及时排除空压机气罐中的水分。

知识点三：压缩空气净化设备

直接由空气压缩机排出的压缩空气，如果不进行净化处理，不除去混在压缩空气中的水分、油分等杂质是不能为气动装置使用的。因此必须设置一些除油、除水、除尘并使压缩空气干燥的用于提高压缩空气质量、进行气源净化处理的辅助设备。

压缩空气净化设备一般包括：后冷却器、油水分离器、干燥器和储气罐等。

1. **后冷却器**

压缩气体时，由于气体体积减小，压力增高，温度也增高。一般的空压机（空气压缩机）输出的压缩空气温度可达90℃以上，此时压缩空气中含有的油、水均呈气态，成为易燃、易爆的气源，且腐蚀作用很强，会损坏气动装置。后冷却器安装在空气压缩机出口管道上，空气压缩机排出具有140～170℃的压缩空气经过后冷却器，温度降至40～50℃。这样，就可使压缩空气中油雾和水汽达到饱和并使其大部分凝结成滴而析出。

后冷却器的结构形式有：蛇形管式、列管式、散热片式和套管式等。其中蛇形管式冷却器最为常用，其结构如图6.6(a)所示。图6.6(b)为列管式的结构示意图。冷却方式有水冷和气冷式两种。

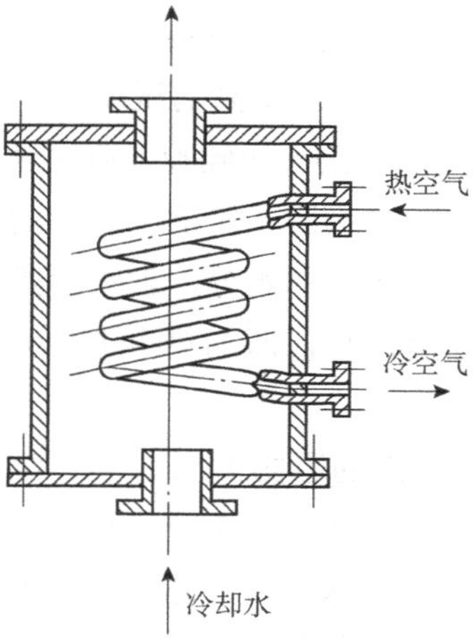

(a) 蛇形管式

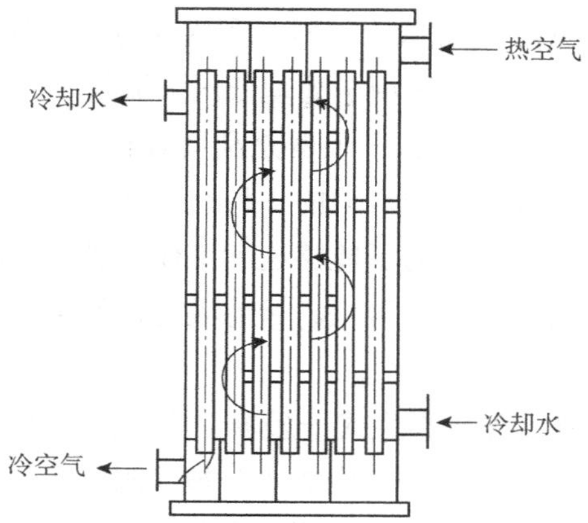

(b) 列管式

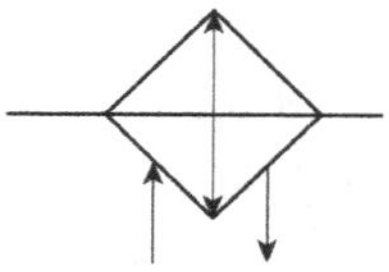
(c) 图形符号

图 6.6　后冷却器

2．油水分离器

油水分离器安装在后冷却器后的管道上，作用是分离压缩空气中所含的水分、油分等杂质，使压缩空气得到初步净化。油水分离器的结构形式有环形回转式、撞击折回式、离心旋转式、水浴式以及以上形式的组合使用等。如图 6.7 所示为撞击折回式油水分离器。其工作原理是：当压缩空气由进气管进入油水分离器内，气流先受到隔板的阻挡，产生流向和速度的急剧变化，此时压缩空气中的水滴、油滴等杂质，受到惯性力作用而分离出来，沉降在容器底部，由底部的排油阀、水阀定期排出。

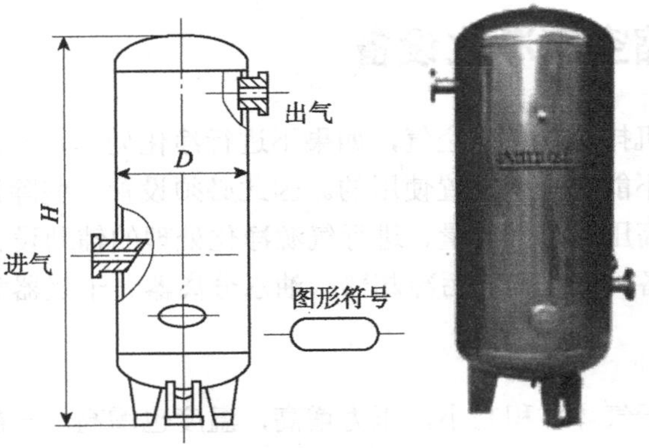

图 6.7　撞击折回式油水分离器

3．干燥器

干燥器的作用是进一步除去压缩空气中含有的水分、油分和颗粒杂质等，使压缩空气干燥。提供的压缩空气，用于对气源质量要求较高的气动装置、气动仪表等。

目前使用的干燥方法很多，主要有冷冻法、吸附法、机械法和离心法等。在工业上常用的是冷冻法和吸附法。

（1）冷冻式干燥器。冷冻式干燥器是利用制冷设备使空气冷却到一定的露点温度，析出空气中的多余水分。此方法适用于处理低压大流量，并对干燥度要求不高的压缩空气。

（2）吸附式干燥器。吸附式干燥器是利用具有吸附性能的吸附剂（如硅胶、活性氧化铝、分子筛等）吸附压缩空气中水分的一种空气净化装置。吸附剂吸附了压缩空气中的水分后将达到饱和状态而失效。为了能够连续工作，必须排除吸附剂中的水分，使吸附剂恢复到干燥状态，这称为吸附剂的再生。目前吸附剂的再生方法有两种，即加热再生和无加热再生。

图 6.8 所示为一种无加热再生式干燥器，它有两个填满吸附剂的容器 1、2。当压缩空气从容器 1 的下部流到上部，空气中的水分被吸附剂吸收而得到干燥，一部分干燥后的空气又从容器 2 的上部流到下部，把吸附在吸附剂中的水分带走并放入大气，即实现了不需外加热源而使吸附剂再生。两容器定期交替工作使吸附剂产生吸附和再生，这样可得到连续输出的干燥压缩空气。

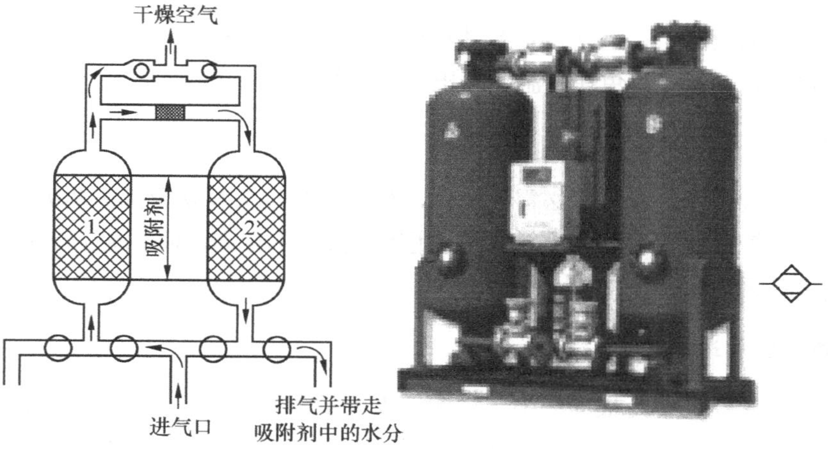

图 6.8 无加热再生式干燥器工作原理图、外形图及图形符号

4. 储气罐

储气罐的主要作用是储存一定数量的压缩空气，减少气源输出气流脉动，增加气流连续性，减弱空气压缩机排出气流脉动引起的管道振动，进一步分离压缩空气中的水分和油分。如图 6.9 所示为储气罐的结构原理图、外形图及图形符号。

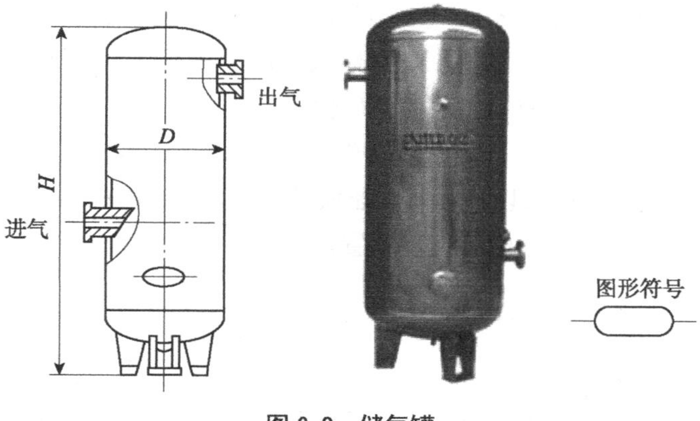

图 6.9 储气罐

储气罐的尺寸大小要根据压缩机的输出量，系统的尺寸大小以及未来需求量的变化的预测来确定。对工厂来说，计算储气罐尺寸的原则是：储气罐容量等于压缩机每分钟压缩空气的输出量。

知识点四：管道系统

管道系统包括管道和管接头。

1. 管道

气动系统中常用的管道有硬管和软管。硬管以钢管和紫铜管为主，常用于高温高压和固定不动的部件之间的连接。软管有各种塑料管、尼龙管和橡胶管等，其特点是经济、拆装方便、密封性好，但应避免在高温、高压和有辐射场合使用。

2．管接头

管接头是连接、固定管道所必需的辅件，分为硬管接头和软管接头两类。硬管接头有螺纹连接及薄壁管扩口式卡套连接，与液压用管接头基本相同，对于通径较大的气动设备、元件、管道等可采用法兰连接。

3．管道系统的选择

气源管道的管径大小是根据压缩空气的最大流量和允许的最大压力损失决定的。为免除压缩空气在管道内流动时压力损失过大，空气主管道流速应在 6～10m/s（相应压力损失小于 0.03MPa），用气车间空气流速应不大于 10～15m/s，并限定所有管道内空气流速不大于 25m/s，最大不得超过 30m/s。

管道的壁厚主要是考虑强度问题，可查手册选用。

知识点五：气动三大件

在气动技术中，将空气过滤器、减压阀和油雾器一起称为气动“三大件”，三大件依次无管化连接而成的组件称为三联件，是多数气动设备必不可少的气源装置。三大件应安装在用气设备的近处，是压缩空气质量的最后保证。

气源三联件如图 6.10 所示。压缩空气首先进入空气过滤器，经除水滤灰净化后进入减压阀，经减压后控制气体的压力以满足气动系统的要求，输出的稳压气体最后进入油雾器，将润滑油雾后混入压缩空气一起输往气动装置。

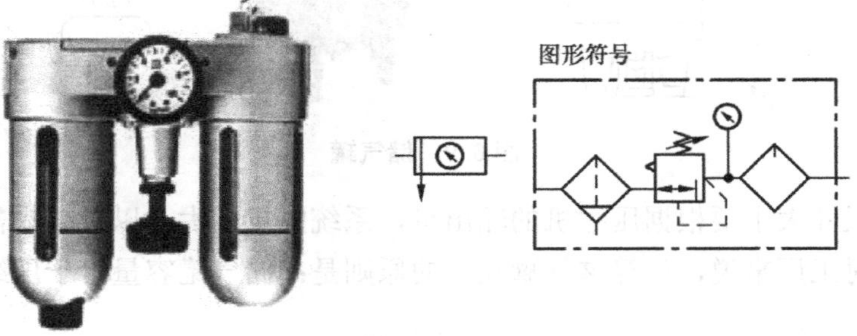

图 6.10　气动三联件外形图及图形符号

1．空气过滤器

空气过滤器的作用是滤除外界空气和压缩空气中的水分、灰尘、油滴和杂质，达到系统所要求的净化程度。

空气在进入空压机之前，必须经过简易的一次过滤器，以滤除空气中所含的一部分灰尘和杂质。一次过滤器通常采用纸制过滤器和金属过滤器。

在空气压缩机的输出端要使用二次过滤器，来过滤压缩空气。图 6. 11 所示为二次过滤器的结构示意图，其工作原理是：压缩空气从输入口进入后，被引入旋风叶子 1，旋风叶子上有许多成一定角度的缺口，迫使空气沿缺口的切线方向高速旋转，这样夹杂在压缩空气中的较大水滴、油滴和灰尘等便依靠自身的惯性与存水杯 3 的内壁碰撞，并从空气中分离出来沉到杯底，而灰尘、杂质则由滤芯 2 滤除。

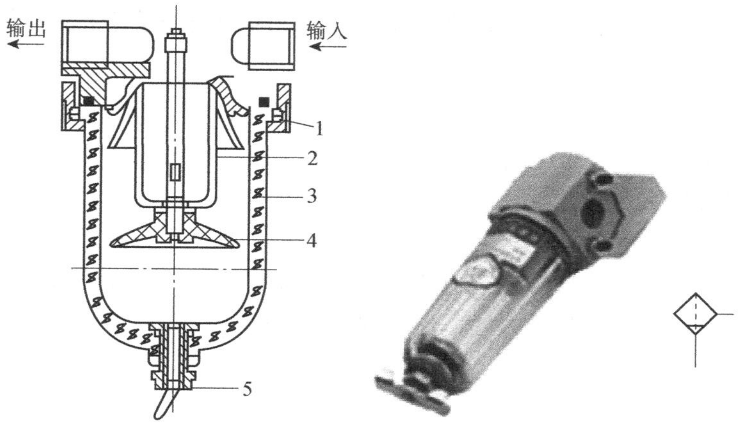

1—旋风叶子；2—滤芯；3—存水杯；4—挡水板；5—排水阀

图 6. 11　空气过滤器结构示意图、外形图及图形符号

2．**油雾器**

油雾器是一种特殊的注油装置，它以压缩空气为动力，将润滑油喷射成雾状并混合于压缩空气中，随着压缩空气进入需要润滑的部位，达到润滑气动元件的目的。

油雾器的工作原理如图 6.12 所示。当压力为 P_1 的压缩空气从左向右流经文氏管后压力将为 P_2，P_1 和 P_2 的压差 ΔP 大于把油吸到排出口处所需的压力 ρgh（ρ 为油液密度）时，油被吸到油雾器的上部，在排出口被主通道中的气流引射出来，形成油雾，并随着压缩空气输送到需润滑的部位。

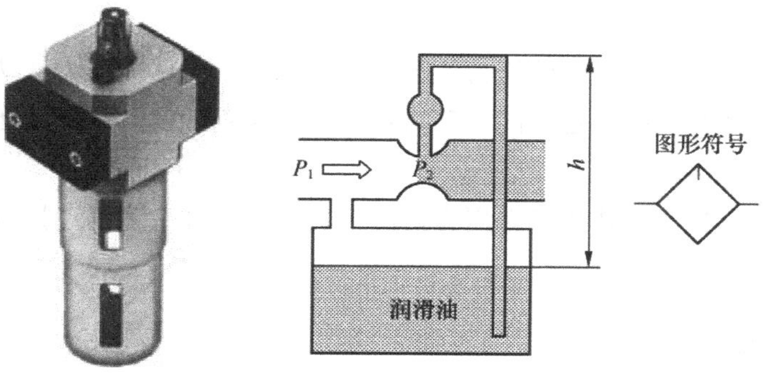

图 6. 12　油雾器的工作原理图、外形图及图形符号

油雾器在安装时应注意：

（1）进、出口不能接错。

（2）垂直安装，不能倒置或倾斜。

（3）保持正常油面，不应过高或过低。

油雾器在使用时应注意，许多气动装置应用于食品、药品、电子等行业，这些行业是不允许油雾润滑的，它会对人体健康造成危害，或影响到测量仪的测量精度，因此目前不给油润滑（无油润滑）技术正在逐渐普及。

任务实施

根据实验室安全操作规程，按照要求气动气源装置，调整气动系统工作压力 0.6MPa，观察气压表，掌握压缩机使用方法，保养规程。

思考与练习

1．气源装置一般由哪几部分组成？

2．空气压缩机有哪些类型？如何选用空气压缩机？

3．什么是气动三大件？气动三大件的连接次序如何？

4．空气压缩机在使用中要注意哪些事项？

任务三：夹紧机构气动执行元件的选择

在气动系统中，将压缩空气的压力能转换成机械能的元件被称为气动执行元件。可以实现往复直线运动和往复摆动运动的气动执行元件称为汽缸；可以实现连续旋转运动的气动执行元件称为气马达。

本任务要求能够按照工作要求选用合适的气动执行元件，正确连接气动执行元件并实现工作要求。

知识点一：汽缸

在气动自动化系统中，汽缸由于其相对较低的成本、容易安装、结构简单、耐用、各种缸径尺寸及行程可选，因而是应用最广泛的一种执行元件。

一、汽缸的分类

根据使用条件不同，汽缸的结构、形状和功能也不一样。要完全确切地对汽缸进行分类较困难，汽缸主要的分类方式如下：

（1）按压缩空气在活塞端面作用力的方向不同分为单作用汽缸和双作用汽缸。

（2）按结构特点不同分为活塞式、薄膜式、柱塞式和摆动式汽缸等。

（3）按安装方式可分为耳座式、法兰式、轴销式、凸缘式、嵌入式和回转式汽缸等。

（4）按功能分为普通式、缓冲式、气—液阻尼式、冲击和步进汽缸等。

二、汽缸的工作原理与结构

普通汽缸是指缸筒内只有一个活塞和一个活塞杆的汽缸，有单作用和双作用汽缸两种。

1．活塞式汽缸

活塞式汽缸的结构和工作原理与液压缸基本类似，其结构和参数已系列化、标准化、通用化，是目前应用最为广泛的一种汽缸。图 6.13 所示为 QGA 系列无缓冲标准型汽缸结构图。

2．薄膜式汽缸

薄膜式汽缸分为单作用式和双作用式两种。单作用式薄膜汽缸的结构如图 6.14 所示。

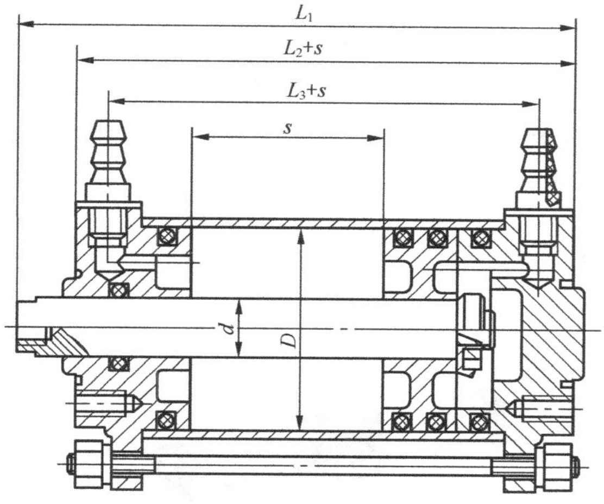

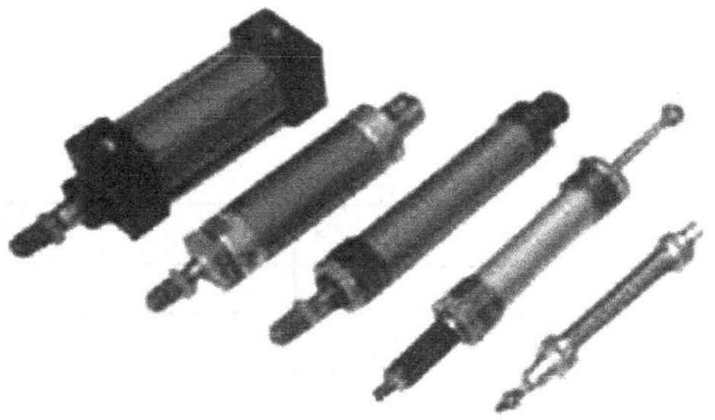

图 6.13　QGA 系列无缓冲标准型汽缸结构图及标准汽缸外形图

其工作原理是：当压缩空气进入汽缸的左腔时，膜片 3 在气压作用下产生变形使活塞杆 2 伸出，撤掉压缩空气后，活塞杆 2 在弹簧的作用下缩回，使膜片复位。活塞的位移较小，一般小于 40mm。这种汽缸的结构紧凑、重量轻、密封性能好、维修方便、制造成本低，广泛应用于各种自锁机构及夹具。

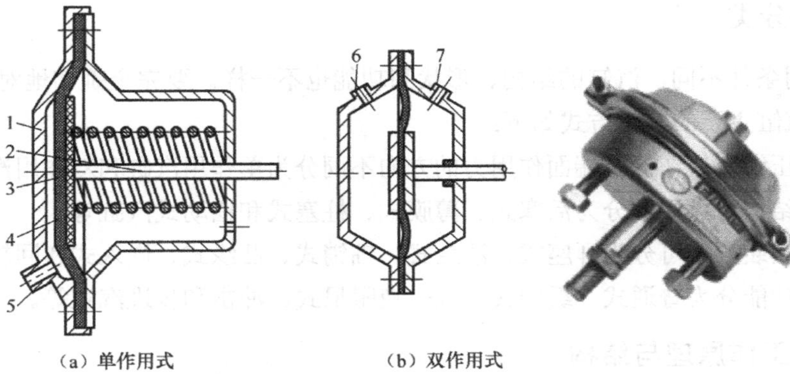

1—缸体；2—活塞杆；3—膜片；4—膜盘；5—进气口；6、7—进、出气口

图 6.14　单作用式薄膜汽缸结构图及外形图

3．气—液阻尼汽缸

气—液阻尼汽缸是由汽缸和液压缸组合而成的，它以压缩空气为能源，利用油液的不可压缩性控制流量，来获得活塞的平稳运动和调节活塞的运动速度。与汽缸相比，它传动平稳，停位准确、噪声小。与液压缸相比，它不需要液压源，经济性好。它同时具有了气动和液压的优点，因此得到了越来越广泛的应用。

如图 6.15 所示为串联式气—液阻尼缸的工作原理图。液压缸和汽缸串联成一体，两个活塞固定在一个活塞杆上。当汽缸右腔进气时，带动液压缸活塞向左运动。此时液压缸左腔排油，油液只能经节流阀缓慢流回右腔，调节节流阀，就能调节活塞运动速度。当压缩空气进入汽缸的左腔时，液压缸右腔排油，单向阀开启，活塞快速退回。

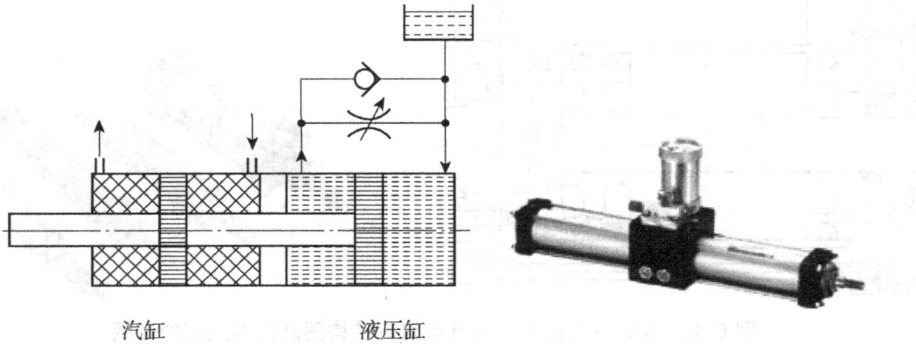

图 6.15　串联式气—液阻尼缸工作原理图及外形图

知识点二：气动马达

气动马达是将压缩空气的压力能转换成旋转运动的机械能的能量转换装置。按结构形式可分为叶片式、活塞式、齿轮式等，最为常用的是叶片式和活塞式两种。叶片式气马达

制造简单，结构紧凑，但低速启动转矩小，低速性能不好，适宜性能要求低或中等功率的机械。

1．气动马达的工作原理

图 6.16 所示为叶片式气动马达的工作原理图。当压缩空气从进气口 A 进入定子 1 与转子 2 之间的密封容腔内后，立即喷向叶片Ⅰ和叶片Ⅱ，作用在叶片的外伸部分，由于两叶片外伸部分的长度不等，故得到一个逆时针的转矩，从而带动转子作逆时针的转动，输出旋转的机械能，做完功的气体从排气口 C 排出，残余气体则经 B 排出（称为二次排气）；若 A、B 互换，则转子反转。转子转动时产生的离心力和叶片底部的气压力、弹簧力使得叶片紧紧地抵在定子的内壁上，以保证密封，提高容积效率。

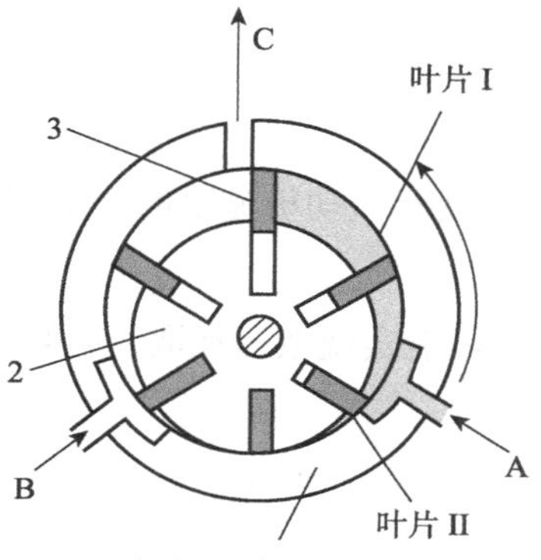

1—定子；2—转子；3—叶片

图6.16　叶片式气动马达工作理图

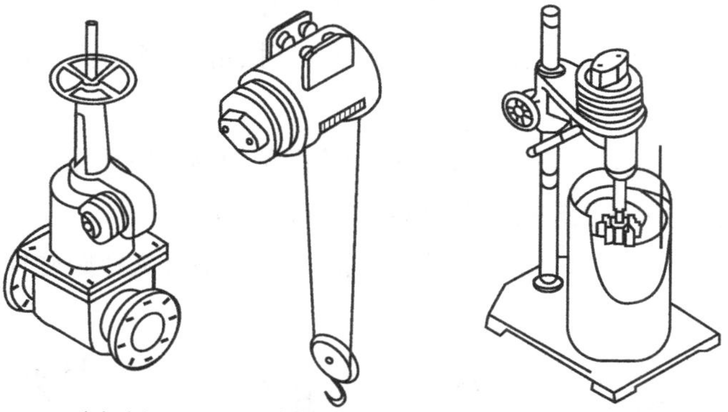

(a) 阀　(b) 升降机　(c) 搅拌机

图6.17　气动马达的应用

2．气压马达的选用

选择气压马达主要从负载状态出发，在变负载场合，主要考虑速度的范围和所需的转矩；在均衡负载场合，则主要考虑工作速度。叶片式气压马达比活塞式气压马达转速高，当工作速度低于空载最大转速的25%时，最好选用活塞式气压马达。

气压马达使用时应在气源入口处设置油雾器，并定期补油，保证气压马达得到良好的润滑。

3. 气动马达的应用

气动马达工作适应性较强，适用于无级调速、启动频繁、经常换向、高温潮湿、易燃易爆、负载启动、不便人工操纵及有过载可能的场合。目前，气动马达主要应用于矿山机械、专业性的机械制造业、油田、化工、造纸、炼钢、船舶、航空、工程机械等行业，许多气动工具如风钻、风扳手、风砂轮等均装有气动马达。随着气压传动的发展，气动马达的应用将更趋广泛。图 6. 17 为气马达的几个应用实例。

知识点三：气爪（手指汽缸）

气爪能实现各种抓取功能，是现代气动机械手的关键部件。图 6. 18 所示为各种类型的气动气爪，其特点如下：

（1）所有结构都是双作用的，能实现双向抓取，可自动对中，重复精度高。

（2）抓取力矩恒定。

（3）在汽缸两侧可安装非接触式检测开关。

（4）有多种安装、连接方式。

图 6.18（a）所示为平行气爪，平行气爪通过两个活塞工作，两个气爪对心移动。这种气爪可以输出很大的抓取力，既可用内抓取，也可用于外抓取。

图 6.18（b）所示为摆动气爪，内外抓取 400 度摆角 ，抓取力大，并确保抓取力矩始终恒定。

图 6.18（c）所示为旋转气爪，其动作和齿轮齿条的啮合原理相似。两个气爪可同时移动并自动对中，其齿轮齿条原理确保了抓取力矩始终恒定。

图 6.18（d）所示为三点气爪，三个气爪同时开闭，适合夹持圆柱体工件及工件的压入工作。

(a) 平行气爪　(b) 摆动气爪　(c) 旋转气爪　(d) 三点气爪

图6. 18　气动手爪

任务实施

在选择汽缸时，需考虑以下问题：

（1）根据汽缸的负载状态和负载运动状态确定负载力 F 和负载率，再根据使用压力应小于气源压力 85%的原则，按气源压力确定使用压力 P。对单作用缸按杆径与缸径比为 0.5，双作用缸杆径与缸径比为 0.3～0.4（预选），并根据公式便可求得缸径 D，将所求出的 D 值标准化即可。如 D 尺寸过大，可采用机械扩力机构。

（2）根据汽缸及传动机构的实际运行距离来预选汽缸的行程，为便于安装调试，对计算出的距离以加大 10～20mm 为宜，但不能太长，以免增大耗气量。

（3）根据使用目的和安装位置确定汽缸的品种和安装形式，可参考相关手册或产品样本。

（4）活塞（或缸筒）的运动速度主要取决于汽缸进、排气口及导管内径，选取时以汽缸进排气口连接螺纹尺寸为基准。为获得缓慢而平稳的运动可采用气—液阻尼缸。普通汽缸的运动速度为 0.5～1m/s 左右，对高速运动的汽缸应选用缓冲缸或在回路中加缓冲。

思考与练习

1．气动执行元件有哪些？

2．简述常见汽缸的类型、功能和用途。

3．汽缸的选择的主要步骤有哪些？

知识拓展

FluidSIM 软件介绍

FluidSIM 软件是由 Paderborn 大学、Festo Didactic GmbH & Co 和 Art Systems Software GmbH，Paderborn 联合开发研制的一种用于液压与气动技术的教学软件，其运行于 Microsoft Windows 操作系统之上，既可与 Festo Didactic GmbH & Co 教学设备一起使用，也可以单独使用。

FluidSIM 软件的主要特征就是其可与 CAD 功能和仿真功能紧密联系在一起。FluidSIM 软件符合 DIN 电气—液压回路图绘制标准，且可对基于元件物理模型的回路图进行实际仿真，这样就使回路图绘制和相应液压系统仿真相一致。FluidSIM 软件 CAD 功能是专门针对流体而特殊设计的，例如在绘图过程中，FluidSIM 软件将检查各元件之间连接是否可行。

FluidSIM 软件的另一个特征就是其系统学习概念：FluidSIM 软件可用来自学、教学和多媒体教学液压与气动技术知识。液压元件可以通过文本说明、图形以及介绍其工作原理的动画来描述；各种练习和教学影片讲授了重要回路和液压元件的使用方法。

FluidSIM 软件用户界面直观，易于学习如图 6.19 所示。用户可以很快地学会绘制电气—液压回路图，并对其进行仿真。

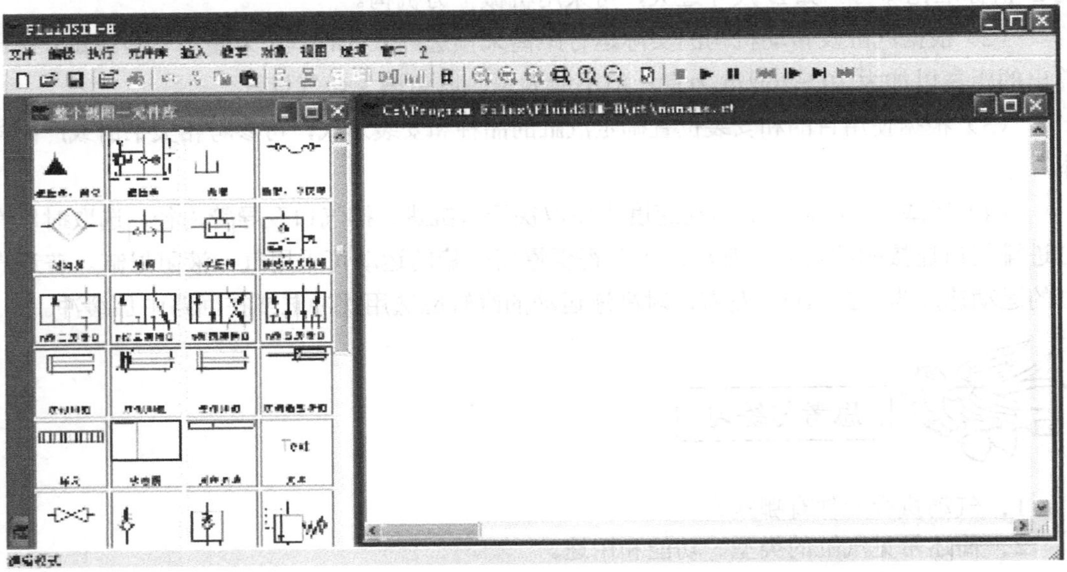

图6.19　FluidSIM软件设计界面

FluidSIM 软件设计界面简单易懂，窗口顶部的菜单栏列出仿真和新建回路图所需的功能，工具栏给出了常用菜单功能，窗口左边显示出 FluidSIM 的整个元件库。状态栏位于窗口底部，用于显示操作 FluidSIM 软件期间的当前计算和活动信息。在 FluidSIM 软件中，操作按钮、滚动条和菜单栏与大多数 Microsoft Windows 应用软件相类似。

模块小结

一、主要术语

1. 气压传动与控制技术

气压传动与控制技术，简称气动，是以压缩空气为工作介质来进行能量和信号的传递，以实现各种生产过程、自动控制的一门技术。

2．气源装置

气源装置是气动系统的一个重要组成部分，它为气动系统提供具有一定压力和流量的压缩空气，同时要求提供的气体清洁、干燥。

3．气动三联件

在气动技术中，将空气过滤器、减压阀和油雾器一起称为气动“三大件”，三大件依次无管化连接而成的组件称为三联件，是多数气动设备必不可少的气源装置。

4．气动执行元件

在气动系统中，将压缩空气的压力能转换成机械能的元件被称为气动执行元件。可以实现往复直线运动和往复摆动运动的气动执行元件称为气缸；可以实现连续旋转运动的气动执行元件称为气马达。

二、图形符号

元件名称	图形符号	元件名称	图形符号
压缩机		储气罐	
后冷却器	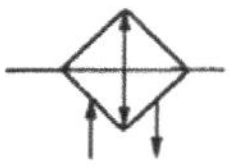	气动三联件	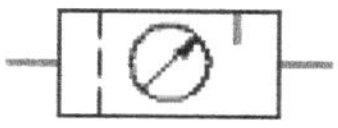
油水分离器		空气过滤器	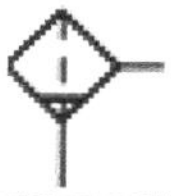
干燥器		油雾器	
双作用气缸	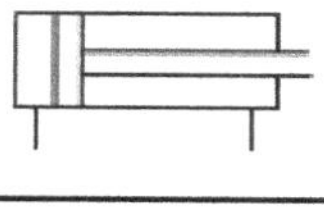	单向变量气马达	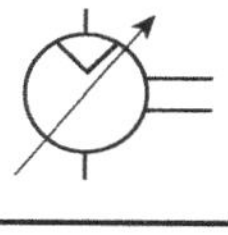

模块七　气动回路的设计与搭接

在气压传动系统中工作部件之所以能按设计要求完成动作，是通过对气动执行元件运动方向、速度以及压力大小的控制和调节来实现的。在现代工业中，气压传动系统为了实现所需的功能有着各不相同的构成形式。但无论多么复杂的系统都是由一些基本的、常用的控制回路组成的。了解这些回路的功能，熟悉回路中相关元件的作用和结构，对我们更好地分析、使用、维护或设计各种气压传动系统有着根本性的作用。

模块目标

1．了解回路的功能，熟悉回路中相关元件的作用和结构。

2．根据工作要求设计出回路图。

3．正确连接气动回路。

模块点睛

气动控制元件用来调节压缩空气的压力、流量和方向等，以保证执行机构按规定的程序正常进行工作。气动控制元件按功能可分为压力控制、流量控制阀和方向控制阀。本模块从简单的气动系统回路出发，首先学习各种气动控制元件的工作原理和结构，在此基础上完成气动回路的设计和搭接。

任务一：方向控制回路分析与设计

在气动回路中实现气动执行元件运动方向控制的回路是最基本的回路，只有在执行元件的运动方向符合要求的基础上才能进一步对速度和压力进行控制和调节。

如图7.1所示为送料装置工作示意图，工作要求为：工件加工完成后，按下按钮，送料汽缸伸出，把加工好的工件送入下一个工位，松开按钮汽缸收回，以待把下一个未加工工件送到加工位置。根据上述要求，设计送料装置的控制系统回路。

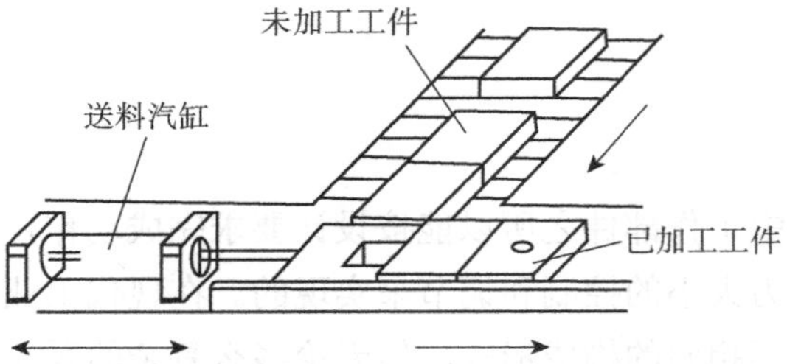

图 7.1　送料装置工作示意图

知识点一：方向控制阀的工作原理和结构

方向控制阀的作用是控制压缩空气的流动方向和气流的通断，从而控制气动执行元件启动、停止或换向的元件。方向控制阀的种类很多，按压缩空气在阀内的作用方向，可分为单向型控制阀和换向型控制阀。

1. 单向型控制阀

单向型控制阀的作用是只允许气流向一个方向流动，包括单向阀、或门型梭阀、与门型梭阀和快速排气阀。其中单向阀与液压单向阀类似。

（1）单向阀。气动单向阀的工作原理、结构和用途与液压单向阀基本相同，用来控制气流只能一个方向流动而不能反向流动。其结构和图形符号如图 7.2 所示。

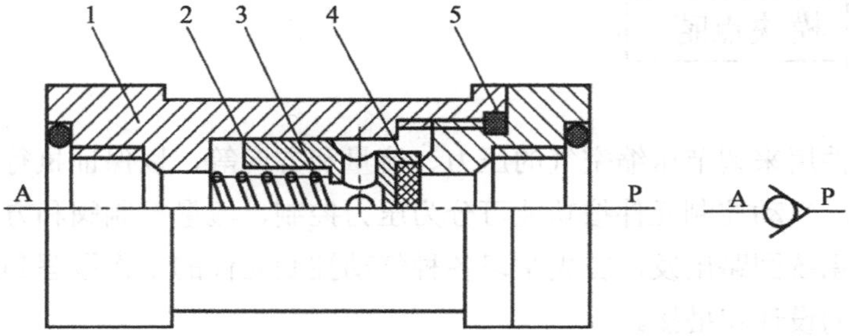

1—阀套；2—阀芯；3—弹簧；4—密封垫；5—密封圈

图 7.2　单向阀结构图和图形符号

（2）或门梭阀。两个单向阀的组合，其作用相当于“或门”。图 7.3 所示为梭阀的工作原理图和符号图。当 P_1 进气时，阀芯被推向右边，P_1 与 A 相通，气流从 P_1 进入 A 腔，如图 7.3（a）所示；反之，从 P_2 进气时，阀芯被推向左边，P_2 与 A 相通，于是，气流从 P_2 进入 A 腔，如图 7.3（b）所示；当 P_1、P_2 同时进气时，哪端压力高，A 就与哪端相通，另一端就自动关闭。图 7.3（c）所示为图形符号。图 7.4 所示为梭阀在手动—自动回路上的应用。通过梭阀的作用，可以使手动阀和电磁阀分别单独控制气控换向阀的换向，从而控制汽缸的运动方向。

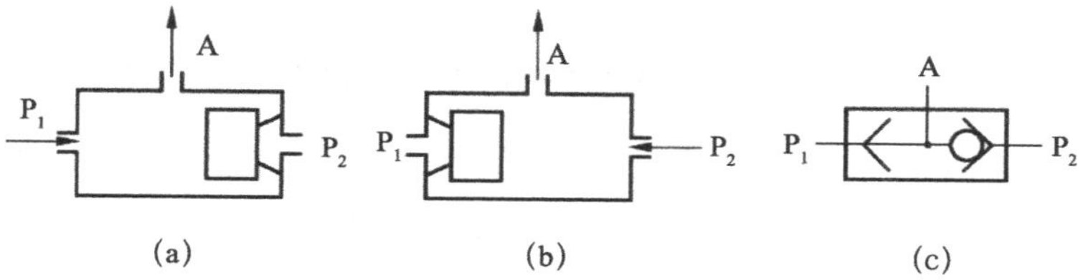

图 7.3 梭阀的工作原理图和图形符号

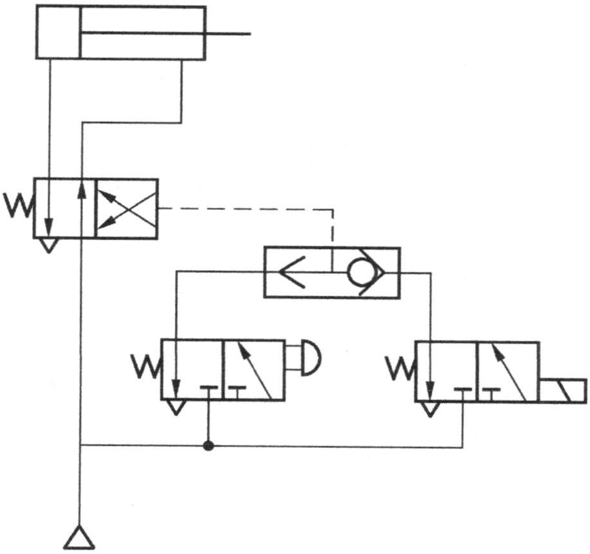

图 7.4 梭阀在手动—自动回路上的应用

（3）双压阀。两个单向阀的组合，其作用相当于“与门”。图 7.5 所示为双压阀的工作原理图。当 P_1 进气时，阀芯被推向右边，A 无输出，如图 7.5（a）所示；当 P_2 进气时，阀芯被推向左边，A 无输出，如图 7.5（b）所示；当 P_1 与 P_2 同时进气时，A 有输出，如图 7.5（c）所示，若两端气体压力不等时，则气压低的通过 A 输出。图 7.5（d）所示的是双压阀的图形符号。

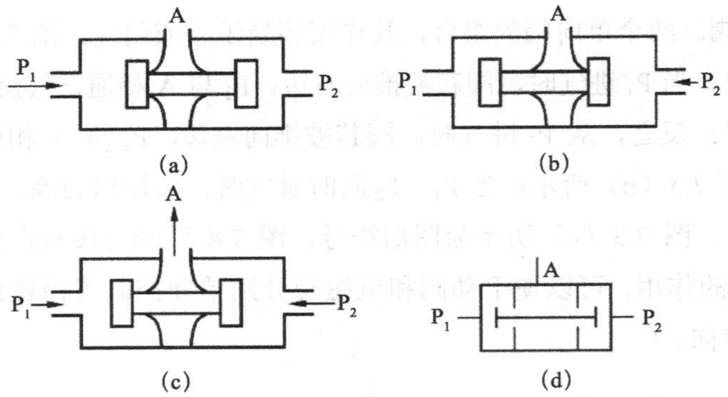

图 7.5 双压阀的工作原理图和图形符号

图 7.6 所示的是双压阀在互锁回路中的应用。只有工件的定位信号 1 和加紧信号 2 同时存在时，双压阀才有输出，使换向阀换向，从而使汽缸运动。

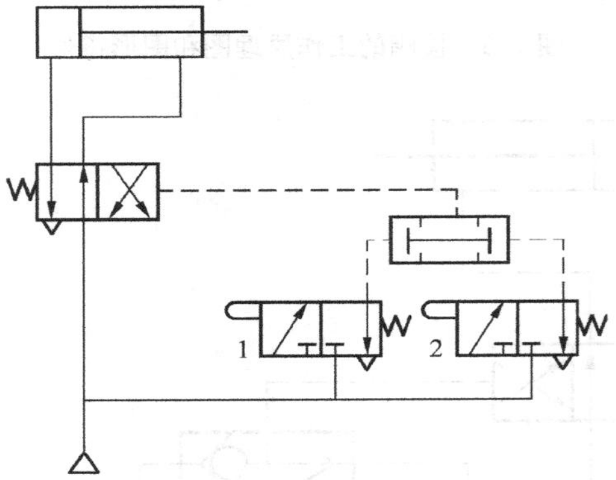

1—定位信号；2—加紧信号

图 7.6 双压阀在互锁回路中的应用

（4）快速排气阀。快速排气阀常装在换向阀和汽缸之间，它使汽缸不通过换向阀而快速排出气体，从而加快汽缸的往复运动速度，缩短工作周期。图 7.7 所示为快速排气阀的工作原理图和图形符号。当 P 进气时，将活塞向下推，P 与 A 相通，如图 7.7（a）所示；当 P 腔没有压缩空气时，在 A 腔与 P 腔压力差的作用下，活塞上移，封住 P 口，此时 A 与 O 相通，如图 7.7（b）所示，A 腔气体通过 O 直接排入大气。图 7.7（c）所示的是快速排气阀的图形符号。

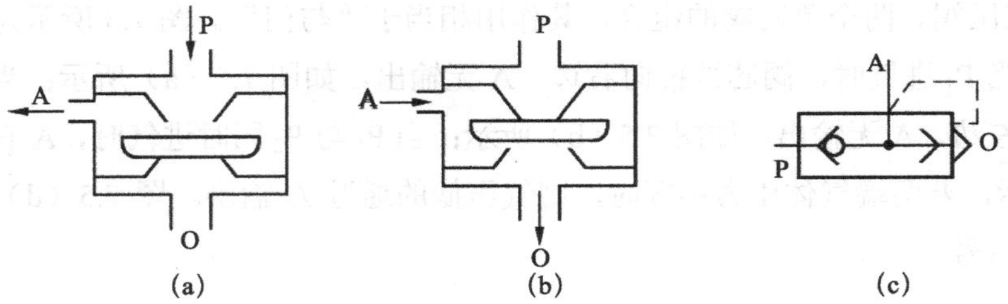

图 7.7 快速排气阀的工作原理图和图形符号

图 7.8 所示为快速排气阀的应用。汽缸排气时，直接通过快速排气阀而不通过换向阀。

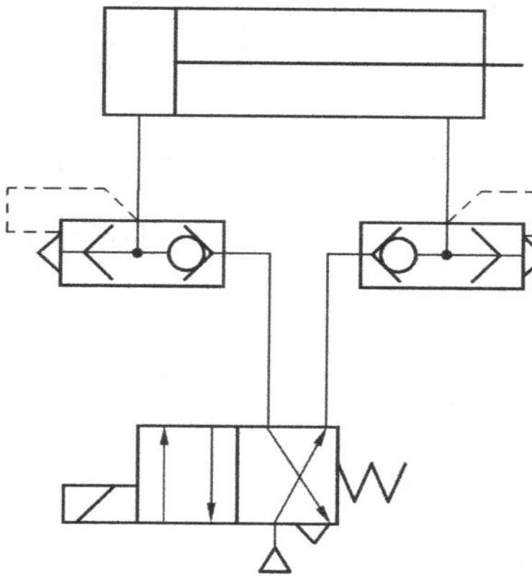

图 7.8　快速排气阀的应用

2．换向型控制阀

换向型控制阀是利用主阀芯的运动而使气流改变运动方向的，其分类、工作原理和功用都与液压换向阀相同，表 7.1 所示为几类不同控制方式的换向型控制阀及其特点。

表 7.1　换向型控制阀及其特点

	名称	图形符号	特点
换向型控制阀	气压控制换向阀	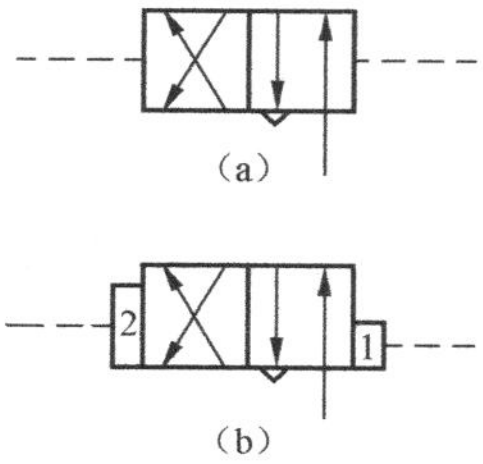	利用气体压力使主阀芯运动而使气流改变流向。按作用原理可分为如下几种。 （1）加压控制：所加的气控信号压力逐渐上升，当气压增加到阀芯的动作压力时，主阀芯换向； （2）卸压控制：所加的气控信号压力逐渐减小，当气压减小到某一压力值时，主阀芯换向； （3）差压控制：主阀芯在两端压力差的作用下换向； 图（a）为加压或卸压控制； 图（b）为差压控制
	电磁控制换向阀	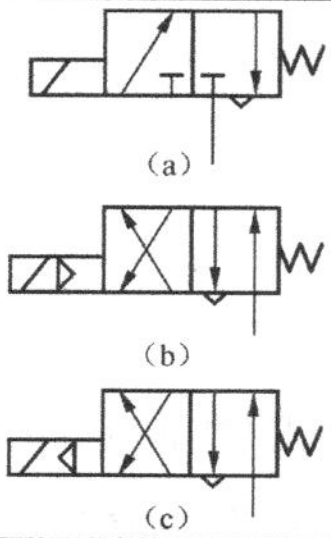	利用电磁力的作用来实现主阀芯的换向而使气流改变方向。分为直动式和先导式两种。图（a）为直动式电磁阀；图（b）、图（c）为先导式电磁阀。其中，图（b）为气压加压控制，图（c）为气压卸压控制

（续前表）

	名称	图形符号	特点
换向型控制阀	机动换向阀	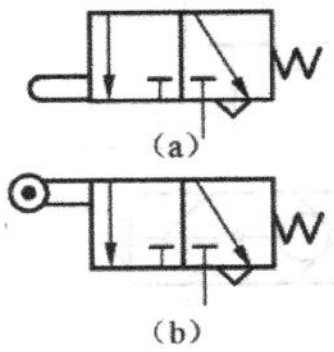	利用机械外力推动阀芯使其换向。多用于行程程序控制系统，也称行程阀。图（a）为直动式机动控制阀；图（b）为滚轮式机动控制阀
	手动换向阀	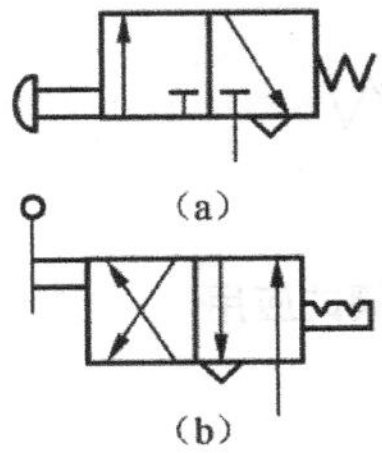	利用人工作用推动阀芯使其换向。图（a）为按钮式；图（b）为手柄式
	时间控制换向阀	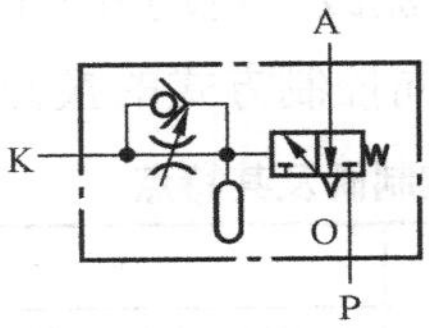	使气流通过气阻、气容等延迟一定时间后再使阀芯换向

知识点二：方向控制回路

方向控制回路是用来控制系统中执行元件启动、停止或改变运动方向的回路。常用的是换向回路。

1．单作用汽缸的换向回路

图 7.9 所示为二位三通电磁换向阀控制的换向回路。当电磁阀断电时，汽缸活塞杆在弹簧力的作用下，处于缩进状态；当电磁阀通电时，汽缸活塞杆在压缩空气作用下，向右伸出。

2．双作用汽缸的换向回路

图 7.10（a）所示为二位四通电磁换向阀控制的换向回路。图 7.10（b）所示为三位四通手动换向阀控制的换向回路。该回路中汽缸可在任意位置停留。

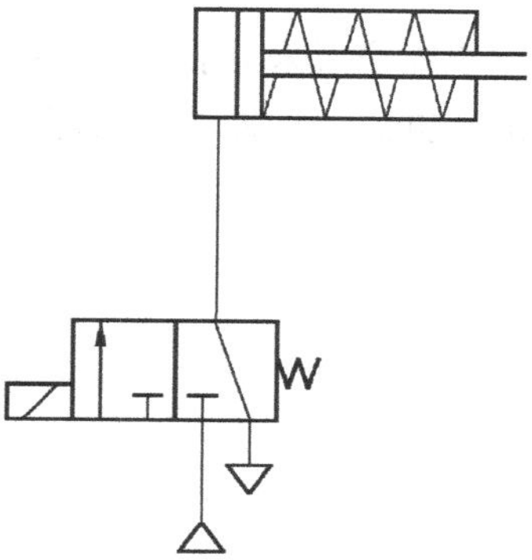

图 7.9　二位三通电磁换向阀控制的换向回路

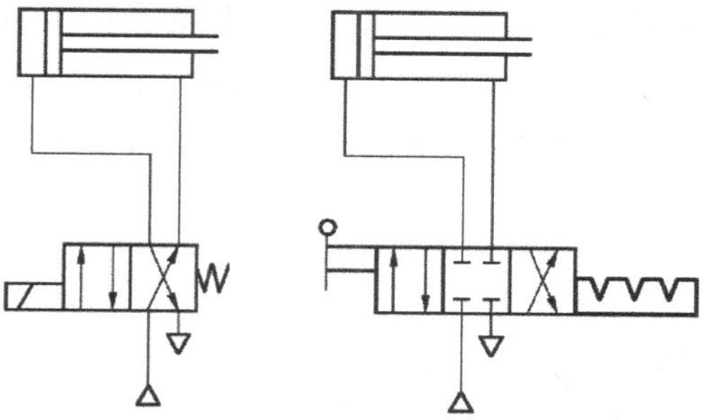

(a) 二位四通电磁阀控制　(b) 三位四通手动换向阀控制

图 7.10　双作用汽缸的换向回路

任务实施

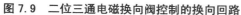

根据送料装置的工作要求，设计送料装置的系统回路图，并在试验台上完成回路的连接以检验设计的正确性。

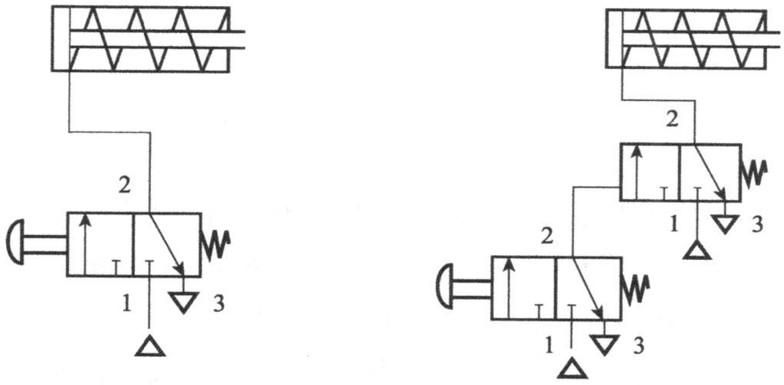

(a) 直接控制　(b) 间接控制

1—压缩空气输入口；2—信号输出口；3—排气口

图 7.11　送料装置控制回路图

如图 7.11（a）所示，初始位置时，在弹簧力的作用下，手动换向阀右位接入系统，汽缸活塞在弹簧力的作用下，活塞收回；当按下按钮，换向阀左位接入系统，压缩空气从阀的压缩空气输入口 1 到达信号输出口 2，进入汽缸左腔，活塞杆伸出；但释放按钮时，活塞杆回到初始状态。

这种由一个阀直接控制汽缸动作的方法称为直接控制法，用于驱动汽缸所需的气流较小，控制阀的尺寸及所需操作力也较小的场合。

如图 7.11（b）所示的回路也能满足送料装置的工作要求。在初始位置，直接气压控制阀右位接入系统，汽缸活塞在弹簧力的作用下，活塞收回；当按下按钮，压缩空气经手动换向阀左位作用在直接气压控制阀上，使得直接气压控制阀左位接入系统，压缩空气进入汽缸左腔，活塞杆伸出；但释放按钮时，活塞杆回到初始状态。

这种用一个较小的控制元件作为操作控制元件，而利用压缩空气来克服流量大的主控元件的方法称为间接控制法，一般用于控制高速或大口径的汽缸。这种控制方法可以用一个小的操作力得到较大的开启力，容易实现远程控制。

思考与练习

1．方向控制阀的分类有哪些？
2．方向控制阀的控制方式有哪些？
3．方向控制阀的职能符号是如何表示的？
4．画出下列气动元件的图形符号。
（1）梭阀　　（2）双压力阀　　（3）快速排气阀

任务二：压力控制回路分析与设计

压力控制阀在气动系统中主要起调节、降低或稳定气源压力、控制执行元件的动作顺序、保证系统的工作安全等作用。

如图 7.12 为折弯机的工作示意图，工作要求为：当工件到达规定位置时，如果按下启动按钮，汽缸伸出将工件按设计要求折弯，然后快速退回，完成一个工作循环；如果工件未到达指定位置，即使按下按钮汽缸也不动作。另外，为了适应加工不同材料和不同厚度工件的要求，系统工作压力应可以调节。根据上述要求，设计控制系统回路。

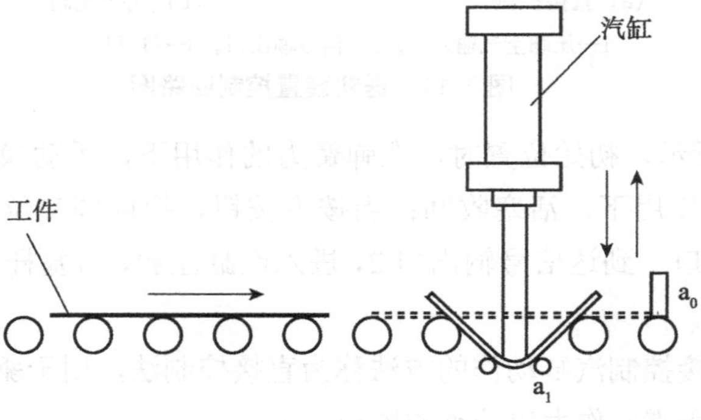

图 7.12　折弯机工作示意图

知识点一：压力控制阀工作原理和结构

气压控制阀与液压控制阀在工作原理及分类方法上基本相同，现介绍几种目前应用较多、有代表性的气压控制阀。

一、减压阀

将来自气源较高的输入压力减小为较低的输出压力，并保证降压后的输出压力稳定在需要的值上，不受流量、负载、进气压力的影响。按压力调节方式可分为不同，减压阀有直动式和先导式两大类。

1. 直动式减压阀

直动式减压阀是利用调压旋钮（或手轮）直接调节调压弹簧的压缩量来改变阀的出口压力。直动式减压阀的结构原理如图 7.13 所示。其工作原理是：阀处于工作状态时，压缩空气从左侧入口流入，流经阀口流出。当顺时针调节旋钮 1，压缩调压弹簧 2、3 推动膜片组件 5 下移，膜片组件 5 又推动阀杆 8 下移，阀芯 10 被打开，压缩空气通过阀口时受到一定的节流作用，使输出压力低于输入压力，以实现减压作用。同时，有一部分气流经阻尼管 7 进入膜片室，在膜片下部产生一个向上的推力。当推力弹簧的作用相互平衡后，阀口的开度稳定在某一定值上，减压阀就输出一定的气体。阀口开度越小，节流作用越强，压力下降也越多。

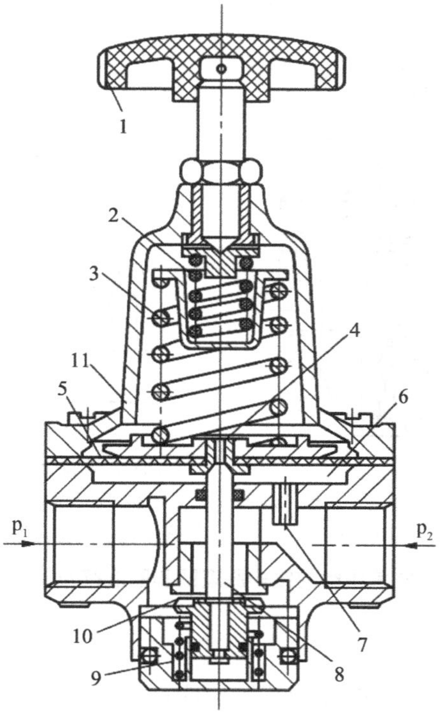

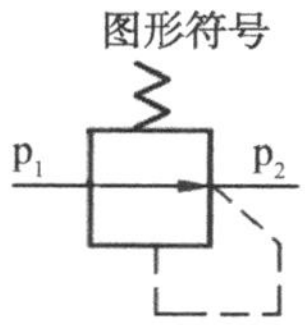

1—调节旋钮（手轮）；2，3—调压弹簧；4—溢流孔座；5—膜片组件；6—气室；7—阻尼管；
8—阀杆；9—复位弹簧；10—阀芯（减压口）；11—排气口；12—溢流孔

图7.13 直动式减压阀的结构原理图和图形符号

2．先导式减压阀

先导式减压阀是采用压缩空气作用力代替调压弹簧力以改变出口压力。先导式减压阀的结构原理图和图形符号如图 7.14 所示，由先导阀和主阀两部分组成。当气流从左端流入阀体后，一部分经进气阀口 8 流向输出口，另一部分经固定节流孔 9 进入中气室 B，经喷嘴 4、挡板 3、孔道 5 反馈至下气室 C，再经阀芯 6 中心孔及排气孔 7 排至大气。

把手柄旋到一定位置，使喷嘴挡板的距离在工作范围内，减压阀就进入工作状态。中气室 B 的压力随喷嘴与挡板间距离的减小而增大，于是推动阀芯打开进气阀口 8，即有气流流到出口，同时经孔道反馈到上气室 A，与调压弹簧相平衡。

若输入压力瞬时升高，输出压力也相应升高，通过孔口的气流使下气室 C 的压力也升高，破坏了膜片原有的平衡，使阀芯 6 上升，节流阀口减小，节流作用增强，输出压力下降，使膜片两端作用力重新平衡，输出压力恢复到原来的调定值。

当输出压力瞬时下降时，经喷嘴挡板的放大也会引起中气室 B 的压力较明显升高，而使阀芯下移，阀口开大，输出压力升高，并稳定到原数值。

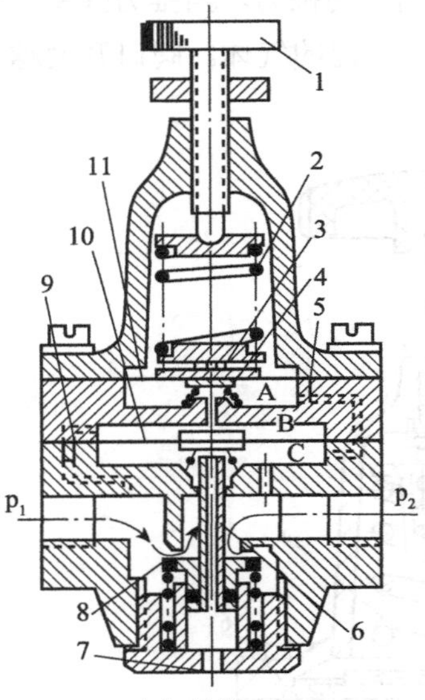

(a) 结构

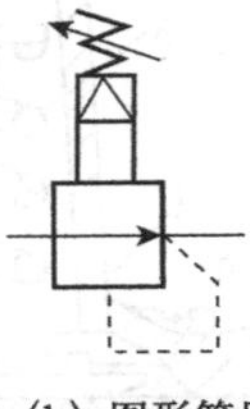
(b) 图形符号

1—调节旋钮（手轮）；2—调压弹簧；3—挡板；4—喷嘴；5—孔道；6—阀芯；7—排气孔；8—进气阀口；9—固定节流孔；10，11—膜片；A—上气室；B—中气室；C—下气室

图7.14 先导式减压阀的结构原理图和图形符号

3．减压阀的选用

（1）要求调压精度高的系统，应选择先导式减压阀；无特殊调压精度要求的系统，可选择直动式减压阀。

（2）根据最大输出流量，确定减压阀通径。

（3）根据气源压力确定减压阀额定输入压力。最低输入压力应大于最高输出压力 0.1MPa。

（4）减压阀如串联在回路中，为提高使用寿命，常安装在水分滤气器之后、油雾器之前。

（5）减压阀不用时，应旋松手柄，放松弹簧，避免膜片长期受压变形。

4. 减压阀应用回路

图 7.15 所示的是减压阀应用实例，该回路常用于气动设备之前，可根据需要用同一气源系统得到两种工作压力，也称为二次压力控制回路。

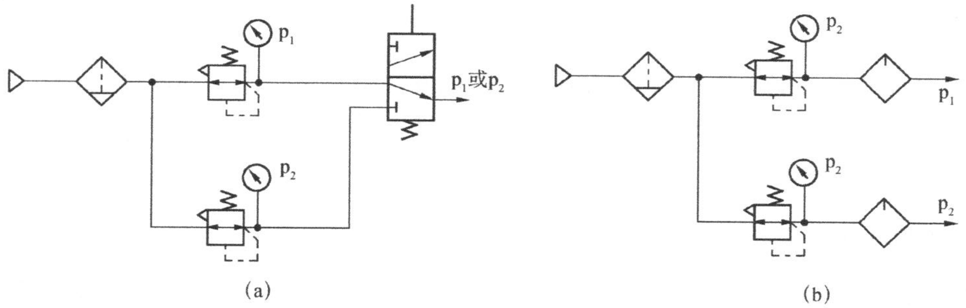

图7.15　减压阀应用实例

减压阀选择时应根据气源压力确定阀的额定输入压力，气源的最低压力应高于减压阀最高输出压力0.1MPa以上。减压阀一般安装在空气过滤器后，油雾器之前。

二、溢流阀

1. 溢流阀结构与工作原理

溢流阀起安全保护作用，当系统压力超过调定值时，便自动排气，使系统的压力下降，以保证系统能够安全可靠地工作，因而，也称其为安全阀。

图7.16（a）、（b）所示均为溢流阀的工作原理图。它由调压弹簧2、调节旋钮1、活塞3和壳体组成。当气动系统的气体压力在规定的范围内时，由于气压作用在活塞3上的力小于调压弹簧2的预压力，所以阀门处于关闭状态。当气动系统的压力升高，作用在活塞3上的力超过调压弹簧2的预压力，活塞3就克服弹簧力向上移动，活塞3开启，压缩空气由排气孔R排出，实现溢流，直到系统的压力降为规定压力以下时，阀重新关闭。开启压力大小靠调压弹簧的预压缩量来实现。图7.16（c）为溢流阀的图形符号。

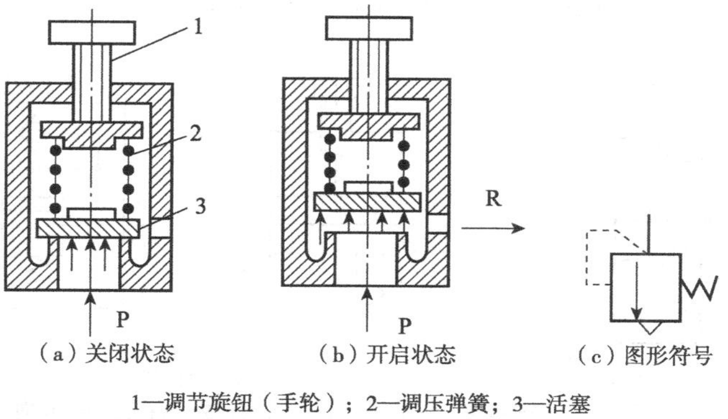

1—调节旋钮（手轮）；2—调压弹簧；3—活塞

图7.16　溢流阀工作原理及图形符号

2．溢流阀应用

图7.17所示中，溢流阀与减压阀组合起来起补充溢流和稳压作用，溢流阀的调压值比减压阀的调压值高，当汽缸右行时，溢流阀补充减压阀排气口溢流。

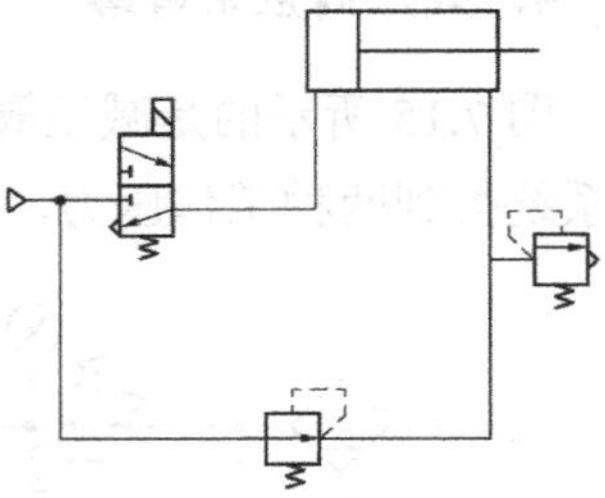

图 7.17　溢流阀的应用

三、顺序阀

顺序阀是根据回路中气体压力的大小来控制各种执行机构按顺序动作的压力控制阀。顺序阀通常与单向阀组装成一体，称为单向顺序阀。

1．顺序阀概述

顺序阀靠调压弹簧压缩量来控制其开启压力的大小。如图7.18（a）、（b）均为顺序阀的工作原理图，当压缩空气进入进气腔作用在阀芯上，若此力小于弹簧的压力，阀为关闭状态，A无输出。当作用在阀芯上的力大于弹簧的压力时，阀芯被顶起，阀为开启状态，压缩空气由P流入从A流出。顺序阀与安全阀类似，不同在于：安全阀排入大气，顺序阀打开后输入到下一个气动元件中。图7.18（c）为顺序阀的图形符号。

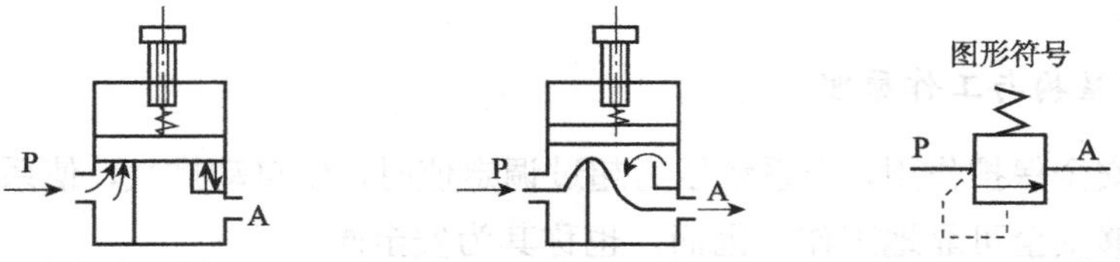

（a）关闭状态　（b）开启状态　（c）图形符号

图7.18　顺序阀的工作原理及图形符号

2．单向顺序阀

图7.19（a）为单向顺序阀进气时的工作原理图。这时，单向阀在弹簧和进气压力的作用下，处于关闭状态。排气时气流反向流动，即按照图7.19（b）所示的气流方向，阀芯在弹簧作用下使阀关闭。此时，单向阀在气压作用下克服弹簧力而开启，反向流动的压缩空气经单向阀从O口排出。图7.19（c）为单向顺序阀的图形符号。

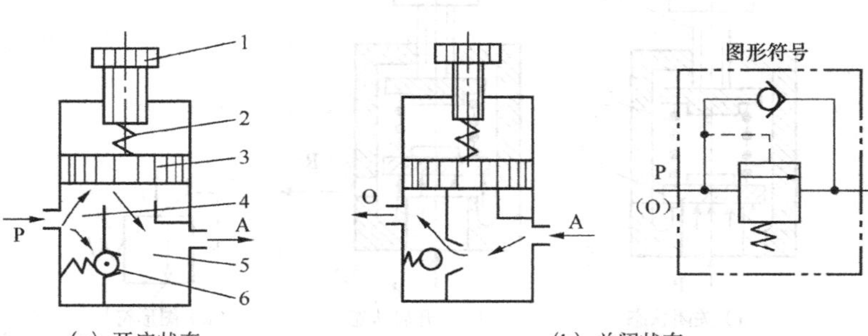

（a）开启状态　（b）关闭状态

1—调压手柄；2—调压弹簧；3—阀板；4—阀左腔；5—阀右腔；6—单向阀

图 7.19　单向顺序阀的工作原理图

3．**顺序阀的应用**

图7.20所示的是利用单向顺序阀控制汽缸完成一次往复动作。工作原理是：当手动换向阀1输入一个信号后，气源经手动换向阀1输出一个脉冲信号，使气动换向阀2切换到右位工作，汽缸活塞杆则伸出，待活塞杆伸出到终点，汽缸左腔压力升高到单向顺序阀的调定值时，单向顺序阀输出气动信号，气动换向阀2切换到左位工作，使汽缸右腔进气左腔排气，活塞杆缩回，同时作为气动信号的压缩气体，经单向顺序阀中的单向阀回到气动换向阀2的排气口排气，汽缸完成了一次工作循环。

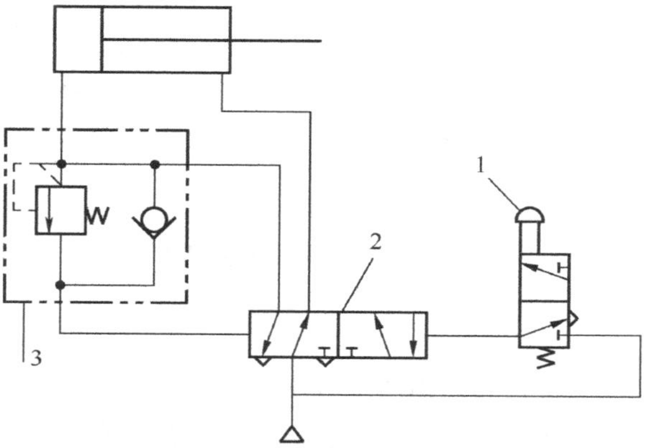

1—手动换向阀；2—气动换向阀；3—单向顺序阀

图7. 20　单向顺序阀的应用

四、压力控制回路

1．**一次压力控制回路**

用于使储气罐送出的气体压力不超过规定压力。通常在储气罐上安装一只安全阀，一旦罐内压力超过规定压力就通过安全阀向外放气。也常在储气罐上装一只电接触压力表，一旦罐内压力超过规定压力时，就控制压缩机断电，不再供气，如图7.21所示。

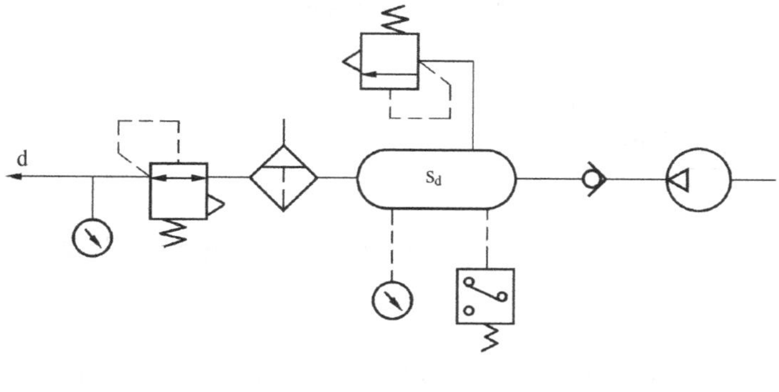

图 7. 21　一次压力控制回路

2. 二次压力控制回路

二次压力控制回路是每台气动装置的气源入口处的压力调节回路。如图7.22（a）所示，从压缩空气站出来的压缩空气，经空气过滤器、减压阀、油雾器出来后供给气动设备使用。也可以用两个减压阀实现两个不同的输出压力p_1和p_2，如图7.22（b）所示。

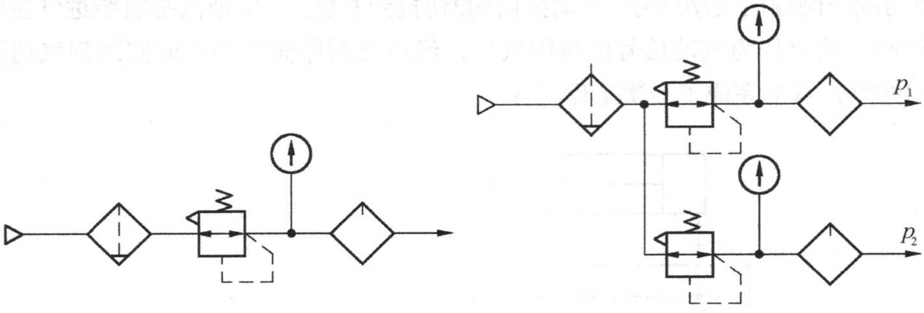

（a）　　　　　　　　　　（b）

图 7.22　二次压力控制回路

3. 高低压转换回路

如图7.23所示，高低压转换回路由两个减压阀和一个换向阀组成，可以由换向阀控制得到输出高压或低压气源，若去掉换向阀，就可以同时得到输出高压和低压两种气源。

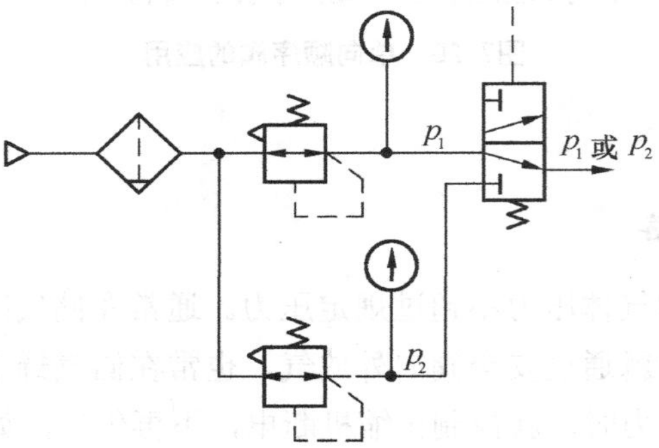

图 7.23　高低压转换回路

任务实施

根据任务要求，设计折弯机控制系统回路图，并在试验台上完成回路的连接以检验设计的正确性。

如图7.24所示，在初始位置，压缩控制经主控阀右位进入汽缸右腔，汽缸活塞收回。由于双压阀的特性，只有在工件到达预设位置时，即行程阀a_0被压下（左位接通），同时按下按钮SB（左位接通）时，双压阀才有压缩空气输出，使主控阀左位接通，经快速排气阀进入汽缸的左腔，使气缸伸出。同时，行程阀a_0在弹簧力的作用下复位，双压阀没有压缩空气输出。

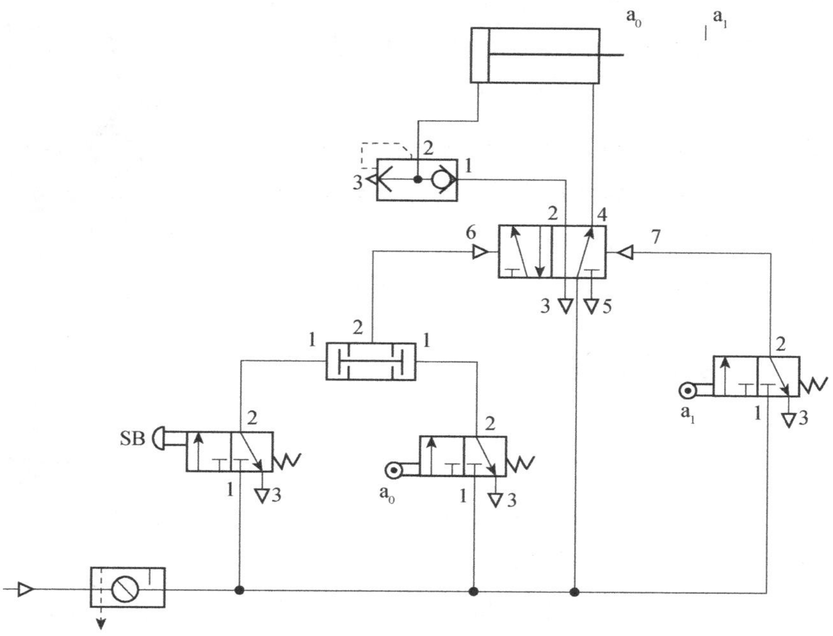

1—压缩空气输入口；2，4—信号输出口；3，5—排气口；6，7—控制管道接口

图 7.24　折弯机系统控制回路图

但活塞杆运行到右极限位置时，使行程阀a_1左位接通，压缩空气使主控阀右位接通，压缩空气进入汽缸的右腔，左腔的空气从快速排气阀排出，使活塞杆快速收回。同时，阀a_1在弹簧力的作用下复位。

思考与练习

1. 什么叫压力控制阀？压力控制阀有哪些类型？
2. 简述安全阀的工作原理。
3. 简述减压阀的工作原理。
4. 气动系统中常用的压力控制回路有哪些？其功用如何？

任务三：速度控制回路的设计与搭接

在气压传动系统中，流量控制阀的作用是通过改变阀的通气面积来调节压缩空气流量，控制执行元件的速度。它主要包括节流阀、单向节流阀和排气节流阀。

如图7.25所示为气动攻丝机的结构示意图，操作者将零件装夹在底座上，在踩下脚踏开关后，气动攻丝马达正转，同时向下进给，当零件攻丝完毕后，气动攻丝马达反转，退回初始位置后停止，另外马达上升下降速度可调。

图7.25　气动攻丝机结构示意图

知识点一：流量控制阀

1. 节流阀

图7.26所示的是节流阀的结构和图形符号，它由阀体、阀座、阀芯和调节螺杆组成。气体从输入口P进入阀内，经过阀座与阀芯间的节流通道从输出口A输出。通过调节螺杆使阀芯上下移动，改变节流口通流面积，实现流量的调节。

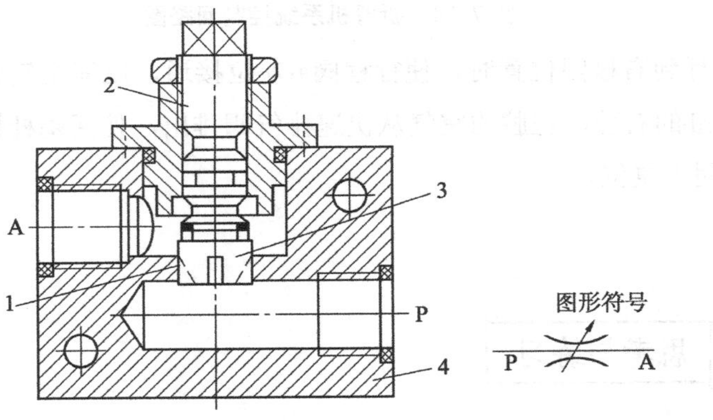

1—阀座；2—调节螺杆；3—阀芯；4—阀体

图 7.26　节流阀的结构和图形符号

2. 单向节流阀

图7.27所示的是单向节流阀工作原理图。当压缩空气正向流动时（P—A），单向阀在弹簧和气压作用下关闭，气流经节流阀的节流后从A口流出；而当气流反向流动时（A—O），单向阀被气体推开，大部分气体从阻力小、通流面积大的单向阀流过，较少部分气体经节

流口流过，汇集O口排出。图7.28是单向节流阀的结构图。单向节流阀主要用来调节汽缸进口或出口流量组成调速回路。

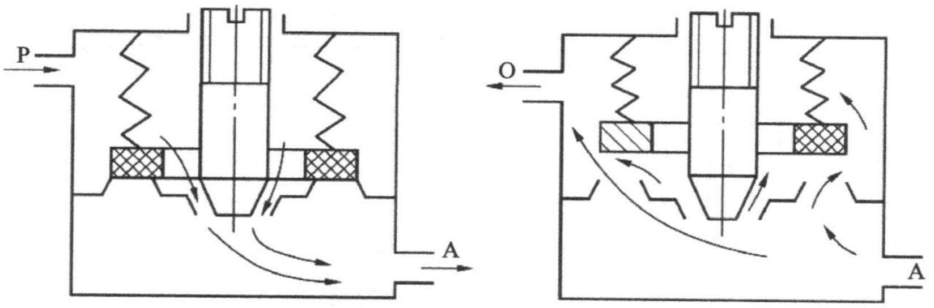

图 7.27　单向节流阀的工作原理

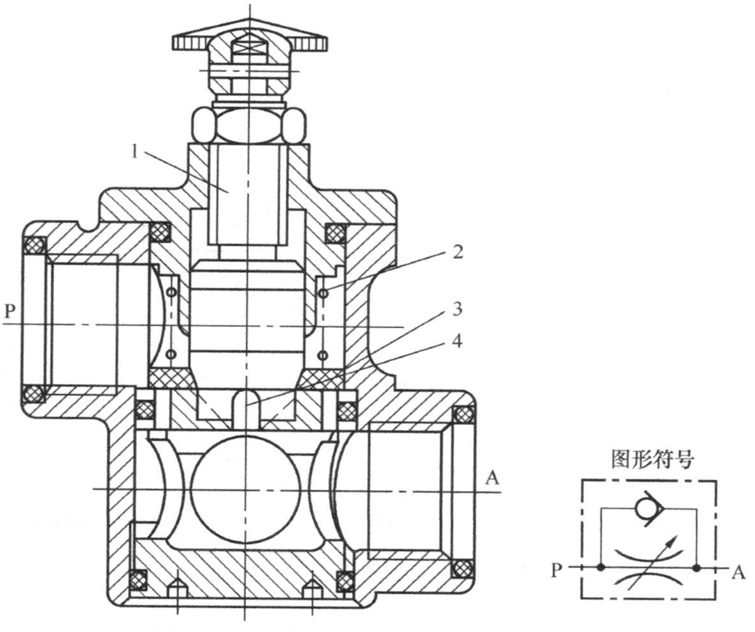

1—调节螺杆；2—弹簧；3—单向阀阀片；4—节流阀阀片

图 7.28　单向节流阀的结构和图形符号

3．排气节流阀

排气节流阀的工作原理与节流阀相同，只是安装在元件的排气口处，直接拧在换向阀的排气口上，用来控制执行元件的运动速度并降低排气的噪声。如图7.29所示，气流从A口进入阀内，由节流口节流后经消声材料制成的消声套排出。调节旋柄可控制气体排放速度。流量控制阀在安装时，应尽量设在汽缸管接头附近，缩短与汽缸的距离。

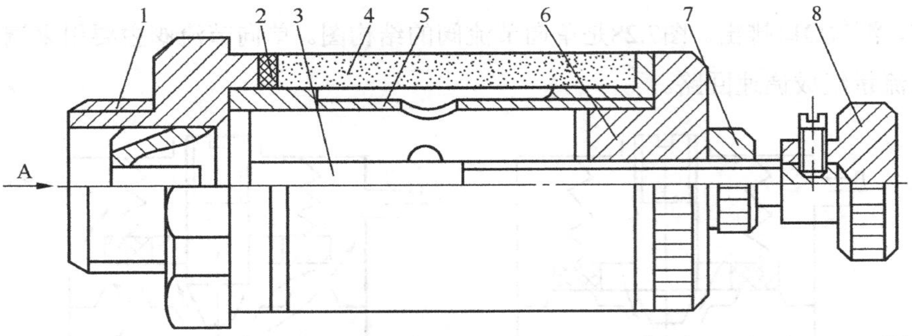

1—阀座；2—密封圈；3—阀芯；4—消声套；5—阀套；6—锁紧法兰；7—锁紧螺母；8—旋柄

图7.29　排气节流阀的结构

知识点二：速度控制回路

1. 单向调速回路

图7.30（a）所示为供气节流调速回路，图7.30（b）所示为排气节流调速回路。二者都是由单向节流阀控制其供气或排气量，以此来控制汽缸的运动速度的。

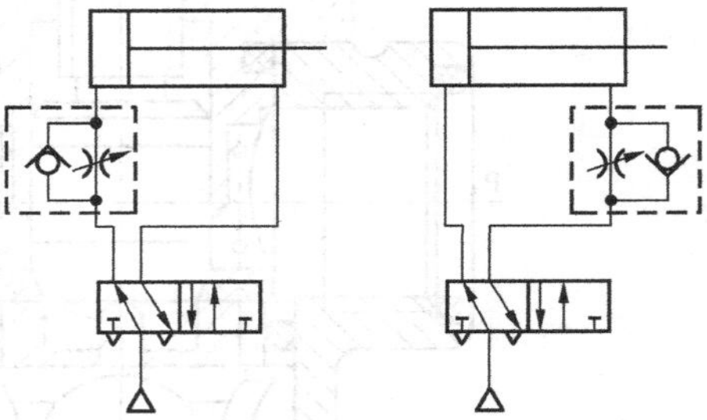

(a) 供气节流调速回路　(b) 排气节流调速回路

图 7. 30　单向调速回路

2. 双向调速回路

在汽缸的进、排气口均设置单向节流阀，其汽缸活塞的两个运动方向上的速度都可以调节。图7.31（a）所示为供气节流调速回路，图7.31（b）所示为排气节流调速回路，图7.31（c）所示为双向节流阀与换向阀配合使用的排气调速回路。

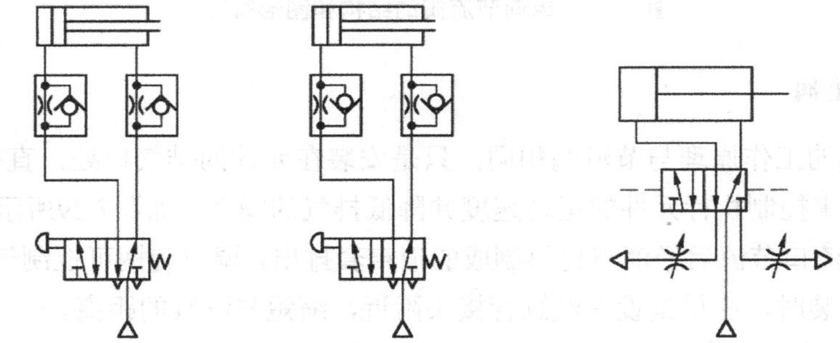

(a) 供气节流调速回路　(b) 排气节流调速回路　(c) 双向节流阀与换向阀配合使用

图 7. 31　双向调速回路

3．速度换接回路

速度换接回路用于执行元件快慢速之间的换接。图7.32所示为二位二通行程阀控制的速度换接回路。当三位五通电磁阀左端电磁铁通电时，汽缸左腔进气，右腔直接经过二位二通行程阀排气，活塞杆快速前进，当活塞带动撞块压下行程阀时，行程阀关闭，汽缸右腔只能通过单向节流阀再经过电磁阀排气，排气量受到节流阀的控制，活塞运动速度减慢，从而实现速度的换接。

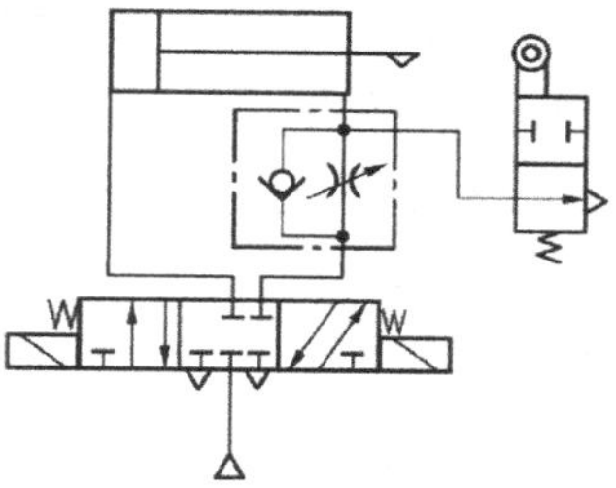

图 7.32 速度换接回路

4．缓冲回路

一般气动执行元件的运动速度较快，为了避免活塞在到达终点时，与缸盖发生碰撞，产生冲击和噪声，影响设备的工作精度以至损坏零件，在气动系统中常使用缓冲回路，以此来降低活塞到达终点时的速度。图7.33所示的二位二通行程阀控制的速度换接回路同样可以作为缓冲回路使用。

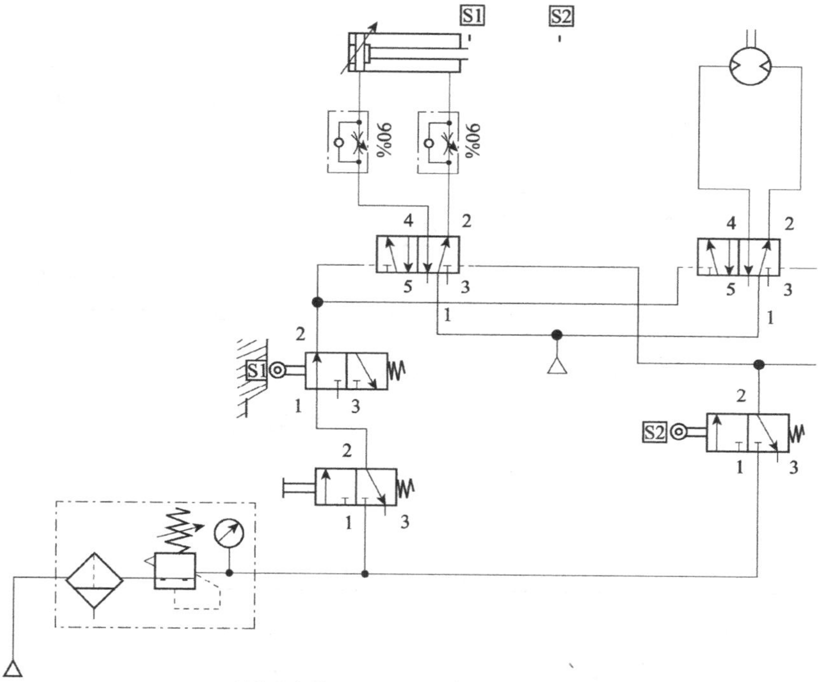

1—压缩空气输入口；2，4—信号输出口；3，5—排气口

图 7.33 二位二通行程阀控制的速度换接回路（气动攻丝机系统回路图）

任务实施

根据气动攻丝机的工作要求，设计气动攻丝机的系统回路图，并在试验台上完成回路

的连接以检验设计的正确性。

如图7.33所示，初始位置时，在弹簧力的作用下，手动换向阀右位接入系统，活塞收回，气动马达不转；当按下按钮，手动换向阀左位接入系统，压缩空气从阀的进口1到达工作口2，进入行程阀S1左位，直接气压控制阀左位接入系统，压缩空气通过左边的单向节流阀进入汽缸的左腔，活塞杆伸出，气动马达下降，同时气动马达正转；攻丝完毕后，释放按钮，同时行程阀S2左位工作，直接气压控制阀右位接入系统，压缩空气通过右边的单向节流阀进入汽缸的右腔，活塞杆收回，气动马达上升，同时气动马达反转；退回初始位置后，气动马达停止转动，活塞杆回到初始状态。另外调节单向节流阀的开口面积，控制马达上升下降速度。

思考与练习

1．如图7.34所示为气动机械手的工作原理图。试分析并回答以下各题。

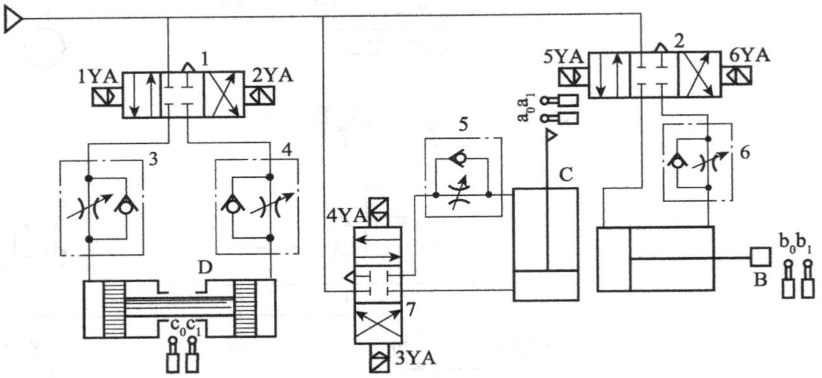

图 7.34　气动机械手的工作原理图

（1）写出元件1、3的名称及b_0的作用。

（2）填写电磁铁动作顺序表（见表7.2）。

表 7.2　电磁铁动作顺序表

电磁铁	垂直缸 C 上升	水平缸 B 伸出	回转缸 D 转位	回转缸 D 复位	水平缸 B 退回	垂直缸 C 下降
1YA						
2YA						
3YA						
4YA						
5YA						
6YA						

任务拓展

FluidSIM 软件仿真

1. 对现有回路进行仿真

FluidSIM软件安装盘中含有许多回路图，作为演示和学习资料，单击按钮或在“文件”菜单下执行“浏览”命令，弹出包含现有回路图的浏览窗口，如图7.35所示。双击所要选择的回路，即可打开该回路，单击按钮或在“执行”菜单下，执行“启动”命令，即可对该回路进行仿真。

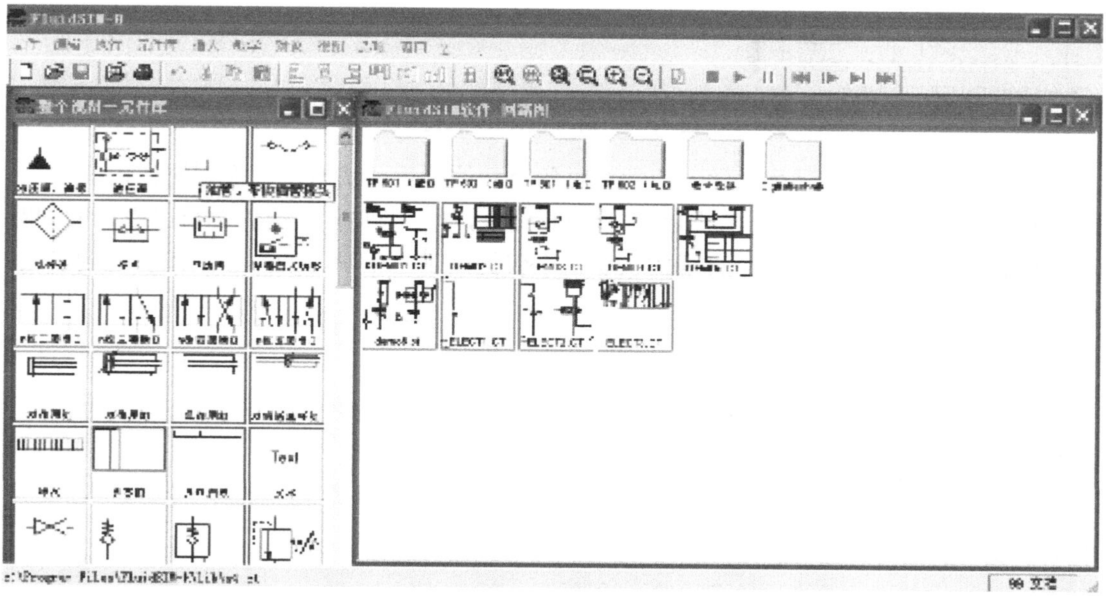

图 7.35　回路图的浏览窗口

2. 自行设计回路进行仿真

通过单击按钮或在“文件”菜单下执行“新键”命令，新建空白绘图区域，以打开一个新窗口，然后利用鼠标，用户可以从元件库中将元件“拖动”和“放置”在绘图区域上。以图7.36为例，回路中我们采用一个双作用式液压缸、一个两位四通的电磁换向阀和一个溢流阀，双击各液压元件可改变它们的属性，换向阀的电磁铁的通断电靠左侧图上的电气开关来控制，右侧的状态图记录液压缸和换向阀的状态量。

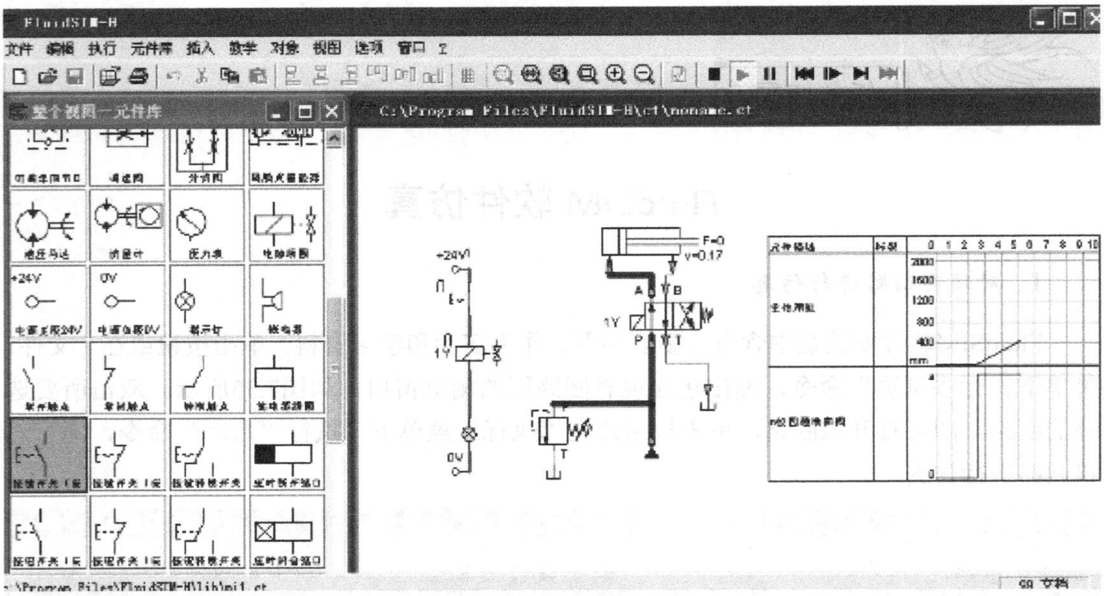

图 7.36　自行设计回路仿真

利用FluidSIM软件进行教学，使学生对各个元件的运动状态有了很好的认识；FluidSIM软件与液压与气压传动回路实验台相结合，学生做实验之前先对自己设计的回路进行检验，对回路的功能有个直观的认识，不仅提高了学生学习的兴趣，而且达到了很好的教学效果。

模块小结

一、主要术语

1．方向控制阀

控制压缩空气的流动方向和气流的通断，从而控制气动执行元件启动、停止或换向的元件。

2．单向型控制阀

单向型控制阀只允许气流向一个方向流动，包括单向阀、或门型梭阀、与门型梭阀和快速排气阀。

3．换向型控制阀

换向型控制阀利用主阀芯的运动而使气流改变运动方向。

4．方向控制回路

控制系统中执行元件启动、停止或改变运动方向的回路。常用的是换向回路。

5．减压阀

减压阀将来自气源较高的输入压力减小为较低的输出压力，并保证降压后的输出压力稳定在需要的值上，其不受流量、负载、进气压力的影响。

6．溢流阀

溢流阀起安全保护作用，当系统压力超过调定值时，便自动排气，使系统的压力下降，以保证系统能够安全可靠地工作，因而，也称其为安全阀。

7．顺序阀

顺序阀根据回路中气体压力的大小来控制各种执行机构按顺序动作的压力控制阀。顺序阀通常与单向阀组装成一体，称为单向顺序阀。

8．流量控制阀

流量控制阀用于改变阀的通气面积来调节压缩空气流量，控制执行元件的速度。它主要包括节流阀、单向节流阀和排气节流阀。

二、图形符号

元件名称	图形符号		
单向阀		气压控制换向阀	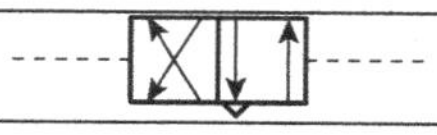
或门梭阀	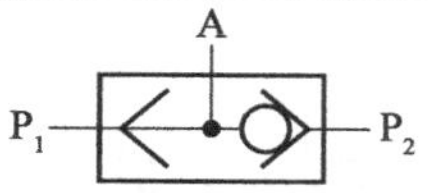	电磁控制换向阀	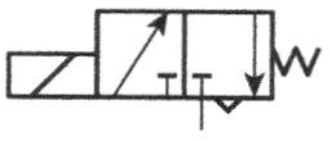
双压阀	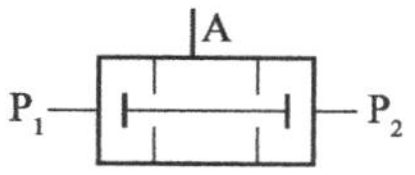	机动换向阀	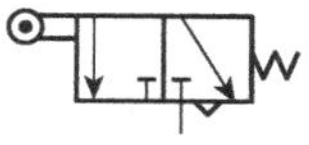
快速排气阀	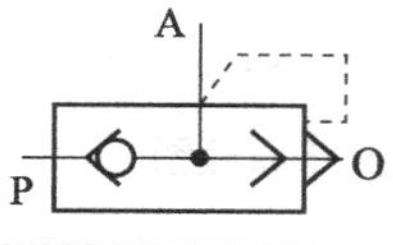	手动换向阀	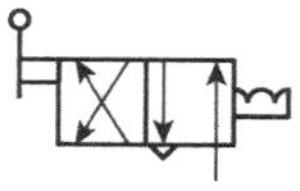

三、综合应用

用两个汽缸从垂直料仓中取料并向滑槽传递工件，完成装料的过程。图 7.38 所示为装料装置结构示意图，要求按下按钮缸 A 伸出，将工件从料仓推出至缸 B 的前面，缸 B 再伸出将其推入输送滑槽。缸 B 活塞伸出将工件推入装料箱后，缸 A 活塞退回，缸 A 活塞退回到位后，缸 B 活塞再退回，完成一次工件传递过程。

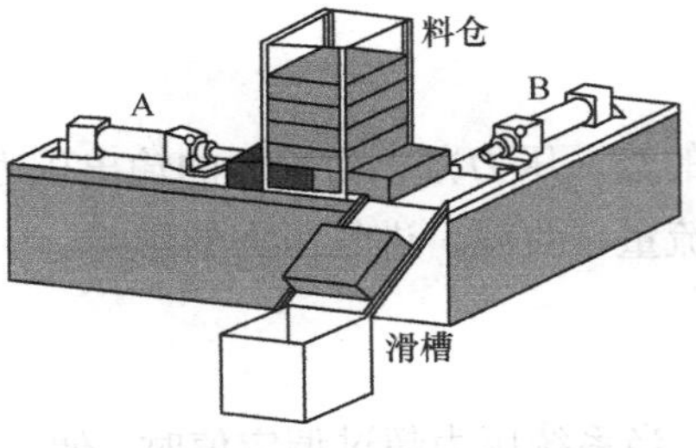

图 7.38　装料装置结构示意图

图 7.39 所示为装料装置的回路原理图，动作顺序为：A 伸出→B 伸出→A 退回→B 退回。在回路中设置 4 个位置检测元件，分别检测 A、B 汽缸活塞是否伸出、退回到位，并用来启动下一步动作。具体工作过程如下。

按下启动按钮 1，缸 B 在原位压下行程阀 S1，气控阀 2 左位工作，缸 A 伸出，把工件从料仓中推出至缸 B 前面，缸 A 压下行程阀 S3，气控阀 3 左位工作，缸 B 伸出，把工件推向滑槽，缸 B 压下行程阀 S2，气控阀 2 右位工作，缸 A 退回原位，缸 A 压下行程阀 S4，气控阀 3 右位工作，缸 B 退回原位，缸 B 压下行程阀 S1，一次工件传递过程结束，开始下一个循环。

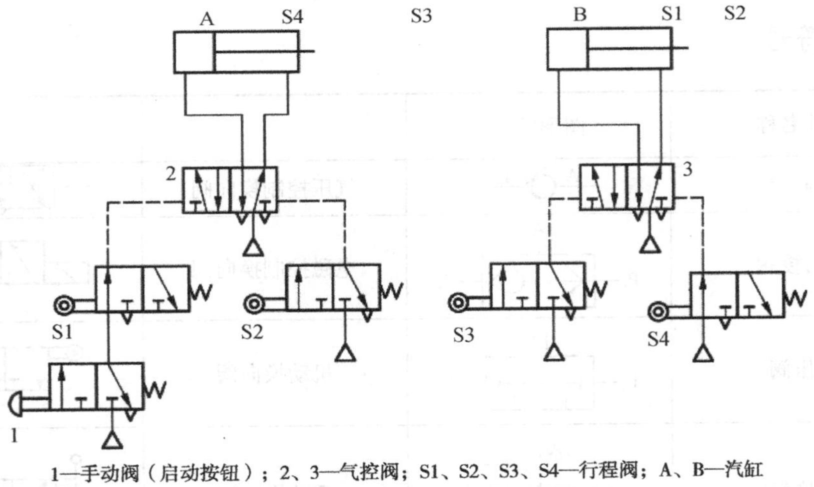

1—手动阀（启动按钮）；2、3—气控阀；S1、S2、S3、S4—行程阀；A、B—汽缸

图 7.39　装料装置回路原理图

附录思考与练习答案

模块一

任务一：

一、填充题

1．动力元件、执行元件、控制元件、辅助元件和工作介质
2．流量、压力
3．机械能、液压能
4．马达、液压能、机械能

二、选择题

AAAC

三、判断题

错误的是 2 和 3

四、简答题

1．液压传动工作原理可以概括为：液压传动是以密闭系统内液体（液压油）的压力能来传递运动和动力的一种传动形式，在传动过程中伴随两次能量转换。首先通过动力元件将原动机的机械能转换为便于输送的液体的压力能，执行元件再将液体的压力能转换为机械能，从而对外做功。

2．液压系统由五个部分组成，即动力元件、执行元件、控制元件、辅助无件和液压油。

动力元件的作用是将原动机的机械能转换成液体的压力能。

执行元件（如液压缸和液压马达）的作用是将液体的压力能转换为机械能。

控制元件（即各种液压阀）在液压系统中控制和调节液体的压力、流量和方向。辅助元件包括油箱、滤油器、油管及管接头、密封圈、压力表、油位油温计等。液压油是液压系统中传递能量的工作介质。

任务二：

一、填充题

1．密度、可压缩性、黏性

2．内摩擦力、动力黏度、运动黏度、相对黏度、运动黏度

3．温度、压力

4．当速度梯度等于 1 时，流动液体液层间单位面积上产生的内摩擦力。

二、选择题

ABCD

三、判断题

正确的是 2

四、简答题

为防止油液污染，在实际工作中应采取如下措施：

（1）使液压油在使用前保持清洁。

（2）使液压系统在装配后、运转前保持清洁。

（3）使液压油在工作中保持清洁。

（4）采用合适的滤油器。

（5）定期更换液压油。

（6）控制液压油的工作温度。

任务三：

一、填充题

1．绝对压力、相对压力、Pa、外负载

2．沿程压力损失、局部压力损失

3．压差流动、剪切流动、压差流动、缝隙高度的三次方、2.5

二、选择题

BA

三、判断题

正确的是 7

模块二

任务一：

一、填充题

1．容积泵、流量、小
2．吸油、压油、困油卸荷槽、压油、吸油
3．轴向、径向、啮合、轴向间隙、齿轮端面与端盖之间的轴向间隙
4．流量脉动

二、选择题

ADDB

三、判断题

正确的 4,7

四、简答题

齿轮泵困油现象产生的原因：

为了使齿轮平稳地啮合运转，根据齿轮啮合原理，齿轮的重叠系数应该大于 1,即存在两对轮齿同时进入啮合的时候。因此，就有一部分油液困在两对轮齿所形成的封闭容腔之内， 这个封闭容腔先随齿轮转动逐渐减小以后又逐渐增大。减小时会使被困油液受挤压而产生高压，并从缝隙中流出，导致油液发热，同时也使轴承受到不平衡负载的作用；封闭容腔的增大会造成局部真空，使溶于油液中的气体分离出来， 产生气穴，这就是齿轮泵的困油现象。困油现象使齿轮泵产生强烈的噪声和气蚀，影响、缩短其工作的平稳性和寿命。

齿轮泵困油现象消除措施：

消除困油的措施有：通常是在两端盖板上开一对矩形卸荷槽。开卸荷槽的原则是：当封闭容腔减小时，让卸荷槽与泵的压油腔相通，这样可使封闭容腔中的高压油排到压油腔中去；当封闭容腔增大时，使卸荷槽与泵的吸油腔相通，使吸油腔的油及时补入到封闭容腔中，从而避免产生真空，这样使困油现象得以消除。

任务二:

一、填充题

1. 液压力、弹簧力
2. 弹簧、液压、低压小流量系统
3. 溢流阀进油口压力大小
4. 溢流稳压限压保护、关闭、0、打开、溢流

二、选择题

BBDC

三、判断题

错误的 3,4

四、分析题

(1) A、B、C 三点压力均为 6MPa
(2) A、B 两点压力均为 4.5Mpa,C 点压力为 0

五、详见模块二任务二

任务三:

一、填充题

1. 缝隙
2. 压力、接通、断开
3. 压力信号、电信号、调节区间

二、选择题

1. B　2. CA　3. D　4. ABB　5. BC　6. C

三、判断题

正确的是 1

四、分析题

1. (1) B 点压力 5MPa,A、C 点压力均为 2.5MPa,减压阀处于减压状态
(2) AB 点压力 2.5MPa,C 点压力均为 1.5MPa,减压阀处于非减压状态
(3) ABC 三点压力均为 0 减压阀处于非减压状态
2. (1) A、B 两点压力均为 4MPa,C 点压力为 2MPa

（2）运动时：A、B 两点压力均为 4MPa，C 点压力为 2MP

运动到终点：A、B 两点压力均为 4MPa，C 点压力为 2MPa

（3）运动时：A、B、C 三点压力均为 0

运动到终点：A、B、两点压力均为 4MPa，C 点压力为 2MPa

任务四：

一、填充题

1．3、2

2．缸体组件、活塞组件、缓冲装置、密封装置、排气装置、间隙密封、密封元件密封

3．自重、外力、成对布置的柱塞缸

4．圆柱状缓冲柱塞、圆锥状缓冲柱塞、可变节流槽、可调节流孔

5．振动、噪音、排气塞、排气阀

二、选择题

1．C　2．D　3．D　4．C　5．AD　6．D　7．B　8．B　9．B

三、判断题

正确的是 1，4

四、分析题

（1）泵的出口压力为 2.45MPa。缸 1 缸 2 的速度分别为 0.066m/s 和 0.036m/s

（2）B 缸先动作，运动中压力为 0.5MPa.B 缸动运动结束后，A 缸才运动，运动时压力为 1MPa，两个缸在运动过程中的速度均为 0.0083 m/s

任务五:

1．（1）溢流、减压（2）0、0（3）4MPa、2MPa

2．（1）两缸不能同时运动，B 缸先动，B 缸运动结束后 A 缸才能运动，AB 两缸在运动过程中运动速度相等，均为 0.5 m/min 如果溢流阀调定压力为 0.6MPa。只有 B 缸可以运动。

3．（1）三点压力均为 0.8MPa

（2）C 点压力为 2MPa，B 点压力为 4.5MPaA 点压力为 3MPa

（3）C 点压力为 2MPa，B 点压力为 4.5MPaA 点压力为 3MPa，液压缸不能动作。

任务六：

省略

模块三

任务一：

一、填充题

1．正向导通反向截止、压力损失小、泄露量小
2．30%～50%
3．普通单向阀、液控单向阀
4．液控单向阀
5．过滤器
6．蓄能器
7．油管、接头
8．蓄能器
9．储能、散热、沉淀

二、选择题

DAABC

三、判断题

正确的是 5，7

任务二：

一、填充题

1．两位、三位、四位、方格数
2．两通、三通、四通、五通、交点数
3．三位阀在中间位置时，油口的联通情况。
4．H、M、K

二、选择题

C、A、C、AB、A、C、A、B

三、判断题

正确的是 1

四、省略

任务三：

一、填充题

1．执行元件、转矩、转速

2．马达不出现爬行现象的最低稳定转速

3．高速马达、低速马达、500r/m

二、选择题

BACC

三、判断题

正确的是 3

任务四：

一、填充题

4．3 倍、2 倍

5．缸体组件、活塞组件、缓冲装置、密封装置、排气装置、间隙密封、密封元件密封

6．自重、外力、成对布置的柱塞缸

7．圆柱状缓冲柱塞、圆锥状缓冲柱塞、可变节流槽、可调节流孔

8．振动、噪音、排气塞、排气阀

二、选择题

1．C　2．D　3．D　4．C　5．AD　6．D　7．B　8．B　9．B

三、判断题

1．正确的是 1

任务四：

省略

模块四

任务一：

一、填充题

1．节流阀、定差减压阀、节流阀两端压力差、负载变化大、速度稳定性要求高

2．通流截面积大小、长短

3．流量

4．针阀式、偏心式、轴向三角槽式、周向缝隙式、轴向缝隙式

二、选择题

ADDC

三、判断题

错误的是 1

任务二：

一、填充题

1．长半径圆弧、短半径圆弧、过渡曲线、过渡曲线

2．齿轮泵、叶片泵、柱塞泵、外啮合、内啮合、单作用、双作用、轴向柱塞式、径向柱塞式

3．斜盘倾角、斜盘倾斜方向

4．流量、单作用叶片泵、轴向柱塞泵、径向柱塞泵、单作用叶片泵和径向柱塞泵、轴向柱塞泵

二、选择题

1．CC　2．BCA　3．C　4．A　5．A　6．CD

三、判断题

全部正确

任务三：

一、填充题

1．定量、节流

2．溢流损失、节流损失

3．调定压力、开启

4．安全、关闭

5．定量泵和变量液压马达、变量泵和定量液压马达、变量泵和变量液压马达、变量泵和定量液压马达、定量泵和变量液压马达

6．容积、溢流、节流、高压重载

7．变量泵、流量阀、容积节流调速回路、溢流、节流、中等功率

二、选择题

1. C　2. C　3. A　4. A　5. B　6. BAAB　7. BCAD　8. BA　9. B　10. B

三、判断题

正确的是 5，6，8，10

五、六、

省略

任务四：

一、填充题

1. $q=q_1+q_2$、q_2、q_2
2. 差动快进、采用蓄能器快进、采用双泵供油、采用增速缸
3. 下

二、选择题

BBAB

三、

	1YA	2YA	3YA	4YA	5YA
快进	+	−	+	−	+
1 工进	+	−	−	−	+
2 工进	+	−	−	+	+
快退	−	+	+	−	+
停止	−	−	−	−	−

任务五：

	lYA	2YA	3YA	进出油路
快进	+	−	+	进：变量泵—单向阀（右边的）—三位五通电液换向阀左位—液压缸无杆腔 回：液压缸有杆腔—液控单向阀反向—三位五通电液换向阀左位—并入进油路
工进	+	−	−	进：变量泵—单向阀—三位五通电液换向阀左位—液压缸无杆腔 回：液压缸有杆腔—过滤器—调速阀—油箱
停留	+	−	−	
快退	−	+	−	进：变量泵—单向阀—三位五通电液换向阀右位—液控单向阀正向—液压缸有杆腔 回：液压缸无杆腔—单向阀（左边的）—油箱
停止	−	−	−	

任务六：

省略

模块五

任务一：

1．元件 3、4 的作用：元件 3 是顺序阀，保证快进时顺序阀关闭液压缸的回油能并入进油路，能形成差动连接，工进时，顺序阀打开，回油直接回油箱。元件 4 是溢流阀，不仅能维持顺序阀出口压力，还能担当回油路的背压阀，提高回路的稳定性。

2．滑台快进的原理：差动快进。

3．滑台如何进行快慢速换：接:阀 11 下位快进，阀 11 上位工进

4．滑台如何进行慢速之间的换接：阀 12 右位 1 工进，阀 12 左位 2 工进

5．刀架转位的速度如何控制：调速阀进油路节流调速

任务二：

1．换向阀为什么都采用手动操作的？

工况作业的随机性较大、且动作频繁，所以大多采用手动弹簧复位的多路换向阀来控制各动作以保证安全。

2．换向阀的中位为什么都是 M 型的？

当换向阀处于中位时，各执行元件的进油路均被切断，能够使执行元件闭锁，液压泵出口通油箱使泵卸荷，减少了功率损失。

任务三：

3．高低压合模如何实现？高压合模均是先导式溢流阀本身调压，低压合模均是先导式溢流阀远程调压。

4．快慢速合模如何实现？快速合模均是泵 1、泵 2 双泵供油，慢速合模均是泵 2 单泵供油。

综合应用答案：

模块一：

动力元件有：1  液压泵　执行元件有：4 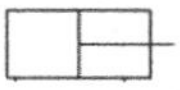 液压缸

控制元件有：方向阀、压力阀、流量阀

辅助元件有：油箱、油管、接头

模块二：

顺序阀开启压力：1.5MPa；溢流阀开启压力 3.25MPa

模块三：

电磁铁 动作	1YA	2YA	3YA
快进	+	−	+
工进	+	−	−
快退	−	+	−
停止	−	−	−

模块四：

1．（1）元件 2：溢流阀能够维持定量泵出口压力的恒定；元件 5：调速阀能够调节液压缸工进时的运动速度

（2）快进时：进：1—3（左）—4（左）—液压缸无杆腔

回：液压缸有杆腔—3（左）—油箱

工进时：进：1—3（左）—5—液压缸无杆腔

回：液压缸有杆腔—3（左）—油箱

（3）根据工作循环填写电磁铁通电顺序表。（通电“+”，失电“−”）

动作	1YA	2YA	3YA	压力继电器
快进	+		+	
工进	+			**工进结束后可以控制 1YA 断电 2YA 通电**
快退		+	+	

2．图示液压系统用来实现“快进——工进——快退”工作循环。试回答：

（1）图中标号为 3、4、5 这三个液压元件的名称分别为：三位四通电磁换向阀、单向调速阀、两位三通电磁换向阀。

（2）元件 2 溢流阀：维持定量泵出油口压力的恒定

元件 4 单向调速阀：调节工进速度

（3）快进时：进：1 —3（左）—液压缸无杆腔

回：液压缸有杆腔—5（左）—液压缸无杆腔—形成差动连接实现快进

工进时：进：1—3（左））—液压缸无杆腔

回：液压缸有杆腔—5（右）—4—3（左）—油箱

（4）根据工作循环填写电磁铁通电顺序表。

动作	1YA	2YA	3YA
快进	+	−	−
工进	+	−	+
快退	−	+	+

模块五：

一、

（1）试说明快进时的进出油路：

进：1—4（左） —9（右）—液压缸无杆腔

出：液压缸有杆腔—4（左）—12—并入进油路形成差动

（2）试填写电磁铁通断电顺序表：

	1DT	2DT	3DT	阀 9	阀 3
快进	+	−	−	右位	不通
一工进	+	−	−	左位	通
二工进	+	−	+	左位	通
停留	+	−	−	左位	通
快退	−	+	−	−	不通
停止	−	−	−	−	不通

二、

	1YA	2YA	3YA	4YA	5YA
快进	−	+	−	−	−
一工进	−	+	+	−	+
二工进	−	+	−	+	+
快退	+	−	−	−	−
停止	−	−	−	−	−

三、

（1）填写电磁铁动作表。

电磁铁 动作	1YA	2YA	3YA
快进	+	−	+
工进	+	−	−
快退	−	+	—
停止	−	−	—

（2）试写出快进的进出油路：

进：液压泵—三位五通电磁换向阀左位—液压缸无杆腔

出：液压缸有杆腔—三位五通电磁换向阀左位—两位两通电磁换向阀右位—液压缸无杆腔

模块六

任务一

1．一个典型的气动系统由哪几个部分组成？

由动力装置、执行装置、控制调节装置、辅助装置及传动介质等部分组成。

2．气压传动与液压传动有什么不同？省略

任务二

1．气源装置一般由哪几部分组成？

气源装置一般由气压发生装置、净化及贮存压缩空气的装置和设备、传输压缩空气的管道系统和气动三联件四部分组成。

2．空气压缩机有哪些类型？如何选用空压机？

空气压缩机按工作原理主要可分为容积式和速度式（叶片式）两类。选用空气压缩机的依据是气动系统所需的工作压力、流量和一些特殊的工作要求。目前，气动系统常用的工作压力为0.1～0.8 MPa，可直接选用额定压力为1 MPa的低压空气压缩机，特殊需要时也可选用中、高压的空气压缩机。

3．什么是气动三联件？气动三联件的连接次序如何？

空气过滤器、减压阀和油雾器一起称为气动三大件。安装次序依进气方向为空气过滤器、减压阀和油雾器。三大件应安装在用气设备的近处。

4．空气压缩机在使用中要注意哪些事项？

空气压缩机在使用中要注意的事项：往复式空气压缩机所用的润滑油一定要定期更换，必须使用不易氧化和不易变质的压缩机油，防止出现“油泥”；空气压缩机的周围环境必须清洁、粉尘少、湿度低、通风好，以保证吸人空气的质量；空气压缩机在启动前后应将小气罐中的冷凝水排放掉，并定期检查过滤器的阻塞情况。

任务三

1．气动执行元件有哪些？

气缸、气马达、气爪。

2．简述常见气缸的类型、功能和用途。省略

3．气缸的选择的主要步骤有哪些？

气缸的选择的主要步骤：确定气缸的类型、计算气缸内径及活塞杆直径、对计算出的直径进行圆整、根据圆整值确定气缸型号。

模块七

任务一

1．方向控制阀的分类有哪些？省略

2．方向控制阀的控制方式有哪些？省略

3．方向控制阀的职能符号是如何表示的？省略

4．画出下列气动元件的图形符号

（1）梭阀（或）　　（2）双压力阀　　（3）快速排气阀

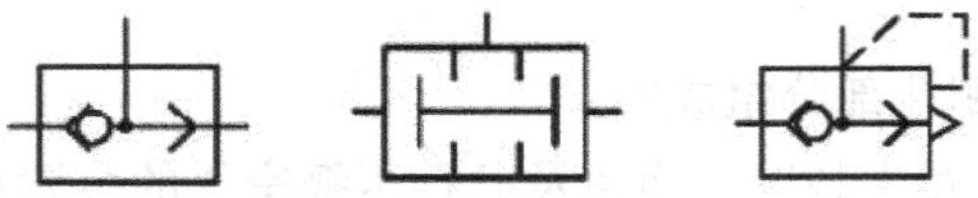

任务二

1．什么叫压力控制阀？压力控制阀有哪些类型？省略

2. 简述安全阀的工作原理。省略

3. 简述减压阀的工作原理。省略

4. 气动系统中常用的压力控制回路有哪些？

有一次压力控制回路，二次压力控制回路和高低压转换回路。

参考文献

王益群. 液压工程师技术手册[M]. 北京：化学工业出版社，2011.

王以伦. 液压气动技术[M]. 北京：中央广播电视大学出版社，2002.

朱洪涛. 液压与气压传动[M]. 北京：清华大学出版社，2005.

陈立群. 液压传动与气压传动[M]. 北京：中国劳动社会保障出版社，2006.

杨柳青. 液压与气压传动[M]. 北京：机械工业出版社，2008.

马春峰. 液压与气动技术[M]. 北京：人民邮电出版社，2007.